内 容 简 介

本教材是为高职高专食品加工技术专业编写的专业核心课教材。

本教材根据职业发展需要和完成职业岗位实际工作任务所需要的知识、能力、素质要求,紧贴乳品加工企业岗位对乳品加工方面的专业知识和实践操作技能的需求,以项目化的方式介绍了从原料乳的验收、原料乳的预处理到各种乳制品的生产工艺、操作要点、质量控制点及国家质量标准等。全书共十个项目,主要介绍了原料乳的验收、原料乳的预处理、液态乳加工、酸乳加工、冷冻乳制品加工、乳粉加工、炼乳加工、奶油加工、干酪加工、乳品设备的清洗与消毒。

本教材针对食品类相关专业的高职高专教育要求,力求适应社会行业需求,重点突出以实践、实训教学和技能培养为主导方向,注重理论联系实际,突出生产工艺技能操作,强化职业技能的培训。本教材可适用于高职高专食品营养与检测、食品生物技术等专业,也可作为从事食品加工企业的生产技术人员、管理人员的参考用书或培训用书。

高等职业教育农业农村部"十三五"规划教材

乳品加工技术

刘希凤　主编

中国农业出版社
农村读物出版社
北　京

图书在版编目（CIP）数据

乳品加工技术 / 刘希凤主编 . —北京：中国农业
出版社，2020.6
高等职业教育农业农村部"十三五"规划教材
ISBN 978 - 7 - 109 - 26296 - 6

Ⅰ.①乳…　Ⅱ.①刘…　Ⅲ.①乳制品－食品加工－高
等职业教育－教材　Ⅳ.①TS252.42

中国版本图书馆 CIP 数据核字（2019）第 282062 号

中国农业出版社出版

地址：北京市朝阳区麦子店街 18 号楼
邮编：100125
责任编辑：彭振雪　文字编辑：徐志平
版式设计：杜　然　责任校对：赵　硕
印刷：中农印务有限公司
版次：2020 年 6 月第 1 版
印次：2020 年 6 月北京第 1 次印刷
发行：新华书店北京发行所
开本：787mm×1092mm　1/16
印张：14.5
字数：350 千字
定价：38.00 元

编审人员名单

主　编　刘希凤

副主编　曹志军　杜　鹃

编　者（以姓名笔画为序）

　　　　　田延玲　刘希凤　刘洪英

　　　　　杜　鹃　张艾青　张香丽

　　　　　娄志波　曹志军　韩明亮

审　稿　刘书亮　陈明君

　　本教材是根据教育部《关于加强高职高专人才培养工作的意见》《关于全面提高高等职业教育教学质量的若干意见》《关于加强高职高专教育教材建设的若干意见》以及目前乳品行业企业各技术领域和岗位技能的任职要求，联合潍坊紫鸢乳业发展有限公司、山东三元乳业有限公司、青岛迎春乐乳业（集团）有限公司三家乳品加工企业，校企合作共同开发撰写的高职高专食品类专业教材。

　　本教材针对食品类相关专业的高职高专教育要求，在阐述基本理论的同时重点突出项目化教学、任务教学，理论结合实际，进行岗位操作技能学习。本教材以"工学结合"为切入点，以乳品加工相关职业资格标准基本工作要求为依据，以项目化教学方式、真实工作任务和工作过程为导向，介绍了从原料乳验收及预处理到各种乳制品的加工、乳品厂设备的 CIP 清洗、消毒等典型工作任务，体现了职业性、实践性、应用性，注重对具备乳品加工、乳品检测专业能力的技术应用型人才的培养。

　　本教材引用的各项标准都出自最新版的相关国家标准和规定。乳品行业人员必须熟悉乳品加工的质量控制标准以及产品标准，才能保证产品的质量安全。在确保权威性的同时也让学生意识到国家标准等相关法律、法规、标准的重要性，培养学生在以后的工作中随时紧跟最新标准的意识。

　　本教材的编写团队由多所高职高专院校多年从事一线教学的教师和乳品加工企业技术人员共同组成。全书由刘希凤担任主编并负责全书的统稿工作，曹志军、杜鹃担任副主编，具体分工如下：曹志军（内蒙古农业大学职业技术学院）编写了项目一；杜鹃（新疆农业职业技术学院）编写了项目二和项目三；刘希凤（山东畜牧兽医职业学院）编写了项目四和项目六（部分）；张艾青（山东畜牧兽医职业学院）编写了项目五；张香丽（山东三元乳业有限公司）编写了项目六（部分）；田延玲（辽宁职业学院）编写了项目七和项目八；娄志波（甘肃畜牧工程职业技术学院）编写了项目九；韩明亮［青岛迎春乐乳业（集团）有限公司］和刘洪英（潍坊紫鸢乳业发展有限公司）编写了项目十。

　　四川农业大学刘书亮教授、潍坊紫鸢乳业发展有限公司陈明君总经理对本教材进行了审阅，并提出了许多宝贵意见，在此表示衷心感谢。

　　由于编者水平有限，疏漏和不足之处在所难免，敬请同行专家和广大读者批评指正。

编　者

2019 年 2 月

CONTENTS >>> 目 录

原料乳的验收

【知识目标】

了解乳的基本组成、影响乳成分的因素和乳主要成分的存在状态。

掌握乳的化学性质，掌握乳中蛋白质、脂肪、乳糖的特性。

掌握乳物理性质的概念及指标，能够利用乳的物理性质对原料乳进行判断。

了解异常乳的分类及产生原因，掌握初乳、低酸度酒精阳性乳的特性。

熟悉乳及乳制品中微生物的来源、种类，了解各种微生物的特性。

掌握原料乳的质量标准及验收方法。

【技能目标】

掌握乳中营养成分的检验方法与操作技能。

掌握生乳新鲜度的检验技能。

掌握乳中微生物、抗生素的检测技术。

掌握常见掺假乳的检测方法与检测操作技术。

能够进行原料乳验收操作。

【相关知识】

一、乳的化学组成

乳是雌性哺乳动物为哺育幼仔从乳腺分泌的不透明白色或微黄色带有甜味的物质，是一种复杂而且具有胶体特性的生物学液体，是喂养该动物幼畜最好的食品。牛乳被誉为"白色血液""养分仓库""万食之王"，也被称为全价食品、健康营养食品。目前工业化生产利用的乳类主要为牛（乳牛、水牛）、羊（山羊、绵羊）、马等动物的乳，全球来自乳牛的牛乳是工业加工量最大的乳类。

本教材所提到的乳类除特别说明外，一般指牛乳。

（一）乳的基本组成

牛乳的成分十分复杂，迄今为止分析研究证明，牛乳中至少含有上百种化学成分，是多种成分的混合物。其主要成分是由水、蛋白质、脂肪、乳糖、维生素、矿物质、气体以及一些其他的活性物质（如酶、激素、微量元素、免疫体等）组成。一些哺乳动物乳的组成及含量见表1-1。

表1-1 一些哺乳动物乳的组成及含量

物种	组成及含量/%				
	干物质	脂肪	蛋白质	乳糖	灰分
人	12.0	3.8	1.0	7.0	0.2
乳牛	12.8	3.7	3.5	4.9	0.7
水牛	16.8	7.4	3.8	4.8	0.8
牦牛	18.4	7.8	5.0	5.0	0.6
山羊	12.3	4.5	2.9	4.1	0.8
绵羊	17.4	7.4	4.5	4.8	0.7
马	11.1	1.9	2.5	6.2	0.5
驴	11.3	1.4	2.0	7.4	0.5
骆驼	13.4	4.5	3.6	4.5	0.8

（二）影响乳成分的因素

正常的牛乳，各种成分的含量大致是稳定的，但当受到各种因素的影响时，其含量在一定范围内有所变动，其中脂肪变动最大，蛋白质次之，乳糖含量通常很少变化。影响牛乳各种成分的因素包括品种、畜龄、泌乳期、挤奶方法、季节、饲料、环境温度及乳牛的健康状况等。

1. 品种 不同品种的牛，其乳汁组成也不尽相同，如表1-2所示，其中以更赛牛、娟姗牛的乳汁脂肪含量最高，荷斯坦牛（又称黑白花牛）最低。荷斯坦牛的乳汁干物质含量低，但产乳量高。

表1-2 不同品种牛的乳汁组成及平均含量

品种	乳汁组成及平均含量/%				
	干物质	脂肪	蛋白质	乳糖	灰分
荷斯坦牛	12.52	3.55	3.43	4.86	0.68
短角牛	12.57	3.63	3.32	4.89	0.73
瑞士牛	13.13	3.85	3.48	5.08	0.72
更赛牛	14.65	5.05	3.90	4.96	0.74
娟姗牛	14.53	5.05	3.78	5.00	0.70

2. 畜龄 乳畜的泌乳量及乳汁成分含量都随乳畜年龄的增长而异，乳牛在分娩第二胎至第七胎次泌乳期间，泌乳量逐渐增加，第七胎达到最高峰。而含脂率和非脂乳固体含量在初产期最高，以后胎次逐渐下降。

3. 泌乳期 乳牛在牛犊出生后不久就开始分泌乳汁以满足小牛生长发育的需要，一头乳牛一年持续泌乳的时间为 300 d 左右，这段时间称为泌乳期。在乳牛下次分娩前的 6～9 周乳牛一般被停止挤乳，这段时间为干乳期。乳牛再次分娩后又开始了新一轮的泌乳期。乳牛产犊半月后至第二个月末之间产乳量最大，其后逐渐减少，到第九个月开始显著降低，第十个月末至第十一个月初即达干乳期。但这是指乳牛要按时进行配种或通过人工授精，使其怀胎和按时产犊的正常情况而言。

在泌乳期间，随着泌乳时间的推移，乳的组成成分有很大差异，乳有初乳、常乳和末乳之分。

① 初乳：是指乳牛产犊后一周以内所产的乳，呈黄色，具有浓厚感，富黏性，其理化特点是干物质含量高，蛋白质、脂肪含量高，乳糖含量较常乳低，尤以对热不稳定的乳清蛋白含量高，初乳含有丰富的维生素，灰分比常乳高，其可溶性盐类中铁、铜、锰含量比常乳高，此外，其酸度、密度均比常乳高，冰点比正常乳低。

② 常乳：产犊 7 d 后至干乳期开始之前所产的乳称为常乳。常乳的成分及性质基本上趋于稳定，为乳制品的加工原料乳。

③ 末乳：是指干乳期前一周左右所产的乳，又称老乳。其成分除脂肪外，均较常乳高，有苦而微咸的味道，解脂酶多，常有脂肪氧化味。

4. 挤奶方法 挤奶时，初挤的乳含脂率较低，而最后挤出的乳含脂率较高。每次挤奶间隔时间越长，泌乳量越多，脂肪含量越低；反之，挤奶间隔越短，泌乳量越少，脂肪含量越高。一天中两次等间隔挤奶，其泌乳量、乳脂率均无太大差异。

5. 季节 牛乳脂肪含量在晚秋时最高，初夏最低；非脂乳固体含量在 3～4 月和 7～8 月最低。

6. 饲料 饲养状况改变时脂肪含量最易改变，且变化的幅度最大。乳牛长期营养不良，不仅产乳量下降，而且无脂干物质和蛋白质含量也减少。如果长期热量供给不足也会使乳中的乳糖下降并影响盐类平衡；如果限制粗饲料、过量给予精饲料，会使乳脂率降低，但非脂乳固体并不受影响。

乳牛由舍饲突然转为放牧时，由于牧草中含有雌激素类物质，所以常出现乳脂含量下降的现象，这一改变引起非脂乳固体增加，影响组成。乳牛在饥饿状态下，乳量将减少，而且乳中非脂乳固体（尤其是乳糖）减少更为显著。乳牛长期干渴所产乳汁的成分将降至标准以下，这种现象在荷斯坦牛中更易出现。

7. 环境温度 在 4～21℃条件下，乳牛产乳量与乳的成分组成不发生任何变化。当温度从 21℃升高到 27℃时，产乳量与脂肪含量均逐渐下降，而温度超过 27℃时，乳量减少更加明显，这时脂肪含量有所增加，但非脂乳固体通常要降低，这种变化主要是因为乳牛在高温下食欲减退，体温升高，出现种种生理障碍所致。在高温条件下荷斯坦牛比娟姗牛及瑞士黄牛更易出现乳量减少现象。

欧洲品种的乳牛最适的环境温度约为 10℃。荷斯坦牛和瑞士牛在环境温度大于 26.7℃时，娟姗牛在环境温度大于 9.4℃时，产乳量下降明显。超过 23.9℃的高温对产乳量有不利影响。

8. 健康状况 乳牛患有一般消化器官疾病或者足以影响产乳量的其他疾病时，乳汁组成将发生变化，如乳糖含量减少，氯化物和无机盐增加。乳牛患有乳腺炎疾病时，除产乳量显著下降外，非脂乳固体也要降低。

（三）乳中各种成分的存在状态

乳是多种物质组成的混合物，乳中各物质相互组成分散体系，其中水作为分散剂（分散介质、分散媒），其他物质（如乳糖、盐类、蛋白质、脂肪等）则为分散质（分散相），即分散在分散剂中的微粒。乳不是简单的分散体系，而是一种复杂的具有胶体特性的生物学液体。

乳中的乳糖、水溶性盐类以及水溶性维生素等呈溶解状态，以分子或离子状态存在，形成真溶液。乳白蛋白和乳球蛋白呈大分子态，形成高分子溶液。酪蛋白在乳中与磷酸盐形成酪蛋白酸钙-磷酸钙复合体胶粒，处于一种过渡状态，组成胶体悬浮液。乳脂肪是以脂肪球的形式存在，形成乳浊液。

乳是包括真溶液、胶体悬浮液、乳浊液和高分子溶液的具有胶体特性的多级分散质，而水是分散剂。

二、乳的组成

（一）水

水是牛乳的主要成分之一，占牛乳的 $87\%\sim89\%$，乳中的水可分为游离水、结合水（氢键形式）和结晶水（与乳糖结晶，形成 $C_{12}H_{22}O_{11}\cdot H_2O$）。

1. 游离水 游离水占乳中水的绝大部分，是乳汁的分散媒介，它能溶解各种不同物质（如有机物、无机盐和气体等），许多理化过程和生物学过程均与游离水有关。

2. 结合水 这部分水含量较少，占乳中水的 $2\%\sim3\%$，它与乳中的蛋白质、乳糖以及某些盐类结合存在，不具有溶解其他物质的作用。在通常水结冰的温度下不冻结（通常在 $-40℃$ 以下才结冰），乳粉生产中也不能脱掉该部分水。

由于结合水的存在，在乳粉生产中是无法得到绝干产品的，因此乳粉中经常要保留 3% 左右的水分。要想去除这些水分，只有加热到 $150\sim160℃$ 或长时间保持在 $100\sim105℃$ 的恒温下才能实现。但乳粉若受长时间高温处理，会产生蛋白质变性、溶解度降低、乳糖的焦糖化、脂肪氧化的现象。

3. 结晶水 结晶水存在于结晶性水合物中，水是结构成分。这种结合最为稳定，在乳糖、乳粉及炼乳生产中，可以看到含有一个分子结晶水的乳糖晶粒。

（二）乳的干物质

将牛乳干燥到恒重时所得到的残余物称为乳的干物质。正常乳中除水以外的乳的干物质含量为 $11\%\sim13\%$，含有乳的全部成分。乳的干物质中除去脂肪后剩下的物质称为无脂干物质。

乳的干物质的数量随乳成分的百分含量而变，尤其是乳的脂肪含量不太稳定，对乳的干物质含量影响较大，因此在实际中常用无脂干物质作为指标。

（三）乳蛋白质

蛋白质是乳中最有价值的部分，为全价蛋白质，几乎含有全部的必需氨基酸。从含氮量来分析，牛乳中含有 2.8%～3.8% 的氮化物，其中 95% 为乳蛋白质，5% 为非蛋白态氮。乳中主要的蛋白质是酪蛋白，还有乳清蛋白及少量的脂肪球膜蛋白。

1. 酪蛋白　酪蛋白是在 20℃ 调节脱脂乳的 pH 至 4.6 时沉淀的一类蛋白质，约占乳中蛋白质总量的 80%。

（1）酪蛋白的组成。酪蛋白是以含磷蛋白质为主体的几种蛋白质的复合体。酪蛋白有 α-酪蛋白、β-酪蛋白、κ-酪蛋白 3 种，其他的酪蛋白成分主要源于酪蛋白的磷酸化和糖苷化及有限的水解。酪蛋白中 α-酪蛋白含量最高，约占酪蛋白总量的 50%，β-酪蛋白约占酪蛋白总量的 30%。α-酪蛋白可以区分为钙不溶性 α-酪蛋白和钙可溶性 α-酪蛋白，钙不溶性的 α-酪蛋白主要成分为 $α_{S_1}$-酪蛋白，约占酪蛋白总量的 40%。$α_{S_1}$-酪蛋白有 $α_{S_1}$-A、$α_{S_1}$-B、$α_{S_1}$-C、$α_{S_1}$-D 四种变异体。不属于 $α_{S_1}$-酪蛋白的部分被命名为 $α_{S_2}$-酪蛋白、$α_{S_3}$-酪蛋白……钙可溶性的 α-酪蛋白有 κ-酪蛋白和 λ-酪蛋白，κ-酪蛋白约占酪蛋白总量的 15%，对酪蛋白的性质起较大作用，具有稳定钙离子、保护胶体体系的作用。

（2）酪蛋白的性质。纯酪蛋白为白色，无味，无臭，不溶于水、醇及有机溶剂而溶于碱液。乳中酪蛋白是个典型的磷蛋白，属于两性电解质，在溶液中既具有酸性，也具有碱性。相对于乳清蛋白，酪蛋白热稳定性比较高。

牛乳中的酪蛋白以酪蛋白胶束状态存在，一部分钙与酪蛋白结合成酪蛋白酸钙，再与磷酸钙形成"酪蛋白酸钙-磷酸钙复合体"。此外，镁离子也可以与酪蛋白结合形成胶体颗粒，以胶体悬浮液的状态存于牛乳中。酪蛋白胶粒基本为直径为 30～300nm 的球体，其中以 80～120nm 的球体居多，每毫升乳中有 $5×10^{12}$～$15×10^{12}$ 个胶粒。

（3）钙离子对酪蛋白稳定性的影响。牛乳酪蛋白中 $α_S$-酪蛋白和 β-酪蛋白受钙的影响易沉淀，κ-酪蛋白在正常浓度钙离子影响下本身比较稳定，还可抑制钙离子对 $α_S$-酪蛋白和 β-酪蛋白的作用，故 κ-酪蛋白具有稳定钙离子保护胶体体系的作用。牛乳中钙和磷的含量直接影响酪蛋白胶粒的大小，大的胶粒含有较多的钙和磷。正常的牛乳酪蛋白胶粒呈稳定状态是基于钙和磷处于平衡状态存在的，如果牛乳中钙离子过剩，使钙和磷的平衡受到破坏，牛乳在加热时就会发生凝固现象。

（4）酪蛋白的酸凝固。酪蛋白胶粒对 pH 的变化很敏感，加入酸后，酪蛋白酸钙-磷酸钙复合体中磷酸钙先行分离，继续加酸，酪蛋白酸钙中的钙被酸夺取，渐渐地生成游离酪蛋白，达到等电点时，钙完全被分离，游离的酪蛋白因凝固而沉淀。

牛乳中的乳糖在乳酸菌的作用下可生成乳酸，乳酸也可以将酪蛋白酸钙中的钙分离而形成可溶的乳酸钙，同时使酪蛋白形成硬的凝块，这一特点在生产酸乳制品上很重要。

（5）酪蛋白的酶凝固。酪蛋白胶粒在皱胃酶或其他凝乳酶作用下会凝固，该性质被应用到干酪的制造。一般认为是由于凝乳酶使酪蛋白变为副酪蛋白，在钙的存在下形成不溶性的凝块。

2. 乳清蛋白　乳清蛋白是指牛乳在 20℃、pH4.6 沉淀酪蛋白后分离出的乳清中蛋白质的统称，占乳蛋白质的 18%～20%。乳清蛋白与酪蛋白不同，其水合能力强，能在水中高度分散，在乳中呈典型的高分子溶液状态，甚至在等电点时仍能保持分散状态而不凝固。乳清蛋白可分为对热不稳定的乳清蛋白和对热稳定的乳清蛋白两大部分。

（1）对热不稳定的乳清蛋白。当乳清煮沸 20min，pH 调至 4.6～4.7 时沉淀的蛋白质属于对热不稳定的乳清蛋白，约占乳清蛋白质的 81%，其中包括乳白蛋白和乳球蛋白，可通过盐析方法区别。乳清在中性状态下加入饱和（NH_4)$_2SO_4$ 或 $MgSO_4$ 盐析时，呈溶解状态的为乳白蛋白，能析出而呈不溶解状态的为乳球蛋白。

①乳白蛋白。乳白蛋白主要由 α-乳白蛋白、β-乳球蛋白和血清白蛋白（SA）组成，分别约占乳清蛋白的 20%、50% 和 10%。乳白蛋白不含磷，富含硫，不被酸或凝乳酶凝固，属全价蛋白质，其在初乳中含量高达 10%～12%，具有重要的生物学意义。

α-乳白蛋白在乳糖合成中起重大作用，其参与乳糖的合成，是乳糖合成酶的一部分。哺乳动物乳中乳糖含量与 α-乳白蛋白含量成正比。海洋哺乳动物乳中不含 α-乳白蛋白，因而也不含乳糖。

β-乳球蛋白过去一直被认为是白蛋白，而实际上它是一种球蛋白，因为加热后与 α-乳白蛋白一起沉淀，所以过去将它包括在白蛋白中，但它实际上具有球蛋白的特性。

血清白蛋白来自血液，它在肝中合成，通过分泌细胞进入乳中，乳中含量较低。牛乳中的血清白蛋白和牛血液中的血清白蛋白无差别，二者是相同的。在乳腺炎乳等异常乳中此成分含量增高。

②乳球蛋白。乳球蛋白约占乳清蛋白质的 13%，与机体的免疫性有关，也称为免疫球蛋白（Ig）。在动物的乳汁中存在 IgA、IgG 和 IgM 三大类，牛乳中 IgG 含量最高，人乳中以 IgA 为主。在初乳中的免疫球蛋白含量为 2%～15%，而常乳中仅有 0.1%。

（2）对热稳定的乳清蛋白。当乳清煮沸 20min，pH 调至 4.6～4.7 时，仍溶解于乳中的乳清蛋白为对热稳定的乳清蛋白，占整个乳清蛋白质的 19%。

（3）乳清蛋白的受热变化。乳清蛋白的热稳定性整体上低于酪蛋白，其中各组成成分的热稳定性由大到小排列如下：α-乳白蛋白＞β-乳球蛋白＞血清白蛋白＞免疫球蛋白。

3. 脂肪球膜蛋白　脂肪球膜蛋白是吸附于脂肪球表面的蛋白质，与磷脂一起构成脂肪球膜，1 分子磷脂约与 2 分子蛋白质结合在一起。100g 乳脂肪含脂肪球膜蛋白 0.4～0.8g，其中还含有脂蛋白、碱性磷酸酶和黄嘌呤氧化酶等，这些物质可以用洗涤和搅拌稀奶油的方法分离出来。脂肪球膜蛋白因含有卵磷脂，因此也称为磷脂蛋白。

脂肪球膜蛋白中含有大量的硫且对热较敏感，牛乳在 70～75℃瞬间加热，则—SH 基团就会游离出来，产生蒸煮味。脂肪球膜蛋白中的卵磷脂易在细菌性酶的作用下形成带有鱼腥味的三甲胺而被破坏，是奶油贮存过程中风味变坏的原因之一。

（四）乳脂质

乳脂质是乳中主要的能量物质和重要营养成分，是迄今为止已知的组成和结构最复杂的脂类。乳脂质是乳中脂肪和类脂的总称，其中有 97%～99% 的成分是乳脂肪，还有约 1% 的磷脂和少量甾醇、游离脂肪酸、脂溶性维生素等。牛乳中的类脂主要是磷脂，即磷脂酰胆碱（卵磷脂）、磷脂酰乙醇胺（脑磷脂）和神经磷脂，可作为体内一些生理活性物质的前体，具有生理活性。

1. 乳脂肪　乳脂肪属于中性脂肪，具有良好的风味和消化性，在牛乳中含量为 3%～5%，是牛乳的主要成分之一，是由 1 个甘油分子和 3 个相同或不同脂肪酸所组成的多种甘油三酸酯的混合物。

（1）乳脂肪的脂肪酸。乳脂肪与其他动植物脂肪不同，乳脂肪中的脂肪酸多达 100 余种，从理论上讲可构成 21.5 万种以上的甘油酯，但实际上很多脂肪酸的含量均低于 0.1%，主要有 20 种左右的脂肪酸含量较高，而其他动植物油脂中只含有 5～7 种脂肪酸。乳中低级脂肪酸占乳脂肪的 80% 以上。乳脂肪中低级挥发性脂肪酸（C_{14} 以下）达 14% 左右，其中水溶性挥发性脂肪酸达 9% 左右，而其他油脂中不超过 1%。乳脂肪的不饱和脂肪酸主要是油酸，占不饱和脂肪酸总量的 70% 左右，乳脂中已知的含有的不饱和脂肪酸有油酸、十六烯酸、十四烯酸、癸烯酸、甘碳四烯酸、亚麻酸、亚油酸等。

乳脂肪含低级挥发性脂肪酸较多的特性决定了乳脂肪熔点较低，在室温下呈液态，11℃以下呈半固态，5℃以下呈固态，具有柔软的质地，易挥发，使乳脂肪具有特殊的香味，但同时乳脂肪也容易受光线、热、氧、金属（尤其是铁、铜）等的作用而氧化，从而产生脂肪氧化味。

（2）乳脂肪球及脂肪球膜。乳脂肪不溶于水，以脂肪球的形式存在于乳中，呈一种水包油型乳浊液状态，乳脂肪直径为 0.1～20μm，以 2～5μm 的居多。1mL 牛乳中含有 2×10^9～4×10^9 个脂肪球，脂肪球呈球形或椭球形。脂肪球表面有一层膜被称为脂肪球膜，它的主要作用是防止脂肪球相互聚结，使乳脂肪球处于独立的、相对稳定的分散状态，保护乳浊液的稳定性，其厚度为 5～10nm。脂肪球膜由蛋白质、磷脂、高熔点甘油三酯、胆固醇、维生素 A、金属离子（如 Cu^{2+}、Fe^{2+}）、酶类及结合水等复杂的化合物构成，其中起主导作用的是卵磷脂-蛋白质络合物（脂蛋白络合物），这些物质有层次地定向排列在脂肪球与乳浆的界面上，疏水基团向内，亲水基团向外，使脂肪球稳定地悬浮于乳中，同时也阻止存在于乳中的脂肪酶的分解作用（图 1-1）。

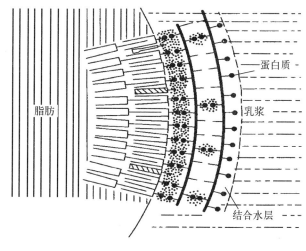

图 1-1　乳脂肪球结构

⇒ 磷脂　　⇒ 高熔点甘油三酯
⇒ 胆固醇　　⇒ 维生素A

乳脂肪的相对密度为 0.93，由于其相对密度低于水相，所以牛乳静置后，脂肪球将徐徐上浮到表面一层，从而形成稀奶油层，但由于脂肪球膜的包围，并不聚合在一起，呈乳滴状。

（3）乳脂肪的性质。

① 乳脂肪的理化常数。乳脂肪的理化常数取决于乳脂肪的组成与结构，比较重要的理化常数有 4 项，即水溶性挥发性脂肪酸值、非水溶性挥发性脂肪酸值、皂化值、碘值（表 1 - 3）。

表 1 - 3　乳脂肪的理化常数

项目	范围	项目	范围
相对密度（d_{15}^{15}）	0.935~0.943	碘值/（g/100g）	26~36（约 30）
熔点/℃	28~38	水溶性挥发性脂肪酸值/mL	21~36
凝固点/℃	15~25	非水溶性挥发性脂肪酸值/mL	1.3~3.5
折射率 nD_{25}	1.459 0~1.462 0	酸值/（mg/g）	0.4~3.5
皂化值/（mg/g）	21~23.5	丁酸值/（mg/g）	16~24

② 乳脂肪的化学性质。

A. 自动氧化：乳脂肪中不饱和脂肪酸含量多，与空气接触易发生自动氧化作用，形成氢过氧化物。氢过氧化物不稳定，经过一定的积累后会慢慢分解，从而产生脂肪氧化味。光、氧、热、金属（Cu、Fe）能催化脂肪自动氧化。

B. 水解：乳脂肪易在解脂酶及微生物作用下发生水解，使酸度升高，产生的低级脂肪酸可导致牛乳产生不愉快的刺激性气味，即所谓的脂肪分解味。不过，通过添加特别的解脂酶和微生物可产生独特风味的干酪产品。

2. 磷脂　磷脂含量占脂类的 1%，牛乳中含磷脂 0.03%，山羊乳中含磷脂 0.044%，60% 的磷脂集中在脂肪球膜。乳中含有三种磷脂，即卵磷脂、脑磷脂和神经磷脂，三者的比例为 48：37：15，其中卵磷脂是构成脂肪球膜脂蛋白络合物的主要成分，卵磷脂的胆碱残基具有亲水性，脂肪酸残基具有亲油性，因此卵磷脂能以一定方向排列在两项界面上，致使脂肪球在乳中保持乳浊液的稳定性。

磷脂在动物机体磷代谢方面，特别在对婴儿的脑发育方面有重要作用，一定量的磷脂可组成一定的风味，磷脂还是理想的营养剂和乳化剂。根据卵磷脂既具有亲水性又具有亲油性的特点，可采用在乳粉颗粒表面喷涂卵磷脂的工艺生产速溶乳粉。卵磷脂在细菌性酶的作用下会形成带有鱼腥味的三甲胺而被破坏。

（五）乳糖

乳糖是哺乳动物乳腺分泌的一种特有的糖类，在动物的其他器官中几乎不存在，在植物界更是十分罕见。牛乳中 99.8% 的糖类为乳糖，还有少量的果糖、葡萄糖、半乳糖，牛乳中含乳糖 4.4%~5.2%，牛乳的甜度相当于蔗糖的 1/6~1/5。羊乳中的糖类几乎全部是乳糖，羊乳中乳糖含量为 3.8%~5.1%。

乳糖是一种双糖，是由一分子葡萄糖和一分子半乳糖通过 β - 1,4 - 糖苷键连接而成，因此乳糖又称为 1,4 - 半乳糖苷葡萄糖。由于乳糖结构中的葡萄糖部分的半缩醛仍保留，因此乳糖是一种还原糖，其本身及分解产物与乳中的蛋白质会发生美拉德反应，是乳制品褐变的主要原因，但它可改善焙烤食品的色泽和风味。乳糖也可使斐林试剂还原成砖红色的 Cu_2O 沉淀，这是蓝-爱农法测定乳糖的理论依据。

1. 乳糖的存在形式　由于 D-葡萄糖分子中半缩醛羟基位置的不同，乳糖形成了两种异构体，即 α-乳糖及 β-乳糖。而 α-乳糖只要稍有水分存在就会与一分子结晶水结合，成为 α-乳糖水合物，又称 α-含水乳糖（$C_{12}H_{22}O_{11} \cdot H_2O$），即普通乳糖。一般常见的是 α-含水乳糖。

2. 乳糖的溶解度　乳中乳糖以 α-乳糖和 β-乳糖形式按一定的比例存在，并处于平衡状态。α-乳糖和 β-乳糖虽然都溶解于水，但溶解性却存在差别，α-乳糖较难溶解，溶解度较小，而 β-乳糖易于溶解，溶解度较大。当用水溶解 α-乳糖时，一部分 α-乳糖会逐渐转化成 β-乳糖，使已达饱和的 α-乳糖溶液又变为不饱和，α-乳糖继续溶解，这种状态一直持续到溶液中 α-乳糖和 β-乳糖达到动态平衡。

3. 乳糖的营养与乳糖不耐症　乳糖是人和所有哺乳动物从母乳中消耗的第一种糖类，它不仅能供给人体能量，而且有助于大脑和神经的正常发育。组成乳糖的单糖之一——半乳糖，是组成人脑中配糖体的重要成分。孕妇保证乳糖供给对胎儿脑和神经组织的形成、发育非常有益。处在生长发育时期的婴幼儿及青少年，乳糖供给充足则智力发达、精力旺盛。乳糖在人的肠道内是乳酸菌良好的培养基，当它被细菌分解成乳酸时，会使肠道内呈弱酸性，可抑制某些有害菌类的生长和繁殖，阻碍和减少有害代谢产物的产生。乳糖还可促进婴幼儿对钙的吸收，有助于骨骼和牙齿等的正常发育，减少佝偻病的发病率，提高其健康水平。

婴儿出生时体内乳糖酶的活性达到顶点，一年以后多数人的乳糖酶活性均会迅速下降，对食品中的乳糖不能充分消化吸收，从而产生消化不良、腹胀、腹痛、肠鸣、呕吐、急性腹泻等非感染性临床症状，即乳糖不耐症。全世界大多数人均存在不同程度的乳糖酶缺乏现象，以东方人情况最严重，乳糖不耐症发生率为 80%～100%，乳糖不耐症人群的分布与种族、家族遗传和饮食习惯等有密切的关系。

对于乳糖不耐症的人群来说，乳糖不能被吸收会导致肠胃系统失调和有价值的蛋白质、矿物质损失，可利用化学工程、生物工程、酶技术等方法解决乳糖不耐症的问题，如生产发酵乳制品、在乳及乳制品中直接添加乳糖酶、口服乳糖酶片剂等。

（六）酶

乳中的酶主要分为内源酶（固有酶）和外源酶。乳中的内源酶有 60 多种，主要来源于乳腺组织、乳浆及白细胞。乳与乳制品中微生物代谢产生的还原酶属乳的外源酶。乳中大部分酶对乳自身并无作用和功能，只有少部分酶对乳起作用，可影响乳的风味和性质，影响乳制品的生产和质量。现将几种代表性酶分述如下：

1. 脂酶　脂酶是将脂肪分解为甘油及脂肪酸的酶（最适 pH 为 9.0～9.2，最适温度为 37℃）。脂酶有两种，一种是吸附于脂肪球膜界面间的膜脂酶，一种是存在于脱脂乳中与酪蛋白结合的乳浆脂酶。膜脂酶在正常乳中不存在，在异常乳中存在，泌乳末期含量高，乳腺炎乳中也存在膜脂酶，控制异常乳即可解决。乳浆脂酶在对牛乳进行均质、搅拌工艺处理时被激活，其活性提高，并吸附于脂肪球，分解脂肪而产生一些游离脂肪酸，使乳制品有一些脂肪分解。

乳脂肪对脂酶的热稳定性有保护作用。热处理时，乳的脂肪率增高，脂酶的钝化程度降低。在62～65℃保持30min低温长时间杀菌，脂酶依然存在，故钝化脂酶采用至少为80～95℃的高温短时处理或超高温瞬时处理。同时还要控制原料乳的质量，避免使用异常乳，并防止微生物的再污染。

2. 磷酸酶 磷酸酶能水解复杂的有机磷酸酯。牛乳中的磷酸酶主要是碱性磷酸酶（吸附于脂肪球膜上），还有少量酸性磷酸酶（存在于乳清中）。

碱性磷酸酶经62.8℃ 30min 或 72℃ 15s 加热后钝化，其钝化所需的温度、时间与生产液态乳的巴氏杀菌法的低温长时杀菌法所要求的温度、时间基本相同，通过测定碱性磷酸酶含量的有无，可证明巴氏杀菌是否完全，是否符合要求以及是否污染未经消毒的生乳。此实验灵敏度很高，混入0.5％的生乳就能被检出。

近几年，人们发现牛乳通过高温（80～180℃）短时杀菌后没有磷酸酶，但放置后能重新活化的现象，这是因为牛乳中含有对热不稳定的抑制因子和对热稳定的活化因子，一般经62.8℃或72℃加热，两种因子都不受影响，故抑制因子能抑制磷酸酶恢复活力，而80～180℃的高温会使抑制因子遭破坏而作用消失，只有活化因子存在而使磷酸酶重新活化。所以对于经高温短时处理的巴氏杀菌乳，为了抑制磷酸酶重新活化，应采取4℃下冷藏的措施。

3. 过氧化氢酶 牛乳中过氧化氢酶主要来自白细胞的细胞成分，特别是在初乳和乳腺炎乳中含量多，所以过氧化氢酶试验可作为检验乳腺炎的手段之一。经75～80℃ 20min 加热，可使过氧化氢酶全部钝化。

4. 过氧化物酶 过氧化物酶是乳中最耐热的酶类之一，主要来自白细胞，是乳中原有的酶，其数量与细菌无关，过氧化物酶在牛乳中加热80℃ 15s 即被钝化。可利用乳中是否存在过氧化物酶来测定乳的加热程度。当乳中有过氧化物酶存在时，说明是生乳；当无过氧化物酶存在时，即为合格巴氏杀菌乳。

20mL 杀菌乳加30％过氧化氢溶液10滴和2％对苯二胺溶液1mL，有过氧化物酶则出现青色（阳性反应），说明杀菌不合格。但已使过氧化物酶钝化的杀菌合格乳，装瓶后不立即冷藏而在20℃以上温度存放时，会再恢复过氧化物酶的活力。此外，酸败乳中的过氧化物酶活力会钝化，故对这种乳不能因过氧化物酶呈阴性反应就认为该乳是新鲜合格的乳。

5. 还原酶 还原酶是微生物在乳与乳制品中生长繁殖时分泌的一种具有还原作用的酶。还原酶不是固有的乳酶，可使亚甲蓝还原为无色，它是微生物的代谢产物，随着乳中细菌数的增加，还原酶也增加，根据这种原理可判定牛乳的新鲜程度，所做的实验被称为还原酶实验。此实验根据亚甲蓝褪色所需时间来断定细菌的数量，通常在20mL乳中加入1mL亚甲蓝溶液，并置于（37±0.5）℃恒温箱中进行培养。

（七）维生素

牛乳中含有人体营养所必需的各种维生素，种类比较齐全。乳中维生素的含量受多种因素影响，包括营养、遗传、哺乳阶段、季节等，其中营养因素是最主要的，即维生素主要从乳牛的饲料中转移而来。同时，乳中维生素也受乳牛的饲养管理、杀菌以及其他加工处理的影响，乳制品中的维生素在贮存、运输、销售等环节中也会受包装、环境、光照等因素的影响而损失。牛乳中维生素的含量和变化范围见表1-4。

表1-4 牛乳中维生素的含量和变化范围

维生素	平均含量/ (μg/100mL)	变化范围/ (μg/100mL)	维生素	平均含量/ (μg/100mL)	变化范围/ (μg/100mL)
脂溶性维生素			水溶性维生素		
维生素A 夏季	—	28~36	维生素C	1 500	—
冬季	—	17~41	维生素B_1	40	37~46
β-胡萝卜素 夏季	—	22~32	维生素B_2	180	161~190
冬季	—	10~13	烟酸	80	71~93
维生素D	0.05	0.02~0.08	维生素B_6	50	40~60
维生素E	100	84~110	叶酸盐	5	5~6
维生素K	3.5	3~4	维生素B_{12}	0.4	0.30~0.45
			泛酸	350	313~360
			生物素	3	2~3.6

维生素A又称为视黄醇，仅存在于动物性食品中，牛乳是膳食维生素A的重要来源。维生素A容易受氧气、强光、紫外线的破坏，对热的稳定性很高。

维生素D通常以维生素D原的状态存在于食物中。牛乳中维生素D的含量非常少，主要存在于脂肪球中，初乳中维生素D的含量较高。维生素D很稳定，耐高温，不易氧化，通常的加工、贮存不会引起维生素D的损失。

维生素E又称生育酚，是一种重要的天然抗氧化剂。乳是膳食维生素E的良好来源之一，尤其是初乳中含有的维生素E是正常乳中的4~5倍。维生素E较稳定，在煮沸、干燥、贮存等过程中不被破坏，但维生素E易被氧化破坏，对金属、紫外线较敏感。

维生素C又称为抗坏血酸，是一种活性很强的抗氧化剂，是机体新陈代谢不可缺少的物质。维生素C是最不稳定的维生素，影响其稳定性的因素很多，包括温度、pH、氧、酶、金属离子、紫外线等，一般到达消费者手中的乳与乳制品中几乎不含维生素C。

维生素B_1又称硫胺素，是糖代谢中辅酶的重要成分。维生素B_1的含量随季节而变化，在秋季含量较高，由于微生物可合成维生素B_1，故酸乳制品中维生素B_1含量会增加。维生素B_1是所有B族维生素中最不稳定的，其稳定性取决于温度、pH、离子强度、缓冲体系及其他反应物等，牛乳的商业热处理可导致维生素B_1活性损失10%左右。

维生素B_2又称核黄素，在生物氧化及组织呼吸中很重要。牛乳中维生素B_2的含量受营养条件的影响较大，初乳中维生素B_2含量较高。维生素B_2在酸性或中性条件下对热稳定，在通常热处理的情况下不被破坏，但其对光不稳定，特别是易受紫外线的破坏。

维生素B_6又称吡哆素，是体内很多酶的辅酶，牛乳中维生素B_6含量较高。维生素B_6对热很稳定，加热到120℃无变化，因此热处理对维生素B_6无影响，但遇光容易发生降解，尤其容易被紫外线分解。

维生素B_{12}又称钴胺素，初乳中维生素B_{12}的含量是正常乳的6~10倍。维生素B_{12}对热的抵抗性较高，遇强光或紫外线不稳定，容易被破坏。

叶酸曾被称为维生素M等，为各种细胞生长所必需。叶酸可被酸、碱水解，并且可被日光分解，乳制品中对叶酸的破坏主要是氧化。

（八）无机物

1. 无机物　无机物也称为矿物质，通常以灰分的含量来表示牛乳中无机物的量，但严格来讲，无机物、矿物质和灰分是不同的。牛乳中灰分的含量相对稳定，为 $0.7\% \sim 0.8\%$。牛乳中主要的无机物有磷、钙、镁、氯、钠、钾、铁、硫、钾等，此外，牛乳中还含有近 20 种微量元素，包括铜、锰、碘、锌、铝、氟、硅、溴等。牛乳中最重要的无机物是钙。牛乳中钙含量丰富，生物活性高，是人体最理想的钙源。

2. 乳中的无机盐类　乳中的无机物大部分以可溶性的盐类存在，主要包括钾、钠、钙、镁的磷酸盐、柠檬酸盐、盐酸盐、硫酸盐、碳酸盐和碳酸氢盐，其中最主要的是以无机磷酸盐及有机柠檬酸盐的状态存在。无机成分中，钠、钾大部分是以氯化物、磷酸盐及柠檬酸盐呈可溶状态存在，钙、镁则与酪蛋白、磷酸及柠檬酸结合，一部分呈胶体状态存在，一部分呈溶解状态存在。牛乳中 2/3 的钙形成酪蛋白酸钙、磷酸钙及柠檬酸钙，呈胶体状态，其余 1/3 为可溶性物。

乳中无机成分的含量虽然很少，但在牛乳加工中，特别是对于乳的热凝固方面，无机成分起重要的作用，牛乳中钙、镁与磷酸盐、柠檬酸盐之间保持适当的平衡，对于牛乳的稳定性具有非常重要的意义。当牛乳因季节、饲料、生理或病理等方面原因打破上述平衡关系时，乳的热稳定性会受到很大影响。在比较低的温度下牛乳会凝固就是因为钙、镁过剩，可以通过向牛乳中添加磷酸盐或柠檬酸盐（通常为磷酸氢二钠或柠檬酸钠）以达到稳定作用，防止凝固现象。牛乳中 Ca^{2+} 增高，则醇凝固很容易，造成有时原乳的酸度合格而酒精试验不合格（呈阳性），即所谓"低酸度酒精阳性乳"。

（九）其他成分

牛乳中含有很少量的有机酸、细胞成分和气体等。

牛乳中的有机酸主要是柠檬酸，乳中柠檬酸含量为 $0.07\% \sim 0.40\%$，平均 0.18%。柠檬酸对于牛乳的盐类平衡、热稳定性、冷冻牛乳的稳定性、奶油的芳香风味的形成、干酪的质量等方面都具有重要作用。

乳中所含细胞成分是白细胞、红细胞和上皮细胞。牛乳中的细胞数是乳房健康状况的一种标志，也是牛乳卫生品质好坏的指标之一。一般正常乳中细胞数不超过 $20 \times 10^5 \, CFU/mL$，乳腺炎时白细胞上皮细胞大大增加。

牛乳中含有微量的气体，主要为二氧化碳、氧气及氮气，牛乳在乳房中就已经含有气体，其中二氧化碳最多，氧气最少。牛乳在贮存与处理中二氧化碳减少，氧气及氮气增多，随着牛乳在空气中暴露，乳中的氧气和氮气进一步增多。要考虑气体中的氧气，氧气存在会使脂肪自动氧化及维生素损失，故加工乳制品要密闭的原因之一是避免乳和氧气再次接触。

三、乳的物理性质

乳制品加工技术是通过各种加工工艺和不同的处理条件，研究并利用其变化规律，从而有效生产各种乳制品，所以牛乳的理化性质对于原料乳的质量鉴定与乳制品的生产非常重要，了解和熟悉它们，有助于加工工艺的设定和创造新工艺、新产品，以及解决生产中出现的问题。乳的物理特性，包括乳的色泽、滋味与气味、冰点、沸点、密度和相对密度、酸度、黏度、表面张力、电导率、折射率等许多内容。现将常用的几项物理特性介绍如下。

（一）色泽

正常新鲜的牛乳是一种白色或稍带黄色的不透明液体，颜色由乳的成分决定。白色是由脂肪球、酪蛋白酸钙、磷酸钙等成分对光的反射和折射所产生。黄色是由维生素 B_2（乳清中）、叶黄素和胡萝卜素（乳脂肪中）等所引起。

牛乳分离出稀奶油或由稀奶油制成奶油时，胡萝卜素即随脂肪进入稀奶油或奶油中，因此使稀奶油略带黄色。

（二）滋味与气味

乳中的挥发性脂肪酸及其他挥发性物质，是构成牛乳滋味与气味的主要成分。这种牛乳特有的香味随温度的高低而存在差异，即乳经加热后香味强烈，冷却后即减弱。牛乳除了原有香味之外，很容易吸收外界的各种气味。因此，挤出后的牛乳，如在牛舍中放置时间太长，即带有牛粪味或饲料味。乳与水产品放在一起时，带有鱼腥味；接近葱、蒜等时，可使牛乳带有葱、蒜味。饲料对乳的气味也有强烈的影响，例如奶牛吃了羽扁豆，可使牛乳带苦味。牛乳在日光下暴晒时，牛乳带油酸味。贮存容器不良时，牛乳产生金属味。消毒温度过高会使乳糖焦化而产生焦糖味。因此，牛乳的风味可分正常风味和异常风味。

1. 正常风味　正常乳牛分泌的乳均具有奶香味，且有特殊的风味，这些都属正常味道。正常风味的乳中含有适量的甲硫醚［$(CH_3)_2S$］、丙酮、醛类、酪酸以及其他的微量游离脂肪酸。根据气相色谱分析结果，新鲜乳中的挥发性脂肪酸，以醋酸与甲酸含量较多，而丙酸、酪酸、戊酸、癸酸、辛酸含量较少。此外，羰基化合物（如乙醛、丙酮、甲醛等）均与乳的风味有关。

新鲜纯净的乳，稍带甜味，这是因为乳中含有乳糖的缘故。乳中除甜味之外，因其含有氯离子而稍带咸味。正常乳中的咸味因受乳糖、脂肪、蛋白质等掩蔽，故不易觉察，而异常乳如乳腺炎乳，因氯的含量较高，故有浓厚的咸味。乳中的苦味来自 Mg^{2+}、Ca^{2+}，而酸味是由柠檬酸及磷酸所产生的。

2. 异常风味　牛乳的异常风味，受个体、饲料以及各种外界因素所影响。

（1）生理异常风味。

① 过度乳牛味。由于脂肪没有完全代谢，使牛乳中的酮体类物质过分增加而引起。

② 饲料味。主要在冬、春季节牧草减少而以人工饲养时产生。使牛乳产生饲料味的饲料，主要为各种青贮料、芜菁、卷心菜和甜菜等。

③ 杂草味。主要由于乳牛食用大蒜、韭菜、苦艾、猪杂草、毛茛、甘菊等产生。

（2）脂肪分解味。主要由于乳脂肪被脂酶水解，脂肪中含有较多的低级挥发性脂肪酸而产生。其中主要成分为丁酸。此外，癸酸、月桂酸等碳数为偶数的脂肪酸均与脂肪分解味有关。

（3）氧化味。氧化味是由乳脂肪氧化而产生的不良风味。产生氧化味的主要因素有重金属、抗坏血酸、光线、氧、贮藏温度、饲料、牛乳处理和季节等，其中尤以重金属铜的影响最大。为防止乳产生氧化味，可加入乙二胺四乙酸（EDTA）的钠盐使其与铜螯合。此外，抗坏血酸对氧化味的影响很复杂，也与铜有关。把抗坏血酸增加 3 倍或全部破坏，均可防止发生氧化味。另外，光线所诱发的氧化味与维生素 B_2 有关。

（4）日光味。牛乳在阳光下照射 10min 后，可检出日光味，这是由乳清蛋白受阳光照射而产生。日光味类似焦臭味和羽毛烧焦味。日光味的强度与维生素 B_2 和色氨酸的破坏有关，产生日光味的成分为乳蛋白质和维生素 B_2 的复合体。

（5）蒸煮味。乳清蛋白中的 β-乳球蛋白因加热而产生巯基，致使牛乳产生蒸煮味。例如牛乳在 76～78℃ 瞬间加热，或在 74～76℃ 3min 加热，或在 70～72℃ 30min 加热，均可使牛乳产生蒸煮味。

（6）苦味。牛乳长时间冷藏时，往往产生苦味。其原因为：低温菌或某种酵母使牛乳产生肽化合物，或者是解脂酶使牛乳产生游离脂肪酸所形成。

（7）酸败味。酸败味主要由于乳发酵过度，或受非纯正的产酸菌污染所致。如牛乳、稀奶油、奶油、冰淇淋以及发酵乳等会产生较浓烈的酸败味。

牛乳的异常风味，除上述这些之外，由于杂菌的污染，有时还会有麦芽味、不洁味和水果味等。另外，由于对机械设备清洗不严格，往往会使牛乳产生石蜡味、肥皂味和消毒剂味等。

（三）冰点

牛乳的冰点为 $-0.565 \sim -0.525℃$，平均为 $-0.540℃$。

溶质存在于溶液中能使冰点下降。牛乳中由于存有乳糖及可溶性盐类，故使冰点降至0℃以下。脂肪含量和冰点无关，蛋白质对冰点也无太大影响。牛乳变酸时，冰点将下降；酸度达 0.15% 以上后，每上升 0.01%，冰点下降 0.003℃。

正常乳中由于乳糖及盐类的含量变化较小，因此冰点也很稳定。牛乳中加入水时，冰点即发生变化，因此可以根据冰点的变动来检查大致的加水量。牛乳中加入 1% 的水，冰点约上升 0.005 4℃。将测得的冰点代入下式，即可算出加水量。

$$W = （T - T'）/T \times 100\%$$

式中：W——加水量，%；

$\quad\quad T$——正常乳的冰点，℃；

$\quad\quad T'$——被检乳的冰点，℃。

（四）沸点

牛乳的沸点，理论上比水高 0.15℃，而实际上在 $1.01 \times 10^5 Pa$ 下为 100.17℃ 左右，其变化范围为 100～101℃。沸点受固体物质含量的影响，总固形物含量高，沸点也会稍上升。因此，牛乳越浓缩，沸点越上升。牛乳及各种浓缩乳的相对密度和沸点见表 1-5。

表 1-5　牛乳及各种浓缩乳的相对密度和沸点

种类	相对密度（15.5℃）	沸点/℃
纯水	1.00	100.00
全乳	1.032	100.17
稀奶油	—	100.24
无糖炼乳	1.066 0	100.44
加糖炼乳	1.308 5	103.2
全乳	1.091 3	100.5

（五）乳的密度和相对密度

乳的密度是指一定温度下单位体积的质量，而乳的相对密度主要有两种表示方法，一是以 15℃ 为标准，指在 15℃ 时一定容积牛乳的质量与同容积、同温度水的质量之比，用 d_{15}^{15} 表示，正常乳的相对密度平均为 $d_{15}^{15}=1.032$。二是指乳在 20℃ 时的质量与同容积水在 4℃ 时的质量之比，用 d_4^{20} 表示。正常乳的相对密度平均为 $d_4^{20}=1.030$。两种比值在同温度下，其绝对值相差甚微，后者较前者小 0.002。乳品生产中常以 0.002 的差数进行换算。

通常用乳稠计（或称牛乳密度计）来测定乳的密度或相对密度。乳稠计有两种规格，即 15℃/15℃ 乳稠计及 20℃/4℃ 乳稠计。d_{15}^{15} 乳稠计上刻有 15°～45° 的刻度，相当于测定范围为 1.015～1.045。例如其刻度为 15°，相当于 d_{15}^{15} 为 1.015；刻度为 30°，则相当于 d_{15}^{15} 为 1.030。d_{15}^{15} 比 d_4^{20} 测得的度数低 2°。即：

$$d_4^{20}=d_{15}^{15}+0.002$$

乳的密度同乳中各种成分的含量有关。乳中的无脂干物质比水重，因此，乳中无脂干物质越多，密度越大。初乳因无脂干物质多，其密度也高。通常初乳的密度为 1.030～1.040g/cm³。乳中脂肪比水轻，因此，乳脂肪增加密度就降低。由于水的密度比乳小，乳中加水时乳的密度也降低，每加 10% 的水，密度约降低 0.003g/cm³。

乳的相对密度在挤乳后 1h 内最低，然后逐渐上升，最后可大约升高 0.001，因为乳中部分气体排出和一部分液态脂肪变为凝固态，以及蛋白质的水合作用使容积发生变化。乳的相对密度随温度而变化，在 10～25℃ 范围内，温度每变化 1℃，相对密度相差 0.000 2，其原因是热胀冷缩。

测定相对密度时，乳样在 10～25℃ 范围内均可测定，每升高 1℃，则乳稠计的刻度值降低 0.2 刻度；每下降 1℃，则乳稠计的刻度值升高 0.2 刻度，因此可按下式来校正因温度差异造成的测定误差。

$$乳的相对密度=1+\frac{乳稠计刻度读数＋（乳样温度-标准温度）\times0.2}{1\ 000}$$

乳中各种成分的含量大体是稳定的，其中乳脂肪含量变化最大。如果脂肪含量已知，只要测定出乳的相对密度，就可以按下式计算出乳固体百分含量的近似值。

$$T=1.2F+0.25L+C$$

式中：T——乳固体百分含量，%；

F——脂肪百分含量，%；

L——乳稠计（15℃/15℃）的读数；

C——校正系数，约为 0.14，为了使计算结果与各地乳质相适应，C 值需经大量实验数据获得。

（六）酸度

酸度是反映牛乳新鲜度和热稳定性的重要指标，酸度高的牛乳，新鲜度低，热稳定性差；反之，酸度低（在正常范围内）表明牛乳新鲜度高，热稳定性也高。

乳的酸度由两方面的因素形成，一方面，乳本身具有酸度，这种酸度与贮存过程中微生物繁殖所产生的乳酸无关，称为自然酸度或固有酸度。新鲜牛乳的自然酸度为 16～18°T。自然酸度主要由乳中的蛋白质、柠檬酸盐、磷酸盐及二氧化碳等酸性物质所造成，其中来源于乳蛋白的酸度为 0.05%～0.08%（3～4°T），来源于柠檬酸盐的酸度为 0.01%，来源于磷酸盐的酸度为 0.06%～0.08%（10～12°T），来源于二氧化碳的酸度为 0.01%～0.02%（2～3°T）。另一方面，牛乳挤出后在贮存、运输等过程中，在微生物的作用下发生乳酸发酵，导致乳的酸度逐渐升高。由于发酵产酸而升高的这部分酸度称为发酵酸度。自然酸度和发酵酸度之和称为总酸度。

1. 氢离子浓度 牛乳的氢离子浓度随其所含的二氧化碳含量、新鲜度、细菌的繁殖状况、乳房的健康程度而异。根据氢离子浓度的高低，可检定乳品质的优劣或乳房有无疾病等。为了方便起见，通常氢离子浓度都用 pH（氢离子浓度的负对数）来表示。一般新鲜牛乳的 pH 为 6.5～6.7，酸败乳和初乳的 pH 在 6.4 以下，乳腺炎乳和低酸度乳的 pH 在 6.8 以下。

氢离子浓度通常称为真实酸度，也就是表示酸的强度，而滴定酸度表示酸的量。

人乳的 pH 较牛乳高。通常草食动物乳的 pH 约为 6.6。各种乳的氢离子浓度和 pH 如表 1-6 所示。

表 1-6　各种乳的氢离子浓度和 pH

名称	氢离子浓度	pH
人乳	0.62×10^{-7}～2.63×10^{-7}	6.58～7.21
牛乳	2.29×10^{-7}～3.02×10^{-7}	6.52～6.64
山羊乳	—	6.4～6.7

2. 乳的滴定酸度 通常用滴定酸度来衡量牛乳的酸度。所谓滴定酸度，即取一定量的牛乳，以酚酞作指示剂，再用一定浓度的碱液（通常用 0.1mol/L 的氢氧化钠）来滴定，以消耗碱液量来表示。

乳的滴定酸度有下列几种表示方式。

（1）吉尔涅尔（Thorner）度（°T）。取 10mL 牛乳，用 20mL 蒸馏水稀释，加入 5% 的酚酞指示剂 0.5mL（大约 5 滴），以 0.1mo/L 氢氧化钠溶液滴定，将所消耗的氢氧化钠体积（mL）乘以 10，即为中和 100mL 牛乳所需 0.1mo/L 氢氧化钠的体积（mL），消耗 1mL 为 1°T。新鲜牛乳的吉尔涅尔度一般为 16～18°T。

（2）乳酸度。乳酸度即乳中乳酸的含量，以酚酞为指示剂，中和 100mL 乳所消耗的

0.1mol/L NaOH 溶液的体积（mL），用乳酸量表示酸度时，按上述方法测定后用下列公式计算：

$$乳酸度 = \frac{0.1mol/L\ NaOH\ 体积（mL）\times 0.009}{乳样体积（mL）\times 密度（g/mL）}\times 100\%$$

正常牛乳的乳酸度为 0.14%～0.16%。

乳的总酸度越高，对热的稳定性越低。这种现象在乳品加工方面很重要。乳的酸度与凝固温度的关系如表 1-7 所示。

表 1-7 乳的酸度与凝固温度的关系

乳的酸度/°T	凝固条件	乳的酸度/°T	凝固条件
18	煮沸时不凝固	40	加热至 63℃时凝固
20	煮沸时不凝固	50	加热至 40℃时凝固
26	煮沸时能凝固	60	22℃时自行凝固
28	煮沸时凝固	65	16℃时自行凝固
30	加热至 77℃凝固		

鲜乳在保藏过程中若酸度升高，除了显著降低乳对热的稳定性以外，也会降低乳的溶解度和保存性。生产其他乳品时，质量也会降低。所以在贮存鲜乳时，为了防止其酸度升高，必须迅速冷却，并在低温下保存，以保证鲜乳和成品的质量。

（七）黏度

在普通的流体中，分子间的内部摩擦由切变应力的作用所产生的变形速度（切变速度）与切变应力之间具有比例关系，这种比例常数称为黏度。

黏度的单位为 Pa·s。20℃水的黏度为 0.001Pa·s，牛乳的黏度在 20℃时为 0.001 5～0.002Pa·s。乳中蛋白质和脂肪的含量是影响牛乳黏度的主要因素，此外，黏度也因脱脂、杀菌、均质等处理而变动。牛乳的非脂乳固体含量一定时，随着含脂率的增高，黏度也增高，但随脂肪球的大小和聚集程度而变。当含脂率一定时，随着非脂乳固体含量的增加牛乳的黏度也增高，初乳、末乳、病牛乳的黏度均增高。黏度也受温度影响。温度越高，牛乳的黏度越低。

黏度在乳品加工方面有重要的意义。例如在浓缩乳制品方面，黏度过高或过低都不是正常的情况。以甜炼乳为例，黏度低时甜炼乳可能发生糖沉淀或脂肪分离，黏度过高时可能产生浓厚化。贮藏中的淡炼乳，黏度过高时可能产生矿物质的沉淀或形成冰胶体（即形成网状结构）。

此外，在生产乳粉时，牛乳的黏度对喷雾干燥有很大的影响，牛乳的黏度过高，可能妨碍喷雾，出现雾化不完全及水分蒸发不良等现象。

（八）表面张力

液体的表面张力就是使液体表面分子维持聚集的力。当液体表面不受作用时，液体呈球状。这种现象起因于液体分子间的引力，故能以沿着液体表面的一种张力来表示，这种张力就称为表面张力。牛乳的表面张力，20℃时为 0.046～0.047 5N/cm，比水（0.072 8N/cm）低。

表面张力的大小随溶液中所含的物质而改变：表面惰性（即极性）物质可以增大表面张力，而蛋白质及卵磷脂等则会降低表面张力。牛乳的表面张力之所以比水低，就是因为乳中含有脂肪和酪蛋白等固体物质的缘故。如将乳中的脂肪分离出去，再将酪蛋白沉淀，则表面张力显著增大。初乳因含乳固体多，故表面张力较常乳小。另外，表面张力也随温度的升高而减小，随着含脂率的降低而增大。当牛乳进行均质处理时，脂肪球表面积增大，因此增加了表面张力。但这时必须将牛乳先进行加热处理，使脂酶钝化，不然均质后会使脂酶活性增强，生成游离脂肪酸，反而使表面张力降低。

研究表面张力的目的，是为了检验混杂物、探究泡沫或乳浊液的形成性能、微生物的繁殖、牛的品种和表面张力的关系，以及研究热处理、均质对表面张力的影响。但由于牛乳表面张力的重现性比较困难，因此在生产上未能普遍应用。

（九）电导率

牛乳并不是电的良导体。因牛乳中溶有盐类，因此具有导电性。通常电导率依乳中离子数量而定，但离子的数量决定于乳的盐类及离子形成物质。因此，乳中盐类受到任何破坏都会影响电导率。乳中与电导率关系最密切的离子为 Na^+、K^+、Cl^- 等。正常牛乳的电导率 $25℃$ 时为 $0.004 \sim 0.005S/cm$。

脱脂乳中由于妨碍离子运动的脂肪已被除去，因此其电导率比全乳增加。将牛乳煮沸时，由于二氧化碳消失，而且磷酸钙沉淀，因此电导率降低。当牛乳酸败产生乳酸，或牛患乳房疾病而使乳中盐含量增加时，电导率增加。一般牛乳电导率超过 $0.006S/cm$ 即可认为是病牛乳，故可利用电导率来检验乳腺炎乳。

乳在蒸发过程中，干物质浓度增加到一定限度以内时，电导率增高。即干物质浓度在 $36\% \sim 40\%$ 时电导率增高，此后又逐渐下降。因此，在生产上可以利用电导率来检查乳的蒸发程度及调节真空蒸发器的运行。

（十）折射率

乳汁的折射率比水大，这是因为乳中含有多种固体物质，其中的无脂干物质的影响最主要。通常，乳的折射率为 $1.3470 \sim 1.3515$。初乳的折射率（约 1.3720）较常乳高，此后则随泌乳期的延续折射率逐渐降低。

乳清的折射率为 $1.3430 \sim 1.3442$。乳清的折射率决定于乳糖含量，即乳糖含量越高，折射率越大。整个泌乳期间乳清折射率的差异不大。因此可以根据折射率来确定乳的正常状态及乳中乳糖的含量，此时所用的乳清需用氯化钙将蛋白质除去。

乳的折射率还受乳牛品种、泌乳期、饲料及疾病等的影响而变化。

四、异常乳

常乳（normal milk）是指奶牛产犊 7d 后至干乳期来到之前的乳。它的成分与性质正常，是乳制品生产的原料。

奶牛在泌乳期中由于生理、病理或其他因素的影响，乳的成分和性质发生变化，这种乳称作异常乳（abnormal milk），不适于加工优质的产品。

异常乳可分为生理异常乳、化学成分异常乳、微生物污染乳和病理异常乳等几大类。

生理异常乳主要是指营养不良乳、初乳以及末乳。化学成分异常乳可包括酒精阳性乳、低成分乳及异物混杂乳，它们的成分或理化性质都有了异常的变化。原料乳若被微生物严重污染而产生异常变化，则为微生物污染乳，最常见的微生物污染乳是酸败乳及乳腺炎乳（从微生物角度看）。由于牛体病理原因造成乳成分与性质异常的乳为病理异常乳，如乳腺炎乳等。

（一）生理异常乳

1. 营养不良乳　饲料摄入不足、营养不良的乳牛所产生的乳在皱胃酶的作用下几乎不凝固，所以这种乳不能制造干酪。当乳牛被喂以充足的饲料、加强营养之后，牛乳即可恢复对皱胃酶的凝固特性。

2. 初乳　初乳是乳牛产犊一周之内所分泌的乳。乳色黄、浓厚，并有特殊气味，黏度大。其中，脂肪、蛋白质，特别是乳清蛋白（球蛋白和白蛋白）含量高，乳糖含量低，灰分高，特别是钠和氯含量高。初乳中维生素 A、维生素 D、维生素 E 含量较常乳多，水溶性维生素含量一般也比常乳中高。初乳中含铁量为常乳的 3～5 倍，含铜量约为常乳的 6 倍。初乳中还含有大量的免疫球蛋白，为小牛犊生长所必需。由于初乳的成分与常乳显著不同，因而其物理性质也与常乳差别很大，故不适于作为一般乳制品生产用的原料乳。但其营养丰富、含有大量免疫体和活性物质，可作为特殊乳制品的原料。

3. 末乳　末乳是指乳牛干乳期前一周左右所分泌的乳。末乳中各种成分除脂肪外，其他成分含量均较常乳高。末乳具有苦而微咸的味道，因乳中脂肪酶活性较高，常带有油脂氧化味，且末乳中微生物数量比常乳高，因此不宜作为加工原料乳。

（二）化学成分异常乳

1. 酒精阳性乳　乳品厂检验原料乳时，一般用 68% 或 72% 的酒精（羊乳最好采用加热试验，不宜用酒精试验）与等量乳混合，凡产生絮状凝块的乳称为酒精阳性乳。酒精阳性乳主要包括高酸度酒精阳性乳、低酸度酒精阳性乳和冻结乳。

（1）高酸度酒精阳性乳。挤后鲜乳贮存温度太高时，或鲜乳未经冷却而远距离运送时，会造成乳中的乳酸菌大量生长繁殖，产生乳酸和其他有机酸，导致牛乳酸度升高而呈酒精试验阳性。一般酸度在 24°T 以上的乳酒精试验均为阳性。挤乳时的卫生条件不合格也会造成牛乳酸度升高。因此，要预防高酸度酒精阳性乳，必须注意挤乳时的卫生条件，并将挤出的鲜乳保存在适当的温度条件下，以免造成微生物污染和繁殖。

（2）低酸度酒精阳性乳。低酸度酒精阳性乳是指牛乳滴定酸度为 11～18°T，加 70% 等量酒精可产生细小凝块的乳。这种乳加热后不出现凝固现象，其特征是刚刚从乳房内挤出后即表现为酒精阳性。

低酸度酒精阳性乳与正常牛乳相比，其钙、氯、镁以及乳酸含量高，尤其以钙含量增高明显，钠含量较少；其蛋白质、脂肪以及乳糖等含量与正常乳几乎没有差别，但蛋白质成分变异大，尤其是 α_S-酪蛋白含量增高，蛋白质不稳定，从而导致乳的稳定性降低；在温度超过 120℃ 时低酸度酒精阳性乳易发生凝固，不利于加工，降低了其利用价值。

（3）冻结乳。冬季因气候和运输的影响，鲜乳产生冻结现象，这时乳中一部分酪蛋白变性。同时，在处理时因温度和时间的影响，乳的酸度相应升高，以致表现为酒精阳性。但这种酒精阳性乳的耐热性要比由其他原因引起的酒精阳性乳高。

2. 低成分乳　由于乳牛品种、饲养管理、营养素配比、高温多湿及病理等因素的影响而产生的乳固体含量过低的牛乳，称为低成分乳。除了遗传因素外，其形成还与季节、气温、饲养管理等因素有关。

3. 异物混杂乳　异物混杂乳中含有随摄取饲料而经机体转移到乳中的污染物质或有意识地掺杂到原料乳中的物质。关于经机体转移到乳中的污染物质问题，其潜在的影响应予以注意，需要依靠卫生管理与三废控制进行综合防治；至于其他异物混杂问题，只要加强乳品与卫生管理工作，便容易解决。

（三）微生物污染乳

由于挤乳前后的污染、不及时冷却和器具的洗涤杀菌不完全等原因，使鲜乳被微生物污染，鲜乳中的细菌数大幅度增加，以致不能用作加工乳制品的原料，这种乳称为微生物污染乳。

1. 原料乳的微生物污染状况　原料乳从挤乳开始到运到工厂，每个过程都容易受到微生物的侵袭而造成污染。刚挤下来的鲜乳，如果挤乳时的卫生条件比较好，则乳中的细菌数为 300～1 000CFU/mL。最初挤出的乳细菌数高，随着挤乳的延续，细菌数逐渐减少。因此，最初挤出的一、二把乳应该分别处理，这样对提高鲜乳的质量有良好的效果。挤出后的鲜乳，因受挤乳用具、容器和牛舍空气等的污染，运到收乳站或工厂的过程中，微生物性状变化很大。为了防止微生物的繁殖，挤出后的鲜乳至少要维持温度在 10℃ 以下，并尽可能降至 4℃ 左右。

2. 微生物污染乳种类　原料乳被微生物严重污染产生异常变化而成为微生物污染乳。酸败乳是由乳酸菌、丙酸菌、大肠杆菌、微球菌等引起的，常导致牛乳酸度增加，稳定性降低；黏质乳是由嗜冷菌、明串珠菌等引起的，常导致牛乳黏质化、蛋白质分解；着色乳是由嗜冷菌、球菌、红色酵母引起的，会使乳色泽变黄、变红、变蓝；异常凝固分解乳是由蛋白质分解菌、脂肪分解菌、嗜冷菌、芽孢杆菌引起的，常导致乳胨化、碱化，以及脂肪分解臭和苦味的产生；细菌性异常风味乳是由蛋白质分解菌、脂肪分解菌、产酸菌、嗜冷菌、大肠杆菌引起的，常导致乳产生异臭异味。

（四）病理异常乳

1. 乳腺炎乳　乳腺炎是乳房组织内产生炎症而引起的疾病，主要由细菌引起。引起乳腺炎的主要病原菌大约 60% 为葡萄球菌，20% 为链球菌，混合型的病原菌占 10%，其余 10% 为其他细菌。

乳腺炎乳中的血清白蛋白、免疫球蛋白、体细胞、钠、氯、pH、电导率等均有增加的趋势；而脂肪、无脂乳固体、酪蛋白、β-乳球蛋白、α-乳白蛋白、乳糖、酸度、密度、磷、钙、钾、柠檬酸等均有减少的趋势。因此，凡是氯糖数〔（氯/乳糖）×100〕在 3.5 以上、酪蛋白氮与总氮之比在 78 以下、pH 在 6.8 以上、细胞数在 50 万 CFU/mL 以上、氯含量在 0.14% 以上的乳，都很可能是乳腺炎乳。

2. 其他病牛乳　其他病牛乳主要是指由患口蹄疫、布氏杆菌病等的乳牛所产的乳，乳的质量变化大致与乳腺炎乳相类似。另外，患酮体过剩、肝机能障碍、繁殖障碍等的乳牛，易分泌酒精阳性乳。

五、牛乳中的微生物

牛乳是乳制品加工的主要原料，富含多种营养素，是营养价值很高的食品，同时也是微生物生长的良好培养基。常见乳中的微生物有细菌、酵母菌、霉菌和病毒等。其中，细菌是最常见并在数量和种类上占优势的一类微生物。

（一）微生物的来源

从健康的乳牛乳房刚挤下的牛乳中的微生物含量极少。但微生物可以从原料乳、加工过程、成品贮藏、消费等各个环节对乳及乳制品造成污染。在适当的条件下，微生物迅速增殖，使牛乳酸败、变质，失去营养价值，从而降低乳及乳制品的品质。因此，需要了解微生物的来源，控制微生物的污染，提高乳及乳制品的质量。

1. 内源性污染　凡是作为食品原料的动植物体在生活过程中，由于本身带有的微生物造成的食品污染称为内源性污染，也称第一次污染。对原料乳而言，内源性污染是指污染微生物来自牛体内部，即牛体乳腺患病或污染有菌体、泌乳牛体患有某种全身性传染病或局部感染而使病原体（如布氏杆菌、结核杆菌、口蹄疫病毒等病原体）通过泌乳排到乳中造成的污染。

乳牛的乳房内不是处于无菌状态。即使是健康的乳牛，在其乳房内的乳汁中会含有 $500\sim1\,000\text{CFU/mL}$ 以上的细菌。许多细菌可通过乳头管栖生于乳池下部，这些细菌从乳头端部侵入乳房，由于细菌本身的繁殖和乳房的物理蠕动而进入乳房内部。乳房中正常菌群主要是小球菌属和链球菌属，这些细菌能适应乳房的环境而生存，成为乳房细菌。正常情况下，随着挤乳的进行，乳中细菌含量逐渐减少。所以在挤乳时最初挤出的乳应单独存放，另行处理。

2. 外源性污染　食品在生产加工、运输、贮藏、销售、食用过程中，通过水、空气、人、动物、机械设备及用具等发生的微生物污染称为外源性污染，也称第二次污染。对原料乳而言，外源性污染主要指牛体的污染、空气的污染、挤乳器具的污染、工作人员的污染。

（1）牛体的污染。挤乳时鲜乳受乳房周围和牛体其他部分污染的机会很多。因为牛舍空气、垫草、尘土以及牛本身的排泄物中的细菌大量附着在乳房周围，当挤乳时细菌就会侵入牛乳中。这些污染菌中，多数属于带芽孢的杆菌和大肠杆菌等。所以在挤乳时，应用温水严格清洗乳牛乳房和腹部，并用清洁的毛巾擦干。

（2）空气的污染。挤乳及收乳过程中，鲜乳若暴露于空气中，受空气中微生物污染的机会就会增加。牛舍内的空气含有很多的细菌，尤其是在含灰尘较大的空气中，以带芽孢的杆菌和球菌属居多，霉菌的孢子也很多。现代化的挤乳站采用机械化挤乳，管道封闭运输，可减少来自空气的污染。

（3）挤乳器具的污染。挤乳时所用的桶、挤乳机、过滤布、洗乳房用布等，如果不事先进行清洗杀菌，通过这些器具也会使鲜乳受到污染。各种器具中所存在的细菌多数为耐热的球菌属，所以这类器具的杀菌，对防止微生物的污染有重要意义。

乳品的加工应尽可能采用自动化封闭系统，使鲜乳进入加工系统后，不与外界接触，从而减少微生物的污染机会。

（4）工作人员的污染。工作人员本身的卫生状况和健康状况也会影响鲜乳中微生物的数量。操作工人的手、工作服不清洁，都会将微生物带入乳液中；如果工作人员是病原菌的携带者，会将病原菌传播到乳液中，造成更大的危害。因此，要定期对工作人员进行卫生检查。

（二）微生物的种类及性质

在健康的乳房中牛乳就已有某些细菌存在，加上在挤乳和处理过程中外界微生物不断侵入，所以乳中微生物的种类很多。

1. 乳中的病原菌

（1）葡萄球菌属。葡萄球菌菌体呈葡萄状排列，多为乳腺炎、食物中毒和皮肤炎的病原菌。主要的菌种有金黄色葡萄球菌和表皮葡萄球菌。金黄色葡萄球菌广泛分布于自然环境中，存在于土壤、水、饲草以及乳牛体表、上呼吸道、乳房管腔等处。其产生的耐热肠毒素，能引起人类食物中毒。在挤乳操作时金黄色葡萄球菌易落入牛乳中引起污染。应通过适当的方法清洁乳牛体表和挤乳设备，及时冷却刚挤的牛乳，控制菌种生长和产生毒素。

（2）大肠埃希氏菌（大肠杆菌）。大肠菌群来源于粪便、饲料、土壤和水等，能发酵葡萄糖产酸产气。大肠埃希氏菌是人和温血动物肠道内正常菌群成员，随粪便排泄物散播到周围环境中。它是食品卫生学检查的一个重要指标菌，可反映食品被粪便污染的情况。大多数大肠埃希氏菌在正常情况下不致病，只有在特定条件下或一些少数的病原性大肠埃希氏菌才会导致大肠杆菌病。该菌在原料乳和鲜乳制品中，是值得重视的一种病原菌。

（3）沙门氏菌属。绝大多数沙门氏菌对人和多种动物有致病性，它也是人类食物中毒的主要病源之一。牛乳及乳制品中，沙门氏菌通常来自患有沙门氏菌病的乳牛粪便排泄物、乳头以及被污染的清水、人为操作过程。

（4）李斯特菌属。李斯特菌属由有致病性和无致病性的李斯特氏菌菌株组成。以血液中单核细胞增多为主要特征。李斯特菌广泛分布于河水、污泥、劣质青贮饲料、牛乳及乳制品中。它可在冷藏的牛乳中生长，但生长缓慢。牛乳中的李斯特菌主要来自被带菌乳牛粪便污染的挤乳设备或劣质青贮饲料以及不清洁用水等。

（5）布鲁氏菌属。布鲁氏菌是直径约 $0.6\mu m$ 的球菌或长度在 $1\mu m$ 以上的杆菌。布鲁氏菌能够存活于鲜乳及乳制品中，并引起人和动物布鲁氏菌病。在鲜乳中存在并导致布鲁氏菌病的主要有流产布鲁氏菌和马耳他布鲁氏菌。

（6）芽孢杆菌属。该菌能形成耐热性芽孢，故杀菌处理后，仍残存在乳中。其中蜡样芽胞杆菌在特定条件下对人有致病性，引起人的胃肠道感染以及新生儿上呼吸道感染、脐带炎等。在自然状态下，也可引起乳牛的乳腺炎。蜡样芽胞杆菌分布较广泛，存在于土壤、水、饲料和各类食品（包括生鲜牛乳）中，是食品工业中常见的腐败菌。有时在超高温灭菌乳中可以检测到耐热性芽孢。蜡样芽胞杆菌引起的食物中毒的症状表现为恶心、呕吐和肠胃痉挛，或肠胃痉挛、痢疾。

炭疽芽孢杆菌为食草动物炭疽病的病原体，通常通过发病的动物和动物产品传染。

2. 乳中常见的乳酸菌
乳酸菌一词并非生物分类学名词，而是指能够利用发酵性糖类产生大量乳酸的一类微生物的统称，是对乳与乳制品最为重要而且也是检出率最高的菌群。

（1）链球菌属。链球菌在乳品工业中多为重要的菌种，能使糖类发酵生成乳酸，除乳酸外几乎不产生其他副产物，是同型发酵的菌属。

① 嗜热链球菌。嗜热链球菌广泛存在于乳与乳制品中，是瑞士干酪等发酵剂中采用的菌种，可利用该菌种作为酸乳的发酵剂菌株。该菌最适生长环境是在牛乳中，是典型的牛乳细菌。其中有些菌株在乳中能够生成荚膜和黏性物质，能增加酸牛乳的黏度，常用于高黏度搅拌型酸乳或凝固型酸乳的生产。

② 牛链球菌。牛链球菌能在45℃生长，可耐60℃ 30min加热，能分解淀粉，一般存在于乳牛的消化器官以及粪便中，会污染牛乳。因其是耐热性菌，因此在用杀菌乳制造干酪的成熟过程中常常存在。

③ 乳酸链球菌。乳酸链球菌是在乳制品制造中最为重要的有用菌之一，乳链球菌和乳脂链球菌是其代表性的菌种。乳链球菌在乳与乳制品中广为存在，生乳中的检出率可达33%，是牛乳细菌中检出率最高的菌，在各种干酪、发酵奶油的发酵剂中经常使用。乳脂链球菌是一种比乳链球菌还小的菌，与乳链球菌同样作为干酪及奶油非常重要的发酵剂。该菌还有能生成抗菌性物质双球菌素的变异菌株。

④ 其他一些链球菌。乳房链球菌存在于乳牛口腔、皮肤、乳头等部位，可以引起乳腺炎，在乳腺炎乳中发现，溶血性不显著。停乳链球菌和无乳链球菌，也都是引起乳腺炎的病原菌，但其对人体不构成病原性。

（2）肠球菌属。一般为好气性，能产色素。牛乳中常出现的有小球菌属和葡萄球菌属。

（3）明串珠菌属。明串珠菌通常不会酸化和凝固牛乳，部分菌种可分解蛋白质。肠膜明串珠菌的葡聚糖生成力强，可发酵戊糖，在牛乳中产酸能力较弱，产香性能不好，可用于干酪和发酵奶油生产。葡聚糖明串珠菌的葡聚糖生成力稍弱，不发酵戊糖，对石蕊乳稍凝固，还原力较弱，在牛乳中也常常出现，具有芳香风味生成能力。乳脂明串珠菌在牛乳中经常出现，常用于干酪以及发酵奶油的发酵剂中，产生芳香风味物质，是与肠膜明串珠菌相似的菌种，石蕊牛乳中无作用，与乳脂链球菌的共生力很强，常常用这两种菌制备混合发酵剂。

（4）乳酸杆菌。乳酸杆菌是可使葡萄糖等糖类分解为乳酸的各种细菌的总称。乳酸杆菌能发酵葡萄糖产酸，有两种发酵类型：同质发酵（产生乳酸）及异质发酵（产生乳酸、乙酸、甲酸、琥珀酸）。

① 嗜酸乳杆菌。嗜酸乳杆菌可从婴幼儿或成人的粪便中分离，是肠道微生物的主要组成菌株。该菌为好酸性菌，耐酸性强，但在牛乳中产酸能力弱，对牛乳凝固缓慢，生成消旋乳酸，多用于制备发酵乳制品的发酵剂。嗜酸菌乳就是用此菌制成的一种发酵乳，具有整肠作用，对一些有害菌有明显的抑制作用。

② 保加利亚乳杆菌。该菌是重要的、应用最广泛的乳酸菌之一，为典型的长杆状菌形，有时呈长丝状。在牛乳中有很强的产酸能力，是乳酸菌中产酸能力最强的菌种，对牛乳形成强的酸凝固，能分解酪蛋白，形成氨基酸，并可使牛乳及稀奶油变稠。通常可与嗜热链球菌一同制成复合菌种，也可单独使用。除常用于酸乳发酵剂外，瑞士干酪发酵剂以及乳酸制造中也常利用。

③ 干酪乳杆菌。干酪乳杆菌广泛存在于生乳中，检出率高，有的菌株使牛乳凝固时呈黏质化。多用于各种干酪制造，是干酪成熟过程中必要的菌种。

（5）双歧杆菌。双歧杆菌典型的特征是有分叉的杆菌，它可用于婴儿营养配方乳粉、酸乳制造等。该菌是人体肠道内典型的有益细菌，它的生长繁殖贯穿在人的整个生命历程中。双歧杆菌在厌氧环境下生长繁殖产生大量乳酸，降低系统 pH 而使肠道菌群迅速发生变化，抑制和杀死肠道病原菌，如对病原性大肠埃希氏菌、金黄色葡萄球菌、痢疾志贺氏菌、伤寒沙门氏菌、变形杆菌等都具有抑制作用，可使肠道内菌群保持正常平衡。

3. 乳中常见的嗜冷菌 嗜冷菌是指在低于 7℃ 时可以生长繁殖的细菌，虽然其理想的生长温度为 20～30℃，但在冷藏温度下仍可生长。原料乳在贮藏过程中，其质量的保证是通过检测控制嗜冷菌的数量来实现的。当原料乳中细菌总数超过 5.0×10^5 CFU/mL 时，嗜冷菌就会产生热稳定性蛋白酶及脂肪酶等，影响最终产品的质量。尤其不同批次原料乳相混合时，尽量避免已冷却原料乳与含嗜冷菌较少的新鲜原料乳混合，因为其结果会导致原料乳中嗜冷菌数量急剧上升，造成的危害较大。

原料乳在奶牛场冷却贮藏初期，细菌总数的变化不大。当收购到加工厂后的第四天或第五天后，细菌总数开始增加。从嗜冷菌的生长延迟直到数量增加至最大，与贮藏温度有一定的关系。起初污染极少量的细菌，当温度适宜时也会在短时间内快速繁殖。

乳中最常见的嗜冷菌主要是假单胞菌属，此外，还有微球菌属和黄杆属等。

4. 乳中常见的酵母菌 在牛乳及其制品中，酵母菌通常不能很好地生长繁殖。如在酸牛乳等发酵乳中，由于其具有较低的 pH，许多微生物不能增殖，生长受到抑制，如芽孢杆菌属、肠杆菌科和假单胞菌属等部分菌种。然而，在发酵变酸的牛乳制品中添加果汁、果肉、蜂蜜和巧克力等物质，会很容易导致食品的腐败变质，这是因为这类食品含有大量的葡萄糖、果糖，并且 pH 较低，最适合酵母菌的繁殖。酵母菌多数是在产品包装贮藏过程中形成二次污染时进入乳制品的，其结果是使乳制品发生变质，引起胀包、絮状沉淀及异常气味等。

酵母菌也被用于生产一些乳制品，这类乳制品包括表面成熟的软质和半硬质干酪以及传统的发酵乳制品，如开菲尔乳和马乳酒等。酵母菌在这些乳制品中的作用主要是使糖类发酵，形成乙醇和二氧化碳，对产品芳香气味的形成有一定的作用。

假丝酵母属的氧化分解能力很强，能使乳酸分解形成二氧化碳和水，具有很强的酒精发酵能力，因此被用于开菲尔乳的制造和酒精发酵。

圆酵母属是无孢子酵母的代表，能发酵乳糖。被这种酵母污染的乳和乳制品可产生酵母味道，并能使干酪和炼乳罐头膨胀。

毕赤氏酵母属中和乳与乳制品有关的菌种主要有从酸牛乳和发酵酪乳中分离的膜醭毕赤氏酵母，还有从乳腺炎乳中分离的粉状毕赤氏酵母。毕赤氏酵母能使低浓度的酒精饮料表面形成干燥皮膜，故有产膜酵母之称。膜醭毕赤氏酵母主要存在于酸凝乳及发酵奶油中。

胞壁酵母能分解乳糖产生酒精和二氧化碳，是制造奶酒的重要菌种。胞壁酵母也用于乳清发酵制造酒精。

德巴利氏酵母多存在于干酪和乳腺炎乳中。

汉逊氏酵母多存在于干酪及乳腺炎乳中。

5. 乳中的霉菌 牛乳及乳制品中存在的霉菌主要有根霉、毛霉、曲霉、青霉、串珠霉等，它们大多数（如污染于奶油、干酪表面的霉菌）属于有害菌，但有些乳品生产时需要霉菌，如卡门培尔干酪、罗奎福特干酪和青纹干酪等。

6. 乳中的放线菌 与乳品有关的放线菌包括分枝杆菌属、放线菌属、链霉菌属。分枝杆菌属是抗酸性的杆菌，无运动性，多数具有病原性。例如结核分枝杆菌形成的毒素，有耐热性，对人体有害。放线菌属中与乳品有关的主要有牛型放线菌，此菌生长在牛的口腔和乳房中，随后转入牛乳中。链霉菌属中与乳品有关的主要是干酪链霉菌，该菌属胨化菌，能使蛋白质分解导致乳品腐败变质。

7. 乳中的噬菌体 感染细菌、放线菌、真菌、螺旋体等微生物的病毒称为噬菌体，即微生物病毒。它只能生于宿主菌内，并在宿主菌内裂殖，导致宿主的破裂。乳制品发酵剂受噬菌体污染，会导致发酵的失败，这是干酪、酸乳生产中必须注意的问题。

乳酸菌噬菌体是乳品工业上重要的噬菌体。具有代表性的乳酸菌噬菌体有乳酸链球菌噬菌体、乳脂链球菌噬菌体和嗜热链球菌噬菌体。

（三）鲜乳在存放期间微生物的变化

刚挤出的鲜乳中含细菌量较多，特别是前几把乳中细菌数很高，但随着牛乳不断被挤出，乳中细菌含量逐渐减少。然而，挤出的牛乳在进入乳槽车或贮乳罐时已经过了多次的转运，其间又会因接触相关设备、手及暴露在空气中而多次被污染。在此过程中若没有及时冷却还会导致细菌大量污染。鲜乳中细菌数量为 $10^4 \sim 10^5 \mathrm{CFU/mL}$，运到工厂时可升到 $10^5 \sim 10^6 \mathrm{CFU/mL}$。在不同条件下牛乳中微生物的变化规律是不同的，主要取决于其中含有的微生物种类和牛乳固有的性质。

1. 牛乳在室温贮存时微生物的变化 新鲜牛乳在杀菌前期都有一定数量种类不同的微生物存在，如果放置在室温（10~21℃）下，乳液会因微生物的活动而逐渐变质。室温下微生物的生长过程可分为以下几个阶段：

（1）抑制期。新鲜乳液中均含有多种机制不同的天然抗菌或抑菌物质，其杀菌或抑菌作用在含菌少的鲜乳中可持续 36h（在 13~14℃）；若在污染严重的乳液中，其作用可持续 18h 左右。在此期间，乳液含菌数不会增高，若温度升高，则抗菌物质的作用增强，但持续时间会缩短。另外，维持抑菌的时间长短也与乳中微生物含量有直接关系；细菌数越多，持续时间越短。因此，鲜乳放置在室温环境中，一定时间内不会发生变质现象。

（2）乳酸链球菌期。鲜乳中的抗菌物质减少或消失后，存在于乳中的微生物迅速繁殖，占优势的细菌是乳酸链球菌、乳酸杆菌、大肠杆菌和一些蛋白分解菌等。这些细菌能分解乳糖产酸，有时产气，并伴有轻度的蛋白质水解，这一反应又促使乳球菌大量繁殖，酸度不断升高。其中以乳酸链球菌生长繁殖特别旺盛。由于乳的酸度不断上升，抑制了其他腐败菌和产碱菌的生长。当酸度升高至一定值时（pH4.5），乳酸链球菌本身的生长也受到抑制，并逐渐减少，这时有乳凝块出现。

（3）乳酸杆菌期。pH 下降至 6.0 左右时，乳酸杆菌的活动力逐渐增强。在此阶段，乳液中可出现大量乳凝块并有大量乳清析出。同时，一些耐酸性强的丙酸菌、酵母和霉菌也开始生长，但乳酸杆菌仍占优势。

（4）真菌期。当 pH 为 3~3.5 时，绝大多数微生物被抑制甚至死亡，仅酵母和霉菌尚能适应高酸性的环境，并能利用乳酸及其他一些有机酸。由于酸被利用，乳液的酸度会逐渐降低，使乳液的 pH 不断上升并接近中性。此时优势菌种为酵母和霉菌。

（5）胨化菌期。乳液中的乳糖大量被消耗后，残留量已很少。此时 pH 已接近中性，蛋白质和脂肪是主要的营养成分，适宜分解蛋白质和脂肪的细菌生长繁殖。同时乳凝块被消化，乳液的 pH 不断提高，逐渐向碱性方向转化，并有腐败的臭味产生。这时的腐败菌大部分属于芽孢杆菌属、假单胞菌属以及变形杆菌属。

2. 牛乳在冷藏过程中微生物的变化　牛乳被挤出后应在 30min 内快速冷却到 0~4℃，并转入具有冷却和良好保温性能的保温缸内贮存。在冷藏条件下，鲜乳中适合于室温下繁殖的微生物生长被抑制；而嗜冷菌却能生长，但生长速度非常缓慢。这些嗜冷菌包括假单胞杆菌属、产碱杆菌属、无色杆菌属，黄杆菌属、克雷伯氏杆菌属和小球菌属。

冷藏乳的变质主要是由于乳液中蛋白质和脂肪的分解。多数假单胞杆菌属中的细菌具有产生脂肪酶的特性，这些脂肪酶在低温下活性非常强，并具有耐热性，即使在加热消毒后的乳液中，还残留脂酶活性。而低温条件下促使蛋白分解胨化的细菌主要为产碱杆菌属和假单胞杆菌属。

（四）乳中微生物的污染及控制

1. 乳中微生物的污染　刚挤出的牛乳微生物因乳牛的健康状况、泌乳期、停乳期、乳房生理状况、挤乳前卫生处理以及挤乳环境等诸多因素而不同。最先挤出的牛乳因乳头管中集聚一定数量的微生物，会引起污染。随着牛乳挤出量的增加，含菌量会逐渐下降。但外界环境中污染的微生物会通过挤乳器具、集乳用具、冷却设备和乳槽车运输等污染牛乳。因此，挤乳环境必须要求有很高的卫生洁净度。

鲜牛乳被挤出与收集容器接触后，不同的容器、用具、牛体状况、牛舍空气状况和冷却措施条件，均对乳中微生物的数量有直接影响。

2. 乳中微生物的控制　提高生鲜乳的质量，首先要杜绝或控制微生物对牛乳的污染。对生鲜乳中微生物的控制，应采取以下措施：

（1）贯彻实施乳牛兽医保健工作和检疫制度。奶牛场或个体养牛户，做到定期检疫、兽医保健和卫生检查，并建立起健全的疾病预防制度及检验制度，加强卫生管理，建立起一群无病源的乳牛群，切断生鲜乳中病原微生物的来源。

（2）建立牛舍环境及牛体卫生管理制度。牛体不洁、牛舍环境卫生不良是导致生鲜牛乳中微生物数量增加的重要原因。保持牛舍周边环境卫生，每日应清理乳牛的排泄物，勤换褥草，清洗牛舍、牛床，定期采用 3%~5% 的来苏水或 30% 的热草木灰水消毒，牛舍要求通风、采光良好，清洁干净，防止灰尘飞扬。勤清理饮水槽和饲料槽，给乳牛饲喂洁净的饮水和饲料，不得喂饲霉烂变质及被粪便或病原菌污染的饲料。

每日挤乳前对牛体进行刷拭，注意牛体清洁卫生。牛舍门口设立消毒池，定期更换消毒液。牛舍内严禁宰杀病死畜禽。在每次挤乳前半小时，用水冲洗牛床，以减少空气中灰尘量，防止微生物对乳的污染。

（3）加强挤乳及贮乳设备的卫生管理。彻底清洗和消毒挤乳、盛乳设备以及各种用具，是减少生鲜乳被微生物污染、控制微生物数量的关键措施。

盛乳用具最好采用不锈钢容器或表面镀锡容器，容器内表面要光滑，接缝严密，以便于洗刷和消毒。

挤乳机、贮乳罐、管道容器和其他盛乳设备采用清水洗净后，再用热碱水冲洗或消毒。有一定规模的较大型乳牛场，配有就地清洗系统，对设备的清洗和消毒方便且效果好。手工挤乳的用具要更加严格管理，设立专门的存放场所，先用清洁的温水冲洗干净，然后用碱水刷净，用温水冲洗沥干，最后用蒸汽或消毒液消毒后处理备用。

（4）对工作人员及挤乳操作的卫生要求。饲养员和挤奶员每年做健康体检一次，应无皮肤病和传染病，必要时应注射疫苗。饲养员和挤奶员工作时还应穿戴工作服、帽和鞋，认真做好个人卫生，常修指甲，勤换衣物，保持工作服的清洁，养成良好的卫生习惯。

挤乳前，对挤乳环境和牛体进行卫生清理。乳牛乳房及其周围的毛应定期修剪，以提高乳房的清洗消毒效果，同时也能防止手工挤乳时拉下的毛落入乳中。挤乳时，先用 50℃ 温水洗净乳牛乳房和乳头部位。要求一桶水清洗一头牛的乳房，不允许用一桶水清洗多头牛的乳房。再用 0.1% 的新洁尔灭（或高锰酸钾，或 0.5% 的漂白粉水）消毒乳房。注意新配制的消毒液每消毒 3~4 头乳牛的乳房后，应更换新液。

开始将微生物数量多的头两把乳汁弃掉或另行处理，减少乳房内部的污染。挤下的乳应经过多层纱布或滤网净化后，迅速冷却到 4℃ 以下保存或尽快送往加工厂。注意新鲜未冷却的牛乳不能与已冷却保存的牛乳混合存放，冷却后的牛乳应尽可能保存在低温环境中，以防升温变质。

六、生乳的质量标准

我国《食品安全国家标准 生乳》（GB 19301—2010）中对生乳的感官指标、理化指标及微生物指标有明确的规定。

生乳是指从符合国家有关要求的健康奶畜乳房中挤出的无任何成分改变的常乳，产犊后七天的初乳。应用抗生素期间和休药期间的乳汁、变质乳不应用作生乳。

1. 感官指标 应符合表 1-8 的规定。

表 1-8 生乳感官指标

项目	要求	检验方法
色泽	呈乳白色或微黄色	取适量试样置于 50mL 烧杯中，在自然光下观察色泽和组织状态，闻其气味，用温开水漱口，品尝滋味
滋味、气味	具有乳固有的香味，无异味	
组织状态	呈均匀一致液体，无凝块，无沉淀，无正常视力可见异物	

2. 理化指标 应符合表 1-9 的规定。

表 1-9 生乳理化指标

项目	指标	检验方法
冰点[a,b]/℃	$-0.560 \sim -0.500$	GB 5413.38
相对密度（20℃/4℃）	$\geqslant 1.027$	GB 5413.33
蛋白质/（g/100g）	$\geqslant 2.8$	GB 5009.5
脂肪/（g/100g）	$\geqslant 3.1$	GB 5413.3
杂质度/（mg/kg）	$\leqslant 4.0$	GB 5413.3
非脂乳固体/（g/100g）	$\geqslant 8.1$	GB 5413.39

（续）

项目	指标	检验方法
酸度/°T		
牛乳	12～18	GB 5413.34
羊乳	6～13	

　a. 挤出 3h 后检测。

　b. 仅适用于荷斯坦奶牛。

3. 污染物限量　应符合 GB 2762 的规定。

4. 真菌毒素限量　应符合 GB 2761 的规定。

5. 微生物限量　应符合表 1－10 的规定。

表 1－10　生乳微生物限量

项目	限量/〔CFU/g（mL）〕	检验方法
菌落总数	≤2×10^6	GB 4789.2

6. 农药残留限量和兽药残留限量　农药残留量应符合 GB 2763 及国家有关规定和公告。兽药残留量应符合国家有关规定和公告。

【任务实施】

任务一　原料乳的新鲜度检验

鲜乳挤出后若不及时冷却，微生物就会迅速繁殖，使乳中细菌数增多，酸度增高，乳的风味恶化，新鲜度下降，影响乳的品质和加工利用。因此，原料乳送到加工厂时，需立即进行逐车逐批验收，以便按质核价和分别加工，这是保证产品质量的有效措施。

一、感官检验

鲜乳的感官检验主要是进行嗅觉、味觉、外观等的鉴定。正常鲜乳为乳白色或微带黄色，有特殊的乳香味，无异味，组织状态均匀一致，无凝块和沉淀，不黏滑。不得含有肉眼可见的异物，不得有红、绿等异色，不能有苦、涩、咸的滋味和饲料、青贮、发霉等异味。评定方法如下：

1. 色泽和组织状态检查　将少许乳倒入培养皿中，观察颜色。乳静置 30min 后小心倒掉，观察有无沉淀和絮状物。用手指沾乳汁，检查有无黏稠感。

2. 气味的检查　将少许乳倒入试管中加热后，嗅其气味。

3. 滋味的检查　口尝乳加热后的滋味。

根据各项感官鉴定，判断乳样是正常乳还是异常乳。

二、煮沸试验

取乳样 10mL 于试管中，置沸水浴中加热 5min 后观察，不得有凝块或絮片状物产生，否则表示乳不新鲜，而且其酸度大于 26°T。牛乳的酸度与凝固的条件的关系见表 1-11。

表 1-11　牛乳的酸度与凝固的条件的关系

酸度/°T	凝固的条件	酸度/°T	凝固的条件
18	煮沸时不凝固	40	加热至 65℃时凝固
22	煮沸时不凝固	50	加热至 40℃时凝固
26	煮沸时能凝固	60	22℃时自行凝固
28	煮沸时能凝固	65	16℃时自行凝固
30	加热至 77℃时凝固		

三、酒精检验

1. 原理　酒精检验是为观察鲜乳的抗热性而被广泛使用的一种方法。通过酒精的脱水作用，确定酪蛋白的稳定性。新鲜牛乳对酒精的作用表现出相对稳定；不新鲜的牛乳，其中的蛋白质胶粒已呈不稳定状态，当其受到酒精的脱水作用时，加速聚沉。此法可验出鲜乳的酸度，以及盐类平衡不良乳、初乳、末乳、细菌作用产生凝乳酶的乳和乳腺炎乳等。

2. 仪器、试剂　1~2mL 刻度吸管，20mL 玻璃试管，不同浓度的中性酒精（68°、70°、72°），乳样。

3. 操作方法　取 3 支试管，分别加入 1~2mL 乳样，再分别加入等量的不同浓度的中性酒精（68°、70°、72°），迅速充分混匀，观察结果。

4. 判断标准　若在 68°酒精中不出现絮片，说明乳的酸度低于 20°T，为合格乳；若在 70°酒精中不出现絮片，说明乳的酸度低于 19°T，为较新鲜乳；若在 72°酒精中不出现絮片，说明乳的酸度低于 18°T，为新鲜乳。

68°酒精牛乳凝结特征与酸度之间的关系见表 1-12。

表 1-12　68°酒精牛乳凝结特征与酸度之间的关系

牛乳酸度/°T	凝结特征	牛乳酸度/°T	凝结特征
18~20	不出现絮片	25~26	中型的絮片
21~22	很细小的絮片	27~28	大型的絮片
23~24	细小的絮片	29~30	很大型的絮片

四、酸度测定

牛乳的酸度通常用滴定酸度来表示。滴定酸度就是用相应的碱中和鲜乳中的酸性物质，根据碱的用量确定鲜乳的酸度和热稳定性。一般用 0.1mol/L 的 NaOH 标准溶液滴定，计算乳的酸度。

测定方法：吸取 10mL 牛乳，置于 250mL 三角瓶中，加入 20mL 蒸馏水，再加入 0.5mL 0.5％的酚酞溶液作指示剂，小心摇匀，用 0.1mol/L NaOH 标准溶液滴定至微红色，在 1min 内不消失为止。将所消耗的 NaOH 标准溶液的体积（mL）乘以 10，即为乳的酸度（°T）。

在生产中有时用乳酸度来表示酸度，可按下式计算乳酸度：

$$乳酸度 = \frac{0.1mol/L\ NaOH\ 体积（mL）\times 0.009}{乳样体积（mL）\times 密度（g/mL）} \times 100\%$$

注意：滴定酸度终点判定的标准颜色溶液的制备方法如下：取滴定酸度测定的同批和同数量的样品，如取牛乳 10mL 置于 250mL 三角烧瓶中，加入 20mL 蒸馏水，再加入 3 滴 0.005％碱性品红溶液，摇匀后作为该样品滴定酸度终点判定的标准颜色溶液。

学习资源（视频）

1. 牛乳密度测定　　　　2. 牛乳温度测定　　　　3. 牛乳理化指标测定

任务二　原料乳的理化检验

一、乳的成分检验

（一）乳的脂肪含量检验

1. 原理　盖勃氏法是乳和乳制品脂肪测定最常用的方法。用浓硫酸溶解乳中的乳糖和蛋白质等非脂肪成分，将牛乳中的酪蛋白钙盐转变成可溶性的重硫酸酪蛋白化合物，使脂肪球膜被破坏，脂肪游离出来。加入异戊醇可促进脂肪的分离，再利用加热离心，使脂肪完全迅速分离。分离出的脂肪量可直接从乳脂计的刻度管中读取，即可知被测乳的含脂率。

2. 仪器、试剂

（1）盖勃氏乳脂计（图 1-2）。其最小刻度值为 0.1％。

（2）乳脂离心机。

（3）10.75mL 单标乳吸管。

（4）硫酸（H_2SO_4）。分析纯。

（5）异戊醇（$C_5H_{12}O$）。分析纯。

3. 操作方法　于盖勃氏乳脂计中先加入 10mL 硫酸，再

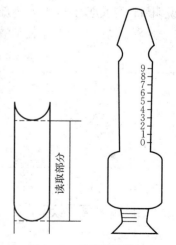

图 1-2　盖勃氏乳脂计

沿着管壁小心准确加入 10.75mL 样品，使样品与硫酸不要混合，然后加 1mL 异戊醇，塞上橡皮塞，使瓶口向下，同时用布包裹以防冲出，用力振摇使溶液呈均匀棕色液体，静置数分钟（瓶口向下），置 65～70℃ 水浴中 5min，取出后置于乳脂离心机中以 1 100r/min 的转速离心 5min，再置于 65～70℃ 水浴水中保温 5min（注意水浴水面应高于乳脂计脂肪层）。取出后立即读数，即为脂肪的百分数。

（二）乳的蛋白质含量检验

乳的蛋白质含量检验用凯氏定氮法（GB 5009.5—2016）。

1. 测定原理　食品中的蛋白质在催化加热条件下被分解，产生的氨与硫酸结合生成硫酸铵。碱化蒸馏使氨游离，用硼酸吸收后以硫酸或盐酸标准滴定溶液滴定，根据酸的消耗量计算氮含量，再乘以换算系数，即为蛋白质的含量。

2. 仪器

（1）天平。感量为 1mg。

（2）定氮蒸馏装置，如图 1-3 所示。

（3）自动凯氏定氮仪。

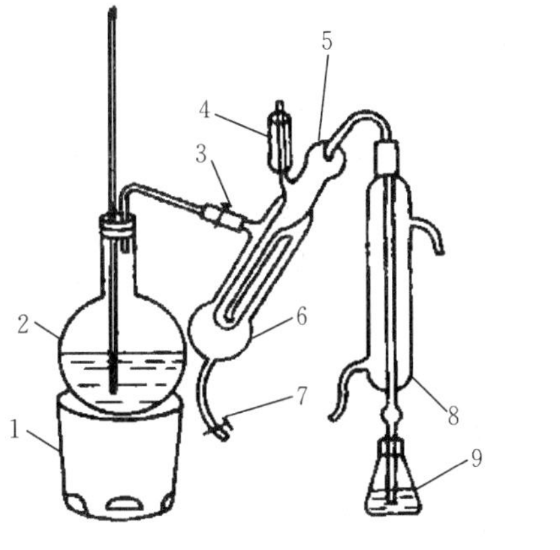

3. 试剂　除非另有说明，本方法所用试剂均为分析纯，水为 GB/T 6682 规定的三级水。

（1）硫酸铜（$CuSO_4 \cdot 5H_2O$）。

（2）硫酸钾（K_2SO_4）。

（3）硫酸（H_2SO_4）。

（4）硼酸（H_3BO_3）。

（5）甲基红指示剂（$C_{15}H_{15}N_3O_2$）。

（6）溴甲酚绿指示剂（$C_{21}H_{14}Br_4O_5S$）。

（7）亚甲基蓝指示剂（$C_{16}H_{18}ClN_3S \cdot 3H_2O$）。

（8）氢氧化钠（NaOH）。

（9）95% 乙醇（C_2H_5OH）。

图 1-3　定氮蒸馏装置

1. 电炉　2. 水蒸气发生器（2L 烧瓶）　3. 螺旋夹
4. 小玻璃杯及棒状玻璃塞　5. 反应室　6. 反应室外层
7. 橡皮管及螺旋夹　8. 冷凝管　9. 蒸馏液接收瓶

4. 试剂配制

（1）硼酸溶液（20g/L）。称取 20g 硼酸，加水溶解后稀释至 1 000mL。

（2）氢氧化钠溶液（400g/L）。称取 40g 氢氧化钠，加水溶解后，放冷，并稀释至 100mL。

（3）硫酸标准滴定溶液 $[c(1/2H_2SO_4) = 0.050\ 0mol/L]$ 或盐酸标准滴定溶液 $[c(HCl) = 0.050\ 0mol/L]$。

（4）甲基红乙醇溶液（1g/L）。称取 0.1g 甲基红，溶于 95% 乙醇，用 95% 乙醇稀释至 100mL。

（5）亚甲基蓝乙醇溶液（1g/L）。称取 0.1g 亚甲基蓝，溶于 95% 乙醇，用 95% 乙醇稀释至 100mL。

（6）溴甲酚绿乙醇溶液（1g/L）。称取 0.1g 溴甲酚绿，溶于 95% 乙醇，用 95% 乙醇稀释至 100mL。

（7）A 混合指示液。2 份甲基红乙醇溶液与 1 份亚甲基蓝乙醇溶液临用时混合。

(8) B混合指示液。1份甲基红乙醇溶液与5份溴甲酚绿乙醇溶液临用时混合。

5. 分析步骤

(1) 试样处理。称取充分混匀的固体试样0.2～2g、半固体式样2～5g或液体试样10～25g（相当于30～40mg氮），精确至0.001g，移入干燥的100mL、250mL或500mL定氮瓶中，加入0.4g硫酸铜、6g硫酸钾及20mL硫酸，轻摇后于瓶口放一小漏斗，将瓶以45°角斜支于有小孔的石棉网上。小心加热，待内容物全部碳化，泡沫完全停止后，加强火力，并保持瓶内液体微沸，至液体呈蓝绿色并澄清透明后，再继续加热0.5～1h。取下放冷，小心加入20mL水，放冷后，移入100mL容量瓶中，并用少量水洗定氮瓶，洗液并入容量瓶中，再加水至刻度，混匀备用。同时做试剂空白试验。

(2) 测定。按图1-3装好定氮蒸馏装置，向水蒸气发生器内装水至2/3处，加入数粒玻璃珠，加甲基红乙醇溶液数滴及一定量的硫酸，以保持水呈酸性，加热煮沸水蒸气发生器内的水并保持沸腾。

向接收瓶内加入10.0mL硼酸溶液及1～2滴A混合指示剂或B混合指示剂，并使冷凝管的下端插入液面下，根据试样中氮含量，准确吸取2.0～10.0mL试样处理液，由小玻璃杯注入反应室，以10mL水洗涤小玻璃杯并使之流入反应室内，随后塞紧棒状玻璃塞。将10.0mL氢氧化钠溶液倒入小玻璃杯中，提起玻璃塞使其缓缓流入反应室，立即将玻璃塞盖紧，并水封。夹紧螺旋夹，开始蒸馏。蒸馏10min后移动蒸馏液接收瓶，液面离开冷凝管下端，再蒸馏1min。用少量水冲洗冷凝管下端外部，取下蒸馏液接收瓶。尽快以硫酸或盐酸标准滴定溶液滴定至终点，如用A混合指示液，终点颜色为灰蓝色；如用B混合指示液，终点颜色为浅灰红色。同时做试剂空白。

6. 结果计算

$$X = \frac{(V_1 - V_2) \times c \times 0.014\,0}{m \times V_3/100} \times F \times 100$$

式中：X——试样中蛋白质的含量，g/100g；

$\quad V_1$——试液消耗硫酸或盐酸标准滴定液的体积，mL；

$\quad V_2$——试剂空白消耗硫酸或盐酸标准滴定液的体积，mL；

$\quad c$——硫酸或盐酸标准滴定溶液浓度，mol/L；

$\quad 0.014\,0$——1.0mL硫酸 $[c(1/2H_2SO_4)=1.000\text{mol/L}]$ 或盐酸 $[c(HCl)=1.000\text{mol/L}]$ 标准滴定溶液相当的氮的质量，g；

$\quad m$——试样的质量，g；

$\quad V_3$——吸取消化液的体积，mL；

$\quad F$——氮换算为蛋白质的系数；

$\quad 100$——换算系数。

蛋白质含量≥1g/100g时，结果保留三位有效数字；蛋白质含量＜1g/100g时，结果保留两位有效数字。

注：当只检测氮含量时，不需要乘蛋白质换算系数F。

7. 精密度　在重复条件下获得的两次独立测定结果的绝对差值不得超过算术平均值的10%。

（三）乳的非脂乳固体含量检验

1. 原理　先分别测定出乳及乳制品中的总固体含量、脂肪含量（如添加了蔗糖等非乳成分含量，也应扣除），再用总固体含量减去脂肪和蔗糖等非乳成分含量，即为非脂乳固体含量。

2. 仪器、试剂

（1）天平。感量为 0.1mg。

（2）干燥箱。

（3）水浴锅。

（4）平底皿盒。高 20～25mm、直径 50～70mm 的带盖不锈钢盒或铝皿盒，或玻璃称量皿。

（5）短玻璃棒。其长度应适合于皿盒的直径，可斜放在皿盒内，不影响盖盖。

（6）石英砂或海砂。石英砂或海砂可通过 500μm 孔径的筛子，不能通过 180μm 孔径的筛子，并通过下列适用性测试：将约 20g 的海砂同短玻璃棒一起放于一皿盒中，然后敞盖在 100℃±2℃ 的干燥箱中至少烘 2h。把皿盒盖好后放入干燥器中冷却至室温，称量，精确至 0.1mg。用 5mL 水将海砂润湿，用短玻璃棒混合海砂和水，将其再次放入干燥箱中干燥 4h。把皿盒盖好后放入干燥器中冷却至室温后称量，精确至 0.1mg。两次称量的质量差不应超过 0.5mg。如果两次称量的质量差超过了 0.5mg，则需对海砂进行下面的处理后才能使用：将海砂在体积分数为 25% 的盐酸溶液中浸泡 3d，经常搅拌。尽可能地倾出上清液，用水洗涤海砂，直到其呈中性。在 160℃ 条件下加热海砂 4h，然后重复进行适用性测试。

3. 操作方法　在平底皿盒中加入 20g 石英砂或海砂，在 100℃±2℃ 的干燥箱中干燥 2h，取出，放入干燥器中冷却 0.5h，称量，并反复干燥至恒重。称取 5.0g（精确至 0.0001g）试样于恒重的皿内，置水浴上蒸干，擦去皿外的水渍，于 100℃±2℃ 干燥箱中干燥 3h，取出，放入干燥器中冷却 0.5h，称量，再于 100℃±2℃ 干燥箱中干燥 1h，取出，冷却后称量，前后两次质量差不超过 1.0mg。

试样中总固体的含量按下式计算：

$$X = \frac{m_1 - m_2}{m} \times 100$$

式中：X——试样中总固体的含量，g/100g；

m_1——皿盒、海砂加试样干燥后的质量，g；

m_2——皿盒、海砂的质量，g；

m——试样的质量，g。

试样中非脂乳固体的含量按下式计算：

$$X_{NFT} = X - X_1 - X_2$$

式中：X_{NFT}——试样中非脂乳固体的含量，g/100g；

X——试样中总固体的含量，g/100g；

X_1——试样中脂肪的含量，g/100g；

X_2——试样中蔗糖的含量，g/100g。

另外，近几年也有很多厂家通过乳成分分析仪可以直接测定乳脂肪、乳蛋白、乳糖、非脂乳固体及总干物质等各种成分的含量。

二、乳的相对密度检验

牛乳的相对密度是指在15℃时一定体积牛乳的质量与同温度、同体积的水的质量之比，用d_{15}^{15}表示。相对密度也可以用ρ_4^{20}表示，即在20℃时一定体积乳的质量与同体积在4℃的水的质量比。相对密度是初步衡量和判断牛乳内在质量的重要指标。正常牛乳的相对密度在1.028～1.032。

1. 原理 使用密度计（20℃/4℃）测定牛乳相对密度。

2. 仪器

（1）密度计（20℃/4℃）。

（2）玻璃圆筒或200～250mL量筒。圆筒高度应大于密度计的长度，圆筒直径大小应使它在沉入密度计时其周边和圆筒内壁的距离不小于5mm。

3. 操作方法 将混匀并调节温度为10～25℃的试样，小心地沿着内壁倒入玻璃圆筒或量筒内，勿使其产生泡沫，测量试样温度。小心地将密度计慢慢地垂直放入试样中到相当刻度30°处，然后让其自然浮动，但不能与筒内壁接触。静置2～3min，眼睛平视生乳的液面高度，读取数值。根据试样的温度和密度计读数查表1-13，将读数换算成20℃时的度数。

相对密度（d_4^{20}）与密度计刻度关系如下式所示：

$$d_4^{20} = \frac{X}{1\,000} + 1.000$$

式中：d_4^{20}——样品的相对密度；

$\quad\quad X$——密度计读数。

当用20℃/4℃密度计，温度在20℃时，将读数代入以上公式，相对密度即可直接计算；温度不在20℃时，要查表1-13换算成20℃时数值，然后再代入以上公式计算。

表1-13 密度计读数变为温度20℃时的度数换算

密度计读数	生乳温度															
	10℃	11℃	12℃	13℃	14℃	15℃	16℃	17℃	18℃	19℃	20℃	21℃	22℃	23℃	24℃	25℃
25	23.3	23.5	23.6	23.7	23.9	24.0	24.2	24.4	24.6	24.8	25.0	25.2	25.4	25.5	25.8	26.0
26	24.2	24.4	24.5	24.7	24.9	25.0	25.2	25.4	25.6	25.8	26.0	26.2	26.4	26.6	26.8	27.0
27	25.1	25.3	25.4	25.6	25.7	25.9	26.1	26.3	26.5	26.8	27.0	27.2	27.5	27.7	27.9	28.1
28	26.0	26.1	26.3	26.5	26.6	26.8	27.0	27.3	27.5	27.8	28.0	28.2	28.5	28.7	29.0	29.2
29	26.9	27.1	27.3	27.5	27.6	27.8	28.0	28.3	28.5	28.8	29.0	29.2	29.5	29.7	30.0	30.2
30	27.9	28.1	28.3	28.5	28.6	28.8	29.0	29.2	29.5	29.8	30.0	30.2	30.5	30.7	31.0	31.2
31	28.8	29.0	29.2	29.4	29.6	29.8	30.0	30.3	30.5	30.8	31.0	31.2	31.5	31.7	32.0	32.2
32	29.3	30.0	30.2	30.4	30.6	30.7	31.0	31.2	31.5	31.8	32.0	32.3	32.5	32.8	33.0	33.3
33	30.7	30.8	31.1	31.3	31.5	31.7	32.0	32.2	32.5	32.8	33.0	33.3	33.5	33.8	34.1	34.3
34	31.7	31.9	32.1	32.3	32.5	32.7	33.0	33.2	33.5	33.8	34.0	34.3	34.4	34.8	35.1	35.3
35	32.6	32.8	33.1	33.3	33.5	33.7	34.0	34.2	34.5	34.7	35.0	35.3	35.5	35.8	36.1	36.3
36	33.5	33.8	34.0	34.3	34.5	34.7	34.9	35.2	35.6	35.7	36.0	36.2	36.5	36.7	37.0	37.3

学习资源（视频）

1. 牛乳取样

2. 牛乳感官检验

3. 牛乳的酒精试验

4. 牛乳酸度测定

5. 羊乳的酸度测定

6. 羊乳的酒精阳性乳检验

7. 羊乳的煮沸试验

8. 羊乳的稳定性试验（热冲击试验）

任务三　原料乳的掺假检验

原料乳掺假有碍于乳的卫生，降低乳的营养价值，影响乳的加工及乳制品的质量，还可能影响消费者的健康。乳样掺假的常用检验方法如下。

一、掺水的检验

对于感官检查发现乳汁稀薄、色泽发灰（即色淡）的乳，有必要做掺水检验。目前常用的是相对密度法。因为牛乳的相对密度一般为 1.028～1.032，其与乳的非脂固体物的含量百分数成正比。当乳中掺水后，乳中非脂固体含量百分数降低，相对密度也随之变小。当被检乳的相对密度小于 1.028 时，便有掺水的嫌疑，并可用相对密度数值计算掺水百分数。

（1）将乳样充分搅拌均匀后，小心沿量筒壁倒入筒内 2/3 处，防止产生泡沫面影响读数。将乳稠计小心放入乳中，使其沉到 30°刻度处，然后任其在乳中自由游动（防止其与量筒壁接触），静止 2～3min 后，两眼与乳稠计同乳面接触处呈水平位置进行读数，读出弯月面下缘处的数字。

（2）用温度计测定乳的温度。

（3）计算乳的相对密度。乳的相对密度是指 20℃时乳的质量与同体积 4℃水的质量之比，如果乳的温度不是 20℃，需进行校正。在乳的温度为 10～25℃，乳的相对密度随温度升高而降低，随温度降低而升高。温度每升高或降低 1℃时，实际相对密度减少或增加 0.000 2。故校正为实际相对密度时应加上或减去 0.000 2。例如，乳温为 18℃时测得乳的相对密度为 1.034，则校正为 20℃乳的相对密度应为：

$$1.034-0.000\,2\times(20-18)=1.034-0.000\,4=1.033\,6$$

（4）计算乳样的相对密度。将求得的乳样相对密度数值加上 0.002，即换算为被检乳样的相对密度。将其与正常的相对密度对照，以判定乳中是否掺水。

（5）用相对密度换算掺水百分数。测出被检乳的相对密度后，可按以下公式求出掺水量（%）：

$$掺水量=\frac{正常乳相对密度度数-被检乳相对密度度数}{正常乳相对密度度数}\times100\%$$

例如：某地区规定正常牛乳的相对密度为 1.029，测知被检乳相对密度为 1.025，则

$$掺水量=（29-25）/29\times100\%=14\%$$

二、掺盐的检验

1. 原理 鲜乳中氯化物与硝酸银反应生成氯化银沉淀，用铬酸钾作指示剂，当乳中的氯化物与硝酸银作用后，过量的硝酸银与铬酸钾生成赭红色（砖红色）铬酸银。

2. 试剂

（1）硝酸银标准溶液。将分析纯硝酸银置 105℃烘箱内干燥 30min，取出，放在干燥器内冷却后，准确称取 9.6 g，用蒸馏水洗入 1 000mL 棕色容量瓶中，摇匀，定容。

（2）100g/L 铬酸钾溶液。取 10g 铬酸钾，溶于 100mL 蒸馏水中。

3. 操作方法 取 2mL 乳样于洁净的试管中，加入 5 滴铬酸钾溶液，摇匀，再准确加入硝酸银标准溶液 1.5mL，摇匀，观察结果。

4. 结果判断 正常乳呈砖红色，掺盐乳呈土黄色或鲜黄色。

三、掺碱（碳酸钠）的检验

1. 原理 牛乳中掺入碱（碳酸钠）后，氢离子浓度发生变化，可使溴麝香草酚蓝指示剂变色，通过颜色变化的不同，可大致判断加碱量的多少。

2. 试剂 0.4g/L 溴麝香草酚蓝乙醇溶液。

3. 操作方法 取乳样约 2mL 于小试管中，沿试管壁慢慢加入溴麝香草酚蓝乙醇溶液约 0.5mL。将试管轻轻转动几圈，然后垂直放置 2min 后，观察指示剂与样品接触面的颜色变化。

4. 结果判断 牛乳中碳酸钠掺入量显色对照见表 1-14。

表 1-14 牛乳中碳酸钠掺入量显色对照

碳酸钠掺入量	显色
无碳酸钠	黄色
含 0.03%碳酸钠	黄绿色
含 0.05%碳酸钠	淡绿色
含 0.1%碳酸钠	绿色
含 0.3%碳酸钠	深绿色
含 0.5%碳酸钠	青绿色
含 0.7%碳酸钠	淡蓝色
含 1.0%碳酸钠	蓝色
含 1.5%碳酸钠	深蓝色

四、掺糖的检验

1. 原理 蔗糖在酸性溶液中水解产生的果糖与溶于强酸的间苯二酚溶液加热后显红色沉淀反应。

2. 试剂

（1）浓盐酸。

（2）间苯二酚盐酸溶液。称取间苯二酚 0.4g，用少量蒸馏水溶解，加浓盐酸 200mL，再加蒸馏水稀释至 600mL，置于棕色瓶中。此溶液室温可保存三个月，放入冰箱中可保存半年。

3. 操作方法 取间苯二酚盐酸溶液 1.5mL 于小试管中，加鲜乳 5 滴，加热煮沸 2～3min，观察结果。

4. 结果判断 牛乳中蔗糖掺入量显色对照见表 1-15。

表 1-15 牛乳中蔗糖掺入量显色对照

蔗糖掺入量	显色
无蔗糖	淡棕黄色
含 0.1%～0.3%蔗糖	浅橘红色
含 0.31%～0.5%蔗糖	橘红色或红色
含 0.51%～1%蔗糖	深橘红色或砖红色
含＞1%蔗糖	砖红色混浊，甚至沉淀

五、掺尿素的检验

1. 原理 尿素与二乙酰-肟在酸性条件下，经镉离子（或三价铁离子）的催化产生缩合反应，并在氨基硫脲存在下，生成 3，5，6-三甲基-1，2，4 三胺的红色复合物。

2. 试剂

（1）酸性试剂。在 1L 容量瓶中加入蒸馏水约 100mL，然后加入浓硫酸 44mL 及 85%磷酸 66mL，冷却至室温后，加入硫氨脲 30mg、硫酸镉 2g，溶解后用蒸馏水稀释至 1 000mL。置于棕色瓶中。此溶液放入冰箱中可保存半年。

（2）20g/L 二乙酰-肟试剂。称取二乙酰-肟 2g，溶于 100mL 蒸馏水中。置于棕色瓶中，此溶液放入冰箱中可保存半年。

（3）应用液。取酸性试剂 90mL，加入二乙酰-肟试剂 10mL，混合均匀即可使用。

3. 操作方法 取应用液 1～2mL 于试管中，加鲜乳 1 滴，加热煮沸约 1min，观察结果。

4. 结果判断 正常乳呈无色或微红色。掺入尿素的乳，立即呈深红色。掺入量越大，显色越快，颜色越深。

六、掺过氧化氢的检验

1. 原理 过氧化氢在酸性条件下，能使碘化物氧化析出碘，碘与淀粉反应呈现蓝色。

2. 试剂

（1）1∶1硫酸溶液。

（2）碘化钾淀粉溶液。称取3g可溶性淀粉于5～10mL冷水中，逐渐加入100mL沸水，冷却后加入3g碘化钾，溶解于3～5mL淀粉溶液中。

3. 操作方法 取牛乳1mL于试管中，加入0.2mL碘化钾淀粉溶液，混匀。加入1∶1硫酸溶液1滴，摇匀。观察结果。

4. 结果判断 正常乳10min内无蓝色出现。掺入过氧化氢的乳立即呈黄蓝色，试管底部出现点状蓝色沉淀。

学习资源（视频）

| 1. 牛乳的掺双氧水检验 | 2. 羊乳的掺碱检验 | 3. 羊乳的亚硝酸盐检验 | 4. 羊乳中掺牛乳的快速检测 |

任务四　原料乳中抗生素残留检验

（一）检验目的

通过检测原料乳中抗生素的残留可以防止发酵乳加工的失败。

（二）检验方法

1. TTC（氯化三苯基四氮唑）试验检测法

（1）检验原理。乳中加入抗生素或有抗生素物质残留时，加入试验菌后被抑制生长，不能使TTC还原为红色化合物，因而检样无色。

（2）主要器材及试剂。恒温水浴槽，恒温培养箱，1mL灭菌试管2支，灭菌的10mL具塞刻度试管或灭菌带棉塞的普通试管3支，试验菌液（嗜热链球菌接种在脱脂乳培养基中保存，每隔20min接种一次），TTC试剂（1g TTC溶于灭菌蒸馏水中，置于褐色的瓶中，在冷暗处保存，最好现用现配）。

（3）检验步骤。吸取9mL样乳注入试管甲中，另外两个试管乙、试管丙冷却到37℃，向试管甲和试管乙中各加入试验菌液1mL，充分混合，然后将甲、乙、丙3支试管置于37℃恒温水浴中2h（注意水面不要高于试管的液面，并要避光），然后取出，向3支试管中各加0.3mL TTC试剂，混合后置于恒温箱中37℃培养30min，观察试管中的颜色变化。

（4）检验结果与评价。如果甲管与乙管中同时出现红色，表明无抗生素存在；如果甲管与乙管具有相同颜色，表明有抗生素存在。

2. 滤纸圆片法

（1）实验前准备。4个培养皿，2支移液管，1支涂布棒，并将培养皿包好灭菌，取一定的蒸馏水灭菌制成无菌水。

（2）配制营养琼脂培养基。称取营养琼脂9.6g，加入300mL蒸馏水，加热煮沸后将培养基装入锥形瓶，然后包扎灭菌（121℃，20min）。

（3）倒平板。在无菌环境操作下，将上述培养基倒入4个平板，并分别编号1、2、3、4。

（4）制菌悬液。在无菌操作下，用5mL无菌移液管吸取3mL无菌水到菌种斜面，用接种环轻刮下菌苔，捣碎，塞上棉塞，振荡片刻。

（5）将抗生素稀释成10^{-3}、10^{-4}、10^{-5}、10^{-6} 4种不同稀释度的梯度液。

（6）取直径1cm圆形滤纸若干，取4个圆形滤纸，分别放入10^{-3}、10^{-4}、10^{-5}、10^{-6}的抗生素溶液中浸泡一会儿。

（7）待平板凝固后接种，各取0.2mL菌悬液倒入平板中，用涂布棒抹匀。

（8）在1、2、3、4号已接种的平板中分别放入4个浸泡在10^{-3}、10^{-4}、10^{-5}、10^{-6}抗生素溶液中的滤纸片，并注意各纸片间的距离应较大。

（9）培养。放入37℃恒温箱中培养24h。

（10）观察测量并记录数据，观察抗生素滤纸周围的透明抑菌圈，测量16个抑菌圈的大小，求算不同浓度抗生素滤纸抑菌圈的大小。

学习资源（视频）

1. 羊乳β-内酰胺酶快速试纸条检测　2. 羊乳喹诺酮类＋磺胺类二联试纸条快速检测　3. 羊乳β-内酰胺酶类＋头孢氨苄抗生素类二联试纸条快速检测　4. 羊乳氯霉素类试纸条快速检测

任务五　原料乳的微生物检验

一般现场收购鲜乳不做细菌检验，但在其加工以前，必须检查细菌总数以确定原料乳的质量和等级。

菌落总数是指食品检样经过处理，在一定条件下（如培养基、培养温度和培养时间等）培养后，所得1g（或1mL）检样中形成的微生物菌落总数。菌落总数是反映牛乳卫生质量的一个重要指标。生乳中细菌含量的多少不仅影响产品的质量，更重要的是还有可能影响消费者的健康。因此，通过检测菌落总数，可以判定乳品被污染的程度。

一、菌落总数检验

1. 仪器、试剂

(1) 恒温培养箱。36℃±1℃。

(2) 冰箱：2~5℃。

(3) 恒温水浴箱。46℃±1℃。

(4) 天平。感量为 0.1g。

(5) 均质器。

(6) 振荡器。

(7) 玻璃珠。直径约 5mm。

(8) 无菌吸管 1mL、10mL，或微量移液器及吸头。

(9) 无菌锥形瓶。容量 500mL。

(10) 无菌试管。16mm×160mm。

(11) 无菌培养皿。直径 90mm。

(12) pH 计（或 pH 比色管，或精密 pH 试纸）。

(13) 平板计数琼脂培养基。

(14) 磷酸盐缓冲液。

(15) 生理盐水。

2. 操作方法

(1) 取样。量取 10mL 乳样置盛有 90mL 磷酸盐缓冲液或生理盐水的无菌均质袋中，用拍击式均质器拍打 1~2min，制成样品匀液。

(2) 配制浓度梯度。

① 用 1mL 无菌吸管或移液枪吸取样品匀液 1mL，沿管壁缓慢注于盛有 9mL 稀释液的无菌试管中（注意吸管或吸头尖端不要触及稀释液面），用漩涡振荡器混合均匀，制成 10^{-2} 的样品匀液。

② 按上述操作程序，制备 10^{-3}、10^{-4} 系列稀释样品匀液。每递增稀释一次，换用 1 次 1mL 无菌吸管或吸头。

(3) 倒平板。吸取 1mL 样品匀液于无菌平皿内，每个稀释度做两个平皿。注意，要分别吸取 1mL 空白稀释液加入两个无菌平皿内作空白对照。及时将 15~20mL 冷却至 46℃的平板计数琼脂培养基（可放置于 46℃±1℃恒温水浴箱中保温，温度过高可能会杀死细菌，一般以不烫手为宜）倾注平皿，并转动平皿使其混合均匀（若不均匀，会使菌落连成片，无法计数）。

(4) 培养。待琼脂凝固后，将平板翻转，36℃±1℃培养 48h±2h。

3. 菌落计数的结果与报告

(1) 菌落总数计数方法。

① 进行平板菌落计数时，可用肉眼观察，必要时用放大镜或菌落计数器辅助，记录稀释倍数和相应的菌落数量。

② 选取菌落数在 30~300 CFU、无蔓延菌落生长的平板计数菌落总数。低于 30 CFU

的平板记录具体菌落数，大于 300 CFU 的平板可记录为多不可计。每个稀释度的菌落数应采用两个平板的平均数。当其中一个平板有较大片状菌落生长时，则此平板不宜采用，而应以无片状菌落生长的平板作为该稀释度的菌落数；当片状菌落不到平板的一半，而其余一半中菌落分布又很均匀时，可计算半个平板的菌落数后乘以 2，代表一个平板菌落数。当平板上出现菌落间无明显界线的链状生长时，则将每条单链作为一个菌落计数。

（2）菌落总数计算方法。

① 若只有一个稀释度平板上的菌落数在适宜计数范围内，计算两个平板菌落数的平均值，再将平均值乘以相应稀释倍数，作为每克（或每毫升）样品中菌落总数结果。

② 若有两个连续稀释度的平板菌落数在适宜计数范围内时，按下式计算样品中的菌落数：

$$N = \frac{\sum C}{(n_1 + 0.1 n_2) \times d}$$

式中：N——样品中菌落总数；

$\sum C$——平板（含适宜范围菌落数的平板）菌落数之和；

n_1——第一稀释度（低稀释倍数）平板个数；

n_2——第二稀释度（高稀释倍数）平板个数；

d——稀释因子（第一稀释度）。

③ 若所有稀释度的平板上菌落数均大于 300CFU，则对稀释度最高的平板进行计数，其他平板可记录为多不可计，结果按平均菌落数乘以最高稀释倍数计算。

④ 若所有稀释度的平板菌落数均小于 30CFU，则应按稀释度最低的平均菌落数乘以稀释倍数计算。

⑤ 若所有稀释度（包括液体样品原液）平板均无菌落生长，则以小于 1 乘以最低稀释倍数计算。

⑥ 若所有稀释度的平板菌落数均不在 30～300CFU 范围内，其中一部分小于 30CFU 或大于 300CFU 时，则以最接近 30CFU 或 300CFU 的平均菌落数乘以稀释倍数计算。

（3）菌落总数报告。菌落数小于 100CFU 时，按"四舍五入"原则修约，以整数报告。菌落数大于或等于 100CFU 时，第 3 位数字采用"四舍五入"原则修约后，取前 2 位数字，后面用 0 代替位数；也可用 10 的指数形式来表示，按"四舍五入"原则修约后，采用两位有效数字。若所有平板上为蔓延菌落而无法计数，则报告菌落蔓延。若空白对照上有菌落生长，则此次检测结果无效。质量取样以 CFU/g 为单位报告，体积取样以 CFU/mL 为单位报告。

二、体细胞数检验

患急性或慢性乳腺炎的奶牛泌乳中的体细胞数会增加，体细胞数增加会加速 UHT 灭菌产品凝胶化，缩短巴氏杀菌产品的保质期，延长发酵产品的凝固时间，减少风味物质的产生，降低干酪产品的产率，并引起质构缺陷。

体细胞数采用体细胞检测仪测定，也可按照常规进行涂片，经染色后镜检测定。大多数国家体细胞计数的极限标准为 5×10^5 个/mL，即当计数指标超过该指标时，奶牛患乳腺炎的可能性增大，当计数指标小于该指标时，则奶牛患病的可能性大为下降。体细胞数测定已成为牛乳质量控制的一个重要内容。

学习资源（视频）

羊乳的亚甲基蓝（美蓝）试验

【思与练】

1. 影响牛乳成分的因素有哪些？
2. 乳中各成分存在状态如何？
3. 酪蛋白的凝固方法有哪几种？
4. 牛乳的物理性质主要有哪些？
5. 如何利用乳的物理性质对乳的新鲜度进行判断？
6. 乳的物理性质对乳制品加工的影响有哪些？
7. 简述异常乳的种类及特性。
8. 如何对异常乳进行合理利用？
9. 简述乳中微生物的种类及其来源。
10. 结合乳中微生物生长的特点，谈谈如何控制原料乳的卫生质量。
11. 名词解释：酒精试验、煮沸试验。

原料乳的预处理

【知识目标】

掌握原料乳的净化、标准化、均质的目的和原理。

【技能目标】

能熟练进行原料乳的净化、标准化、均质等预处理操作。

【任务实施】

任务一　原料乳的净化、冷却

原料乳的质量好坏是影响乳制品质量的关键,只有优质原料乳才能保证优质的产品。为了保证原料乳的质量,挤出的牛乳在牧场必须立即进行过滤、净化、冷却等初步处理,其目的是除去机械杂质并减少微生物的污染。

一、原料乳的过滤与净化

(一)原料乳的过滤

在没有严格遵守卫生标准的情况下挤乳时,乳容易被大量粪屑、饲料、垫草、牛毛和蚊蝇等污染。因此,挤出的牛乳必须及时进行过滤。所谓过滤就是将液体微粒的混合物,通过多孔质的材料(即过滤材料)将其分开的操作。

凡是将乳从一个地方送到另一个地方,从一个工序送到另一个工序,或者由一个容器送到另一个容器时,都应该进行过滤。过滤的方法,除用纱布过滤外,也可以用过滤器。过滤器具、介质必须清洁卫生,应先用温水清洗,再用 0.5% 的碱水洗涤,然后用清洁的水冲洗,最后煮沸 10~20min 杀菌。

（二）原料乳的净化

原料乳经过数次过滤后，虽然除去了大部分的杂质，但是由于乳中混入了很多极为微小的机械杂质和细菌细胞，难以用一般的过滤方法除去。为了达到最高的纯净度，一般采用离心净乳机净化。

离心净乳就是利用乳在分离钵内受强大离心力的作用，将大量的机械杂质留在分离钵内壁上，而乳被净化。离心净乳机的构造与奶油分离机基本相似，只是净乳机的分离钵具有较大聚尘空间，杯盘上没有孔，上部没有分配杯盘。没有专用离心净乳机时，也可以用奶油分离机代替，但其效果较差。现代乳品厂，多采用离心净乳机。普通的净乳机，在运转2～3h后需停车排渣，因此目前大型工厂多采用自动排渣净乳机或三用分离机（奶油分离、净乳、标准化），它们对提高乳的质量和产量起了重要的作用。

二、原料乳的冷却

净化后的乳最好直接进行加工，如果短期贮藏，必须及时进行冷却，以保持乳的新鲜度。

（一）冷却的作用

新挤出的乳的温度约为36℃，此温度是微生物繁殖最适宜的温度，如不及时冷却，混入乳中的微生物就会迅速繁殖，使乳的酸度增高，凝固变质，风味变差。故新挤出的乳，经净化后须冷却到4℃左右以抑制乳中微生物的繁殖。冷却对乳中微生物的抑制作用见表2-1。

表2-1　冷却对乳中微生物的抑制作用

项目	菌落数/［CFU/g（mL）］				
	刚挤出的乳	贮存3h	储存6h	储存12h	储存24h
冷却乳	11 500	11 500	8 000	7 800	62 000
未冷却乳	11 500	18 500	102 000	114 000	1 300 000

由表2-1可以看出，未冷却乳中的微生物增加迅速，而冷却乳中的微生物则增加缓慢。贮存6～12h的冷却乳中的微生物还有减少的趋势，这是因为低温和乳中自身抗菌物质——乳烃素（拉克特宁，lactenin）使细菌的繁育受到抑制。

新挤出的乳迅速冷却到低温可以使抗菌特性保持较长的时间。另外，原料乳污染越严重，抗菌作用时间越短。例如，乳温10℃时，挤乳时严格执行卫生制度的乳样，其抗菌期是未严格执行卫生制度乳样的2倍。因此，刚挤出的乳迅速冷却，是保证鲜乳较长时间保持新鲜度的必要条件。通常可以根据贮存时间的长短选择适宜的温度（表2-2、图2-1）。

表2-2　牛乳的贮存时间与冷却温度的关系

乳的贮存时间/h	6～12	13～18	19～24	25～36
应冷却的温度/℃	8～10	6～8	5～6	4～5

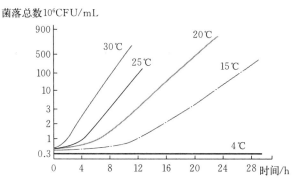

图 2-1　贮藏温度对原料乳中细菌生长的影响

（二）冷却的方法

1. 水池冷却　将装乳桶放在水池中，用冷水或冰水进行冷却，可使乳温度冷却到比冷却水温度高 3～4℃。为了加速冷却，需经常进行搅拌，并按照水温进行排水和换水。池中水量应为冷却乳量的 4 倍，水面应没到乳桶颈部，有条件的可用自然长流水冷却（进水口在池下部，冷却水由上部溢流）。每隔 3d 清洗水池一次，并用石灰溶液进行消毒。水池冷却的缺点是冷却缓慢、消耗水量较多、劳动强度大、不易管理。

2. 冷却罐及浸没式冷却器冷却　这种冷却器可以插入贮乳槽或乳桶中以冷却牛乳。浸没式冷却器中带有离心式搅拌器，可以调节搅拌速度，并带有自动控制开关，可以定时自动进行搅拌，故可使牛乳均匀冷却，并防止稀奶油上浮，适合于奶站和较大规模的牧场。

3. 板式热交换器冷却　乳流过板式冷却器与冷媒（冷水或冷盐水）进行热交换后流入贮乳槽中。这种冷却器，构造简单，价格低廉，冷却效率比较高，目前许多乳品厂及奶站都用板式热交换器对乳进行冷却。板式热交换器克服了表面冷却器因乳液暴露于空气而容易污染的缺点，用冷盐水作冷媒时，可使乳温迅速降到 4℃左右。

任务二　原料乳的标准化

因为产品规格或生产企业产品标准要求，乳制品的成分需要标准化。标准化一般是指调整原料乳中脂肪和非脂乳固体之间以及其他成分间的比例关系，使加工出的乳产品符合产品标准。一般把该过程称为标准化。标准化的目的是为了使产品符合标准，乳制品中脂肪与非脂乳固体含量要求保持一定比例。标准化主要包括调整脂肪含量、蛋白质含量及其他一些成分。

经过标准化的乳，通过抽检或用连续测定方法确定要标准化的成分含量。必要时通过添加稀奶油、脱脂乳、水等来进行调整。此过程要严格避免细菌或其他方面的污染。

脂肪标准化过程见图 2-2。从经济的角度来看，最好是连续标准化：混浊度和密度的测定法可用于确定脂肪含量、密度；折射指数可用于总固体含量的测量，也可用于红外线测量，例如确定乳粉中的水分含量。为了完成标准化，必须掌握原料乳中混浊度和脂肪含量之间的关系、密度和总固体含量之间的关系，这是因为这些关系并不总是相同的。因为调整时极易出现巨大波动，所以在线调节起来很困难。根据体积流量以及浓度变化的测量，经常采取双重调节。

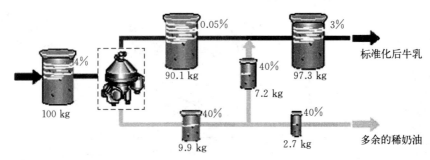

图 2-2 脂肪标准化过程

一、原则

当原料乳中脂肪含量不足时，应添加稀奶油或分离一部分脱脂乳。当原料乳中脂肪含量过高时，则可添加脱脂乳或提取一部分稀奶油。另外，要按产品标准加入和调整乳中的其他成分。标准化在贮乳缸的原料乳中进行，或在标准化机中连续进行。

二、标准化的原理

乳制品中脂肪与非脂乳固体间的比值取决于标准化后乳中脂肪与非脂乳固体之间的比值，而标准化后乳中的脂肪与非脂乳固体之间的比值，是根据原料乳中脂肪与非脂乳固体之间的比例进行调整的，使其达到成品的比值。

若设 F 为原料乳中的含脂率（%），SNF 为原料乳中非脂乳固体含量（%），F_1 为标准化后乳中的含脂率（%），SNF_1 为标准化后乳中非脂乳固体含量（%），F_2 为乳制品中的含脂率（%），SNF_2 为乳制品中非脂乳固体含量（%），则有：

$$\frac{F}{SNF} \xrightarrow{\text{调整}} \frac{F_1}{SNF_1} = \frac{F_2}{SNF_2}$$

三、标准化的计算

在生产上通常用比较简便的皮尔逊法则进行计算，其原理是设原料中的含脂率为 F，脱脂乳或稀奶油的含脂率为 q，按比例混合后乳（标准化乳）的含脂率为 F_1，原料乳的质量为 X，脱脂乳或稀奶油质量为 Y 时，对脂肪进行物料衡算，则形成下列关系式，即原料乳和稀奶油（或脱脂乳）的脂肪总量等于混合乳的脂肪总量。

$$FX + qY = F_1 \times (X + Y)$$

则
$$X \times (F - F_1) = Y \times (F_1 - q) \ \text{或} \ \frac{X}{Y} = \frac{F_1 - q}{F - F_1}$$

脱脂乳或稀奶油的量：
$$Y = \frac{F - F_1}{F_1 - q} \times X$$

因为 $\dfrac{F_1}{SNF_1}=\dfrac{F_2}{SNF_2}$，所以 $F_1=\dfrac{F_2}{SNF_2}\times SNF_1$。

又因在标准化时添加的稀奶油（或脱脂乳）量很少，标准化后乳中干物质含量变化甚微，标准化后乳中的无脂干物质含量大约等于原料乳中无脂干物质含量，即 $SNF_1\approx SNF$。

所以 $F_1=\dfrac{F_2}{SNF_2}\times SNF$。

若 $F_1>F$，则加稀奶油调整；若 $F_1<F$，则加脱脂乳调整。

[例] 今有含脂率为 3.5%、总干物质含量为 12% 的原料乳 $5\,000$kg，欲生产含脂率为 28% 的全脂乳粉，试计算进行标准化时，需加入多少千克含脂率为 35% 的稀奶油或含脂率为 0.1% 的脱脂乳。

解：① 因为 $F=3.5\%$，所以 $SNF=12\%-3.5\%=8.5\%$，

则
$$SNF_1=SNF=8.5\%。$$

② 因为 $F_2=28\%$，所以 $SNF_2=100\%-28\%=72\%$，

根据 $\dfrac{F_1}{SNF_1}=\dfrac{F_2}{SNF_2}$，

得
$$F_1=SNF_1\times\dfrac{F_2}{SNF_2}=8.5\%\times\dfrac{28\%}{72\%}=3.3\%。$$

③ 因为 $F_1<F$，应加脱脂乳调整。

根据皮尔逊法则：

$$Y=\dfrac{F-F_1}{F_1-q}\times X=\dfrac{3.5\%-3.3\%}{3.3\%-0.1\%}\times5\,000\text{kg}=312.5\text{kg}$$

即需要加脂肪含量为 0.1% 的脱脂乳 312.5kg。

任务三　原料乳的均质

一、均质的概念

在强力的机械作用下（$16.7\sim20.6$MPa），将乳中大的脂肪球破碎成小的脂肪球，均匀一致地分散在乳中，这一过程称为均质。

二、均质的意义及优点

牛乳在放置一段时间后，有时上部分会出现一层淡黄色的脂肪层，称为"脂肪上浮"，其原因主要是因为乳脂肪的脂肪球直径大，且大小不均匀，变动于 $1\sim10\mu m$，一般为 $2\sim5\mu m$，容易聚结成团块，影响乳的感官质量。经均质，脂肪球直径可控制在 $1\mu m$ 左右，这时乳脂肪表面积增大，浮力下降，乳可长时间保持不分层，可防止脂肪球上浮，不易形成稀奶油层脂肪。图 $2-3$ 为均质前后脂肪球大小的变化。

均质使不均匀的脂肪球呈数量更多的较小的脂肪球颗粒而均匀一致地分散在乳中，脂肪球数目的增加，增加了光线在牛乳中折射和反射的机会，使得均质乳的颜色更白。

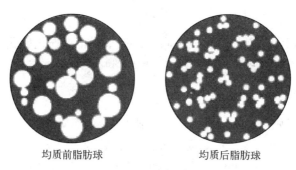

均质前脂肪球　　　　　　　　均质后脂肪球

图 2-3　均质前后脂肪球大小的变化

　　另外，经均质后的牛乳，脂肪球直径减小，脂肪均匀分布在牛乳中，维生素 A 和维生素 D 也呈均匀分布，促进了乳脂肪在人体内的吸收和同化作用。

　　更重要的是，经过均质化处理的牛乳，具有新鲜牛乳的芳香气味。均质化以后的牛乳防止了由于铜的催化作用而产生的臭味，这是因为均质作用增大了脂肪表面积所致。因为脂肪球膜上的类脂物，尤其是磷脂中的脑磷脂部分含有很大比例的不饱和脂肪酸残基，它很容易氧化生成游离基，并转化为过氧化物，游离出新的基团，这种反应组分具有强烈的刺激性气味。铜能够催化上述反应，天然混入的铜，即使很少（10μg/kg）也会造成氧化，从而使牛乳带有一种臭味。而均质后的牛乳脂肪球表面积增大了，但磷脂和铜的含量几乎不变，故膜中铜与磷脂之比近乎恒定，但其浓度大致与脂肪表面积成反比，因此铜与磷脂间的接触将减少，从而降低了脂肪的氧化作用。

三、均质的原理

　　脂肪球在均质中的状态见图 2-4。均质作用是由以下 3 个因素协调作用而产生的：

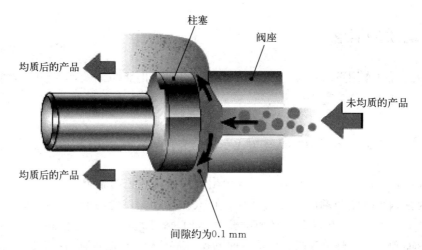

柱塞

阀座

均质后的产品

未均质的产品

均质后的产品

间隙约为0.1 mm

图 2-4　脂肪球在均质中的状态

　　（1）牛乳以高速度通过均质头中的窄缝对脂肪球产生巨大的剪切力，此力使脂肪球变形、伸长和粉碎。

（2）牛乳液体在间隙中加速的同时，静压能下降，可能降至脂肪的蒸汽压以下，这就产生了气穴现象，使脂肪球受到非常强的爆破力，这种爆破力会使脂肪球粉碎。

（3）脂肪球以高速冲击均质环时会产生进一步的剪切力。

四、影响均质的因素

（一）含脂率

含脂率过高会在均质时形成脂肪球粘连，因为大脂肪球破碎后形成许多小脂肪球，而形成新的脂肪球膜需要一定的时间，如果均质乳的脂肪率过高，那么新的小脂肪球间的距离就小，这样会在保护膜形成之前因脂肪球的碰撞而产生粘连。当含脂率大于 12％时，此现象就易发生，所以稀奶油的均质要特别注意，可采用"加温"并"部分均质法"，即均质50％，再与未均质的稀奶油混合。

（二）均质温度

均质温度高，均质形成的黏化乳现象就少，一般温度在 60～70℃为佳。低温下均质产生黏化乳现象较多。

（三）均质压力

均质压力过低，达不到均质效果；均质压力过高，又会使酪蛋白受影响，对以后的灭菌十分不利，杀菌时往往会产生絮凝沉淀。

【思与练】

1. 均质的目的和原理是什么？
2. 原料乳净化的方法有哪些？
3. 标准化的目的是什么？
4. 原料乳冷却的方法有哪些？

项目三

液态乳加工

【知识目标】

了解液态乳的种类、营养价值；熟悉杀菌方法；掌握液态乳的生产工艺流程和操作要点。

【技能目标】

能进行液态乳的加工生产，能解决生产中出现的质量问题。

【相关知识】

一、液态乳的概念及种类

液态乳就是将液态的原料乳，经过不同的热处理巴氏杀菌或灭菌，包装后即可销售的一种液态乳产品。

（一）按产品营养成分分类

通过加工工艺或者添加不同营养强化成分，可以改变牛乳中的营养配比，得到不同营养组成的产品。

1. 纯牛乳　以生鲜牛乳为原料，不添加任何其他原料和添加剂，通过均质、杀菌而制成的产品称为纯牛乳。纯牛乳保持了牛乳固有的营养成分，各项指标符合国家标准关于巴氏消毒牛乳或灭菌乳的规定。纯牛乳根据脂肪的含量又可以分为全脂牛乳、中脂牛乳、低脂牛乳和脱脂牛乳。

2. 营养强化乳　在新鲜牛乳中添加各种维生素、微量元素、BHA等对人体健康有益的营养物质制成的，以增加牛乳的营养成分为目的的液体产品称为营养强化乳。这类产品从风味和外观上与普通杀菌牛乳没有太大区别。

3. 调制乳　以生鲜牛乳为主要原料，同时添加其他的调味成分如巧克力、咖啡、各种果汁及食用香精等原料制成的产品称为调制乳，调制乳从风味和外观上与普通牛乳有较大差别。这类产品的牛乳含量在 80％以上。

4. 含乳饮料　在乳中添加水和其他调味成分而制成的含乳量为 30％～80％的产品称为含乳饮料。根据我国目前的国家标准，含乳饮料中乳蛋白质的含量应在 1.0g/100mL 以上。

5. 复原乳（再制乳）　指以全脂乳粉、浓缩乳、脱脂乳粉和无水奶油等为原料经混合溶解后，制成与牛乳成分相同的饮用乳，它又分为下列 3 类：

（1）以全脂乳粉或全脂浓缩乳为原料，加水复原而成的制品。

（2）以脱脂乳粉和无水奶油等为原料，加水而成的乳制品。其成分与牛乳几乎没有差别，只是风味会受到影响，可能有加热味和乳粉味。

（3）用生鲜牛乳与复原乳或再制乳以某种比例相互混合而成的混合物。

（二）按杀菌强度分类

液态乳加工过程中最主要的工艺是热处理，根据在生产过程中采用的热处理方式，液态乳分为巴氏杀菌乳、灭菌乳、ESL 乳（延长货架期的巴氏杀菌乳）三大类。

1. 巴氏杀菌乳　巴氏杀菌乳是指通过热处理来降低乳中的致病微生物和可能危害人体健康的病原菌的乳。生产工艺过程中，巴氏杀菌乳中可能会残留部分乳酸菌、酵母菌和霉菌等非致病菌，一般以引起产品的物理、化学和感官变化最小为原则。

巴氏杀菌乳加工的方法主要包括低温长时间杀菌（LTLT）乳和高温短时间杀菌（HTST）乳。

（1）低温长时间杀菌乳也称保温杀菌乳。牛乳经 62～65℃ 30min 保温杀菌。在这种温度下，乳中的病原菌，尤其是耐热性较强的结核菌都被杀死。

（2）高温短时间杀菌乳通常采用 72～75℃ 15s 杀菌，或采用 75～85℃ 15～20s 杀菌。由于受热时间短，热变性现象很少，此乳的风味有浓厚感，无蒸煮味。

2. 灭菌乳　灭菌乳是指通过足够的热处理，使乳中几乎所有的微生物和耐热酶类失去活力，这种热处理方式通常需经过 100℃以上的温度处理，经热处理的残存微生物不可能在贮存期间繁殖，保证不造成产品腐败。

灭菌乳包括超高温灭菌（UHT）乳和保持灭菌乳。

（1）超高温灭菌乳是在连续流动的状态下，加热到至少 132℃并保持很短时间的灭菌，一般是保持 0.5～4s。由于耐热性细菌都被杀死，故保存性明显提高。如果原料乳质量不良（如酸度高、盐类不平衡），则易形成软凝块和杀菌器内挂乳石等，初始菌数尤其是芽孢数过高则残留菌的可能性增加，故原料乳的质量必须充分注意。由于杀菌时间很短，故此乳的风味、性状和营养价值等与普通杀菌乳相比无差异。

（2）保持灭菌乳是指以牛、羊乳为原料，添加或不添加复原乳，经或不经预热处理，在灌装并密封之后经灭菌等工序制成的液体产品。通常保持灭菌乳经灌装后灭菌，保持灭菌乳和包装一起被加热到116℃，保持 20min。此种乳常温存放即可，但其营养价值破坏严重。

3. ESL 乳　ESL 乳即延长货架期的巴氏杀菌乳，物料经高于巴氏杀菌受热强度的杀菌处理，经非无菌状态下灌装所得产品。通常采用的温度时间组合为 125～138℃ 2～4s。

若要生产高质量液态乳制品，除了需要优质的原料外，还必须保证合理的工艺流程设计和处理适当的加工，使牛乳中含有的营养物——蛋白质、脂肪、乳糖、无机盐和维生素不受损坏。上述任何物质受到损坏，都会降低产品的营养价值。

二、液态乳的营养价值

液态乳具有很高的营养价值，每100g牛乳含水87g、蛋白质3.3g、脂肪4g、糖类5g、钙120mg、磷93mg、铁0.2mg、烟酸0.2mg。此外，液态乳还含有丰富的维生素，容易消化吸收，物美价廉，食用方便，是"最接近完美的食品"，人称"白色血液"，是最理想的天然食品。

【任务实施】

任务一　巴氏杀菌乳的加工

巴氏杀菌乳是以牛、羊乳为原料，采用较低温度杀灭其致病微生物而制成的液态产品，包括全脂巴氏杀菌乳、部分脱脂巴氏杀菌乳和脱脂巴氏杀菌乳。巴氏杀菌乳可最大限度地保持乳中的营养成分，但其保质期短，且需冷链贮存。

一、工艺流程

巴氏杀菌是指杀死引起人类疾病的所有微生物及最大限度破坏腐败菌和乳中酶，以确保食用者的安全的一种加热方法。巴氏杀菌乳的工艺流程如下：

原料乳的验收 ⟶ 过滤、净化 ⟶ 标准化 ⟶ 均质 ⟶ 巴氏杀菌 ⟶ 冷却 ⟶ 灌装 ⟶ 检验 ⟶ 冷藏

巴氏杀菌乳生产线如图3-1所示。

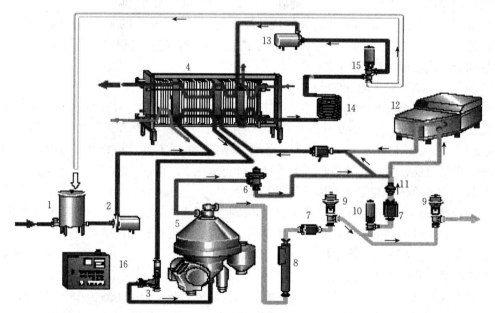

图3-1　巴氏杀菌乳生产线

1.平衡槽　2.进料泵　3.流量控制器　4.板式换热器　5.分离机　6.稳压阀　7.流量传感器　8.密度传感器
9.调节阀　10.截止阀　11.检查阀　12.均质机　13.增压泵　14.保温管　15.转向阀　16.控制盘

二、操作要点

（一）原料乳的验收

巴氏杀菌乳的质量决定于原料乳，因此，对原料乳的质量必须严格管理，认真检验。只有符合标准的原料乳才能生产巴氏杀菌乳。

（二）过滤、净化

过滤、净化的目的是除去乳中的尘埃、杂质。

（三）标准化

标准化的目的是保证乳中含有规定的最低限度的脂肪。各国牛乳标准化的要求有所不同。一般来说，低脂乳含脂率为 0.5%，普通乳为 3.1%。因此，在乳品厂中牛乳标准化要求非常精确，若产品中含脂率过高，乳品厂就浪费了高成本的脂肪，而含脂率太低又等于欺骗消费者。因此，每天分析含脂率是乳品厂的重要工作。

我国规定巴氏杀菌乳的含脂率为 3.1%，凡不合乎标准的乳都必须进行标准化。

（四）均质

均质的目的是为了防止脂肪上浮分离，改善人体对牛乳的消化、吸收程度。可以全部均质，也可以部分均质。许多乳品厂仅部分均质，这主要是因为部分均质只需一台小型均质机，这从经济和操作方面来看都有利。牛乳全部均质后，通常不发生脂肪球絮凝现象，脂肪球相互之间完全分离。相反地，将稀奶油部分均质，如果含脂率过高，就有可能发生脂肪球絮凝现象。因此，在部分均质时，稀奶油的含脂率不应超过 12%。

如果均质温度太低，也有可能发生脂肪球絮凝现象。因此，均质温度不能低于 50℃。通常进行均质的温度为 65℃，均质压力为 10~20MPa。

均质后的脂肪球，大部分直径在 1.0μm 以下。均质的效果可以用显微镜、离心、静置等方法来检查，通常用显微镜检查比较简便。

（五）巴氏杀菌

1. 巴氏杀菌的意义　鲜乳处理过程中往往受许多微生物的污染（其中 80% 为乳酸菌），因此，当利用牛乳生产消毒牛乳和各种乳制品时，为了提高乳在贮存和运输中的稳定性，避免酸败，防止微生物传播造成危害，最简单而且效果最好的方法就是利用加热进行杀菌处理。但是杀菌不仅影响乳的质量，而且影响乳的风味和色泽。

2. 巴氏杀菌的条件　巴氏杀菌的温度和持续时间是关系到牛乳的质量和保存期等的重要因素，必须准确。加热杀菌的形式很多，一般牛乳高温短时巴氏杀菌的温度通常为 75℃，持续 15~20s；或 80~85℃，持续 10~15s。如果巴氏杀菌太强烈，那么该牛乳就有蒸煮味和焦糊味，稀奶油也会产生结块或聚合。

均质破坏了脂肪球膜并暴露出脂肪，与未加热的脱脂乳（含有活性的脂肪酶）重新混合后缺少防止脂肪酶侵袭的保护膜，因此混合物必须立即进行巴氏杀菌。

（六）冷却

乳经杀菌后，就巴氏杀菌乳、非无菌灌装产品来讲，虽然绝大部分或全部微生物都已消灭，但是在以后各项操作中它们还是有被污染的可能，为了抑制牛乳中细菌的发育、延长保存性，牛乳仍需及时进行冷却，通常将乳冷却至4℃左右。灭菌乳则冷却至20℃以下。

（七）灌装

1. 灌装的目的　灌装的目的主要为便于零售、防止外界杂质混入成品中、防止微生物再污染、保存风味、防止乳吸收外界气味而产生异味以及防止维生素等成分受损失。

2. 灌装容器　灌装容器主要为玻璃瓶包装、塑料瓶包装和涂塑复合纸袋包装。

（1）玻璃瓶包装。可以循环多次使用，破损率可以控制在0.3%左右。玻璃瓶与牛乳接触不起化学反应，无毒，光洁度高，又易于清洗。其缺点为质量大，运输成本高，易受日光照射产生不良气味，造成乳的营养成分损失。回收的空瓶微生物污染严重，一般玻璃奶瓶的容积与内壁表面之比为乳桶的4倍，乳槽车的40倍，这就意味着玻璃奶瓶带来的污染可能大大增加，给清洗消毒工作增大了难度。

（2）塑料瓶包装。多用聚乙烯或聚丙烯制成。优点：质量轻，可降低运输成本；破损率低，循环使用可达400～500次；能耐碱液和次氯酸的处理；聚丙烯具有刚性，除了能耐酸碱外，还能耐150℃的高温。缺点：旧瓶表面容易磨损，污染程度大，不易清洗和消毒；在较高的室温下，数小时后即产生异味，影响乳的质量和合格率。

（3）涂塑复合纸袋包装。容器的优点：容器质量轻，容积也小，可降低送奶运费；不透光线，不易造成营养成分损失，产生温度变化较缓慢；不用回收容器，减少污染。缺点：影响质量和合格率；一次性消耗，成本较高。

（八）检验

根据GB 19645—2010《食品安全国家标准　巴氏杀菌乳》要求进行检验。

巴氏杀菌乳的感官指标见表3-1。

表3-1　巴氏杀菌乳的感官指标

项目	感官特性
色泽	呈乳白色或微黄色
滋味、气味	具有乳固有的香味，无异味
组织状态	呈均匀一致的液体，无凝块、无沉淀，无正常视力可见异物

巴氏杀菌乳的理化指标见表3-2。

表3-2　巴氏杀菌乳的理化指标

项目	指标
脂肪/(g/100g)	≥3.1
蛋白质/(g/100g)	

（续）

项目	指标
牛乳	≥2.9
羊乳	≥2.8
非脂乳固体/（g/100g）	≥8.1
酸度/°T	
牛乳	12～18
羊乳	6～13

巴氏杀菌乳的卫生标准见表3-3。

巴氏杀菌乳的微生物限量见表3-3。

表3-3　巴氏杀菌乳的微生物限量

项目	采样方案* 及限量（若非特定，均以 CFU/g 或 CFU/mL 表示）			
	n	c	m	M
菌落总数	5	2	50 000	100 000
大肠菌群	5	2	1	5
金黄色葡萄球菌	5	0	0/25 g（mL）	—
沙门氏菌	5	0	0/25 g（mL）	—

注：① 三级采样方案设有 n、c、m 和 M 值。

n：同一批次产品应采集的样品件数。

c：最大可允许超出 m 值的样品数。

m：微生物指标可接受水平的限量值。

M：微生物指标的最高安全限量值。

② 二级采样方案——n 个样品中允许有小于或等于 c 个样品，其相应微生物指标检验值大于 m 值。

③ 三级采样方案——n 个样品中允许全部样品中相应微生物指标检验值小于或等于 m 值；允许有小于或等于 c 个样品，其相应微生物指标检验值在 m 值和 M 值之间；不允许有样品相应微生物指标检验值大于 M 值。

（九）冷藏

经检验合格的巴氏杀菌乳需冷藏保存。

学习资源（视频）

1. 玻璃瓶产品的生产工艺　2. 玻璃瓶产品的原料罐装　3. 玻璃瓶产品的封盖　4. 屋顶盒产品生产工艺

任务二 ESL 乳的加工

一、概念

ESL 乳延长了产品的保质期,采用比巴氏杀菌更高的杀菌温度(即超巴氏杀菌),并且尽最大的可能避免产品在加工、包装和分销过程的再污染。其保质期为 7~40d,甚至更长。

二、特点

(1)需要较高的生产卫生条件和优良的冷链分销系统(一般冷链温度越低,产品保质期越长,但最高不得超过 7℃)。

(2)典型的超巴氏杀菌条件为 125~130℃ 2~4s。但无论超巴氏杀菌强度有多高,生产的卫生条件有多好,"较长保质期"乳本质上仍然是巴氏杀菌乳。

(3)与超高温灭菌乳有根本的区别。首先,超巴氏杀菌产品并非无菌灌装;其次,超巴氏杀菌产品不能在常温下贮存和分销;第三,超巴氏杀菌产品不是商业无菌产品。

三、生产方法

ESL 乳的生产方法有以下两种:

(一)板式热交换器法

基于间接加热,这其中包含不同温度与时间的组合,温度一般为 115~130℃,如果在 120℃左右,该产品只需经受 1s 或更短时间的快速处理。

近年来,APV 和 ELOPAK 公司联合成功开发了 Pure-Lac 系统,该系统不仅有热处理,同时也包括生产中的每一关键步骤——原材料的验收、生产加工、包装和贮存。该工艺是一种基于蒸汽注入工艺,它精确变化时间、温度之间的关系,可控制在 0.2s 之内。这在达到延长保存期目的的同时,也最低程度地减少了热处理对牛乳的破坏。牛乳通过在注入室内自由降落时直接与蒸汽接触完成加热处理,避免了与"硬件"接触导致产生不良风味的可能性。

(二)浓缩和杀菌相结合的方法

把牛乳中的微生物浓缩到一小部分,这部分富集微生物的乳再受较高的热处理,杀死可形成内生孢子的微生物如蜡状芽孢杆菌,之后再在常规杀菌之前,将其与其余的乳混匀,之后一并再进行巴氏杀菌,钝化其余部分带入的微生物,该工艺包括采用重力或离心分离超滤和微滤,目前已有商业应用。利乐公司的 Alfa-Laval Bactocatch 设备,将离心与微滤结合,其工艺流程如下:

原料乳的验收 → 预处理 → 标准化 → 预热 → 均质 → 杀菌 → 冷却 → 灌装 → 检验 → 冷藏

通过在达到同样的微生物处理效果的同时，由于只是部分乳经受较高温度处理，其余乳（主体）仍维持在巴氏杀菌的水平，这样得到的产品口感、营养都更加完美，保质期又可适当地延长。

学习资源（视频）

　　1. 百利包更换包材　　　2. 百利包灌装　　　3. 百利包后包装

　　4. 百利包装箱封箱　　　5. 板式杀菌机

任务三　灭菌乳的加工

一、灭菌乳的概念及分类

（一）超高温灭菌乳（UHT）

以生牛（羊）乳为原料，添加或不添加复原乳，在连续流动的状态下，加热到至少132℃并保持很短时间的灭菌，再经无菌灌装等工序制成的液体产品。

（二）保持灭菌乳

以生牛（羊）乳为原料，添加或不添加复原乳，无论是否经过预热处理，在灌装并密封之后经灭菌等工序制成的液体产品。

二、工艺流程

原料乳验收 → 过滤、净化 → 标准化 → 均质 → UHT灭菌 → 冷却 → 无菌灌装 → 检验

三、操作要点

（一）原料乳验收

用于灭菌的牛乳必须是高质量的，即牛乳中的蛋白质能经得起剧烈的热处理而不变性。为了适应超高温处理，牛乳必须至少在75％的酒精浓度中保持稳定，剔除由于下列原因而

不适宜于超高温处理的牛乳：①酸度偏高的牛乳；②盐类平衡不适当的牛乳；③含有过多的乳清蛋白（白蛋白、球蛋白等）的牛乳，即初乳。

另外，牛乳的细菌数量，特别是对热有很强抵抗力的芽孢数目应该很低。

（二）过滤、净化、标准化、均质

原料乳过滤、净化、标准化、均质方法及要求同其他乳制品。

（三）UHT 灭菌

各种类型的 UHT 灭菌加热系统，如表 3-4 所示。这些加热系统所用的加热介质为蒸汽或热水。从经济角度考虑，蒸汽或热水是通过天然气、油或煤加热获得的，只在极少数情况下使用电加热锅炉。因电加热的热效率仅为 30%，而采取其他形式加热，锅炉的热转化率为 70%～80%。

表 3-4　各种类型的 UHT 灭菌加热系统

	直接加热	直接喷射式（蒸汽喷入牛乳）加热
		直接混注式（牛乳喷入蒸汽）加热
蒸汽或热水加热		板式加热
	间接加热	管式加热（中心管式和壳管式）
		刮板式加热

如上所述，使用蒸汽或热水为加热介质的灭菌器可进一步被分为两大类，即直接加热系统和间接加热系统。直接加热系统与间接加热系统的比较如下：

（1）直接加热系统与间接加热系统最明显的不同之处就是前者加热及冷却的速度较快，也就是说 UHT 灭菌更容易通过直接加热系统来实现。

（2）直接加热系统主要的优势在于它能加工黏度高的产品，尤其是对那些不能通过板式交换器进行良好加工的产品来说，它不容易结垢。

（3）直接加热系统工艺上的缺点是需要在灭菌后均质。无菌均质机除成本高之外，还要小心维护，尤其是要更换柱塞密封，以避免其被微生物污染。

（4）直接加热系统的结构相对较复杂。

（5）直接加热系统的运转成本相对较高，其整个系统的操作成本是同等处理能力的间接加热系统的 2 倍。因为直接加热系统的热回收率只能达到 50%～54%。间接加热系统可获得 90%或更高的热回收率，且热能成本也较低，但产品在系统中的受热时间较长。另外，直接加热系统的水耗成本和电耗成本都要比间接系统高得多。因此，近年来随着工业国家能源和水资源成本的增加，间接系统的使用比直接系统要更普遍。

UHT 灭菌系统的工作过程是：约 4℃ 的牛乳由贮存缸泵送至 UHT 灭菌系统的平衡槽，由此经供料泵，送至板式热交换器的热回收段。在此段中，产品被已经 UHT 处理过的乳，加热至约 75℃，同时，UHT 乳被冷却。预热后的产品随即在 18～25MPa 的压力下均质。

典型 UHT 灭菌乳的工艺流程见图 3-2。预热均质的产品继续到板式热交换器的加热段被加热至 137℃，加热介质为一封闭的热水循环，通过蒸汽喷射阀，将蒸汽喷入循环水中控制温度。加热后，产品流经保温管，在保温管中，保证保温时间为 4s。目前，保温管是根据长度划分的，而企业常用的保温管有 3～4s 管、15s 管、30s 管，即产品通过保温管的时间，也就是杀菌时间。

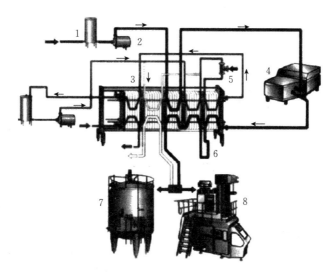

图 3-2　典型 UHT 灭菌乳的工艺流程

1. 平衡槽　2. 离心泵　3. 预热段、加热段、热回收段　4. 均质机
5. 保温管　6. 蒸汽喷射阀　7. 无菌罐　8. 灌装机

（四）冷却

灭菌后产品离开保温管后，乳进入无菌冷却段，冷却分为两个阶段，首先灭菌乳被水冷却，从 137℃降温至 76℃，随后与进入系统的 5℃的乳进行换热，冷却至 20℃。冷却后的产品直接连续流至无菌包装机或流至一个无菌缸作中间贮存。

（五）无菌灌装

1. 概述　灭菌乳不含细菌，包装时应严加保护，使其不再被细菌污染，这种包装方法称为无菌包装。无菌包装的重点是达到三无菌状态——原料无菌、包装容器无菌、生产设备无菌。无菌包装的要求如下：

（1）包装容器和封合的方法必须适于无菌灌装，并且封合后的容器在贮存和分销期间必须能阻挡微生物透过，同时包装容器应具有阻止产品发生化学变化的特性。

（2）容器与产品接触的表面在灌装前必须经过灭菌，灭菌的效果与灭菌前容器表面的污染程度有关的。

（3）在灌装过程中，产品不能受到来自任何设备表面或周围环境的污染。

（4）若采用盖子封合，封合前必须立即灭菌。

（5）封合必须在无菌区域内进行，以防止微生物污染。

综合以上各点，无菌包装过程可以用图 3-3 来表示。

2. 包装容器的灭菌方法　包装容器的灭菌方法包括以下几种：

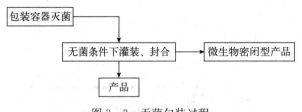

图 3-3 无菌包装过程

（1）饱和蒸汽灭菌。饱和蒸汽灭菌是一种比较可靠、安全的灭菌方法。这种灭菌方法是在压力室中进行的，容器通过适当的阀门进入和离开压力室，同时为了防止空气沉积于压力室内影响传热，必须及时去除压力室内由容器带入的空气。蒸汽灭菌后形成的冷凝水会残留于容器内并稀释产品。早期的罐装和瓶装无菌包装采用的是饱和蒸汽灭菌，自 20 世纪 80 年代开始，聚丙乙烯成形瓶开始采用加压饱和蒸汽灭菌。

（2）过氧化氢（H_2O_2）灭菌。过氧化氢的杀菌（包括芽孢）效力已广为人知。现在人们多用过氧化氢与热处理相结合的灭菌方法。过氧化氢的灭菌效率随温度和过氧化氢的浓度的增高而增大。残存枯草芽孢杆菌的对数值随时间呈直线下降。

目前，过氧化氢灭菌系统是将过氧化氢加热到一定温度，然后对包装盒或包装材料进行灭菌。这种灭菌方法一般在过氧化氢槽内进行，是将过氧化氢均匀地涂布或喷洒于包装材料表面，然后通过电加热器或辐射或热空气加热蒸发过氧化氢，从而完成杀菌过程。这种灭菌的过氧化氢中一般要加入表面活性剂以降低聚乙烯的表面张力，使过氧化氢均匀地分布于包装材料表面上。真正的灭菌过程是在过氧化氢加热和蒸发的过程中进行的。由于水的沸点低于过氧化氢的沸点，因此灭菌是在高温、高浓度的过氧化氢中，在很短时间内完成的。在实际生产中，过氧化氢的喷洒浓度一般为 30%～35%。

（3）紫外线辐射灭菌。紫外线辐射灭菌的原理是细菌细胞中的 DNA 直接吸收紫外线而被杀死。最适合致死微生物的紫外线波长是 250nm。

（4）过氧化氢与紫外线联合灭菌。加热过氧化氢不仅能提高反应速度，还能促进过氧化氢的分解，从而提高灭菌效率。紫外线辐射可以促进过氧化氢的分解。经研究发现：在加热和不加热情况下，过氧化氢结合紫外线辐射后的灭菌效率比它们各自单独使用的灭菌效率之和大很多。当过氧化氢的浓度为 0.5%～5% 时，灭菌效率是最佳的，较高浓度的过氧化氢使芽孢出现保护效应，从而导致残留微生物增多。另外，为得到最佳的灭菌效果，较高强度的紫外线辐射需要较高浓度的过氧化氢。目前，这种过氧化氢与紫外线辐射相结合的灭菌方式已被应用于无菌灌装的纸盒灭菌过程中。

3. 无菌灌装系统的类型 无菌包装系统形式多样，但主要是包装容器形状的不同、包装材料的不同和灌装前是否预成形等。以下主要介绍无菌纸包装系统、吹塑瓶无菌包装系统。

（1）无菌纸包装系统。该系统广泛应用于液态乳制品、植物蛋白饮料、果汁饮料、酒类产品以及水等的加工。无菌纸包装系统主要分为两种，即纸卷成形包装系统和预成形纸包装系统。

①纸卷成形包装系统。纸卷成形包装系统是目前使用最广泛的包装系统。包装材料由纸卷连续供给包装机，经过一系列成形过程进行灌装、封合和切割。纸卷成形包装系统主要分

为两大类，即敞开式无菌包装系统和封闭式无菌包装系统。

A. 敞开式无菌包装系统：敞开式无菌包装系统的包装容量有 200mL、250mL、500mL 和 1 000mL 等，包装速度一般为 3 600 包/h 和 4 500 包/h 两种。

B. 封闭式无菌包装系统：封闭式无菌包装系统最大的改进之处在于建立了无菌室，包装纸的灭菌是在无菌室内的双氧水浴槽内进行的，并且不需要润滑剂，从而提高了无菌操作的安全性。这种系统的另一改进之处是增加了自动接纸装置，并且包装速度有了进一步的提高。封闭式包装系统的包装容积范围较广，为 100～1 500mL，包装速度最低为 5 000 包/h，最高为 18 000 包/h。

② 预成形纸包装系统。预成形纸包装系统目前在市场上也占有一定的比例，但其份额较少。这种系统的纸盒是经预先纵封的，每个纸盒上压有折叠线。运输时，纸盒平展叠放在箱子里，可直接装入包装机。若进行无菌运输操作，封合前要不断地向盒内喷入乙烯气体以进行预杀菌。

预成形无菌灌装机的第一功能区域是对包装盒内表面进行灭菌。灭菌时，首先向包装盒内喷洒双氧水膜。喷洒双氧水膜的方法有两种：一种是直接喷洒双氧水，这时包装盒静止于喷头之下；另一种是向包装盒内喷入双氧水蒸汽和热空气，双氧水蒸汽冷凝于内表面上。

（2）吹塑瓶无菌包装系统。吹塑瓶作为玻璃瓶的替代品，具有成本低、瓶壁薄、传热速度快、可避免热胀冷缩的不利影响等优点。从经济和易于成形的角度考虑，聚乙烯和聚丙烯广泛用于液态乳制品的包装中。但这种材料避光、隔绝氧气能力差，会给长货架期的液态乳制品带来氧化问题，因此通过在材料中加入色素的方法来避免这一缺陷，但此举不为消费者所接受。随着材料和吹塑技术的发展，采用多层复合材料制瓶，虽然其成本较高，但其具有良好的避光性和阻氧性。使用这种包装可大大改善长货架期产品的保存性。目前市场上广泛使用的聚酯瓶就是采用了这种材料的包装。绝大部分聚酯瓶均用于保持灭菌包装而非无菌包装。

采用吹塑瓶的无菌灌装系统有以下 3 种类型：①包装瓶灭菌——无菌条件下灌装、封合；②无菌吹塑——无菌条件下灌装、封合；③无菌吹塑的同时进行灌装、封合。

学习资源（视频）

1. 利乐枕灌装　　2. 利乐枕包材更换　　3. 利乐枕密封性检查　　4. 管式杀菌机

任务四　含乳饮料的加工

一、含乳饮料概念

含乳饮料是指以乳或乳制品作为原料，加入水及适量的辅料经配制或发酵而成的饮料制品。

二、含乳饮料的分类

(一) 配制型含乳饮料

以乳和乳制品为原料,加入水,以及白砂糖、甜味剂、酸味剂、果汁、茶、咖啡、植物提取液等的一种或几种调制而成的饮料,称为配制型含乳饮料。

(二) 发酵型含乳饮料

以乳和乳制品为原料,经乳酸菌等有益菌培养发酵制得的乳液中加入水,以及白砂糖、甜味剂、酸味剂、果汁、茶、咖啡、植物提取液等的一种或几种调制而成的饮料,称为发酵型含乳饮料,如乳酸菌饮料。根据其是否经过杀菌处理分为杀菌(非活菌)型和未杀菌(活菌)型。

发酵型含乳饮料还可以称为酸乳饮料或酸乳饮品。

(三) 乳酸菌饮料

以乳或乳制品为原料,经乳酸菌发酵制得的乳液中加入水,以及白砂糖和甜味剂、酸味剂、果汁、茶、咖啡、植物提取液等一种或几种调制而制成的饮料,称为乳酸菌饮料。根据其是否经过杀菌处理,分为杀菌(非活菌)型和未杀菌(活菌)型。

三、质量要求

(一) 感官指标

含乳饮料的感官指标见表3-5。

表3-5 含乳饮料的感官指标

项目	要求
滋味和气味	特有的乳香滋味和气味,或具有与加入辅料相符的滋味和气味,发酵产品具有特有的发酵芳香滋味和气味;无异味
色泽	均匀乳白色或乳黄色,或带有添加辅料的相应色泽
组织状态	均匀细腻的乳浊液,无分层现象,允许有少量沉淀,无正常视力可见的外来杂质

(二) 理化指标

含乳饮料的理化指标见表3-6。

表3-6 含乳饮料的理化指标

项目		配制型含乳饮料	发酵型含乳饮料	乳酸菌饮料
蛋白质/ (g/100g)	≥	1.0	1.0	0.7
苯甲酸/ (g/100g)	≤	—	0.03	0.03

（三）卫生指标

含乳饮料的微生物指标见表3-7。

表3-7 含乳饮料的微生物指标

检验时期	未杀菌（活菌）型发酵型含乳饮料	未杀菌（活菌）型乳酸菌含乳饮料
出厂期	$\geqslant 1\times 10^6 CFU/mL$	
销售期（MPN/100mL）	按产品标签标注的乳酸菌活菌数执行	

四、配制型含乳饮料的加工

（一）工艺流程

原料乳验收或还原 → 预热杀菌 → 原料糖的处理 → 可可粉的预处理 → 加稳定剂、香精与色素 →

灭菌 → 冷却 → 成品包装

（二）工艺要点

1. 原料乳验收或还原 原料乳符合标准后才能用于风味乳饮料的生产，若采用乳粉还原来生产风味乳饮料，牛乳也必须符合标准后方可使用，同时还应采用合适的设备来进行乳粉的还原。国内一般采用全脂乳粉来生产风味乳饮料。

若是乳粉需要还原，首先将水加热到50～60℃，然后通过乳粉还原设备进行乳粉的还原，待乳粉完全溶解后，使罐内的搅拌器停止搅拌，让乳粉在50～60℃温度下的水中保持20～30min。

2. 预热杀菌 待原料乳检验完毕或乳粉还原后，进行预热杀菌，杀菌条件为80～85℃，时间10～15s，同时将乳液冷却至4℃。

3. 原料糖的处理 为保证最终产品的质量，应先将糖溶解于热水中，然后煮沸15～20min，再经过滤后加到原料乳中（产品配方设计中应考虑到糖处理时的加水量）。

4. 可可粉的预处理 由于可可粉中含有大量的芽孢，同时含有很多颗粒，因此为保证灭菌效果和改善产品的口感，可可粉必须先溶于热水中，制成可可浆，并经85～95℃ 20～30min热处理后，冷却，然后加入牛乳中。这是因为可可浆受热后，其中的芽孢菌因生长条件不利而变成芽孢，其冷却后，这些芽孢又因生长条件有利而变成营养细胞，这样在以后的灭菌工序中就很容易杀灭。

5. 加稳定剂、香精与色素 对风味乳饮料来说，若采用高质量的原料乳为原料，可不加稳定剂。但大多数情况下以及在采用乳粉还原乳时，必须使用稳定剂。稳定剂的溶解方法一般为：①在高速搅拌（2 500～3 000r/min）下，将稳定剂缓慢地加入冷水中溶解，或将稳定剂溶于80℃左右的热水中；②将稳定剂与其质量5～10倍的原料糖干混均匀，然后在正常的搅拌速度下加到80～90℃的热水中溶解；③将稳定剂在正常的搅拌速度下加到饱和糖溶液中（因为在正常的搅拌情况下它可均匀地分散于溶液中）。卡拉胶是悬浮可可粉颗粒的最佳稳定剂，这是因为一方面它能与牛乳蛋白相结合形成网状结构，另一方面它能形成水凝胶。

由于不同的香精对热的敏感程度不同，因此若采用二次灭菌，所使用的香精和色素应耐121℃的温度；若采用超高温灭菌，所使用的香精和色素应耐137～140℃的高温。将所有的原辅料加到配料缸中，低速搅拌15～25min，以保证所有的物料混合均匀，尤其是使稳定剂能均匀地分散于乳中。

6. 灭菌 灭菌通常采用137℃ 4s。对塑料瓶或其他包装的二次灭菌产品而言，常采用121℃ 15～20min的灭菌条件。但超高温灭菌的可可（或巧克力）风味含乳饮料的灭菌强度较一般风味含乳饮料要强，常采用139～142℃ 4s。

通常超高温灭菌系统中都有脱气和均质处理装置。脱气一般在均质前。均质可在灭菌前（顺流均质），也可在灭菌后（逆流均质）。一般来说，逆流均质产品的口感及稳定性较顺流均质要好，但操作比较麻烦，且操作不当易引起二次污染。脱气后含乳饮料的温度一般为70～75℃，此时再进行均质，通常采用两段均质工艺，压力分别为20MPa和5MPa。

7. 冷却 为保证加入的稳定剂如卡拉胶起到应有的作用，在灭菌后应迅速将产品冷却至25℃以下。

8. 成品包装 对成品进行包装。

（三）影响配制型含乳饮料质量的因素

1. 原料乳质量 高品质的风味乳饮料，必须使用高质量的原料乳，否则会出现许多质量问题。

（1）原料乳的蛋白稳定性差将直接影响到灭菌设备的运转情况和产品的保质期，使灭菌设备容易结垢，清洗次数增多，停机频繁，从而导致设备连续运转时间缩短、耗能增加及设备利用率降低。

（2）若原料中细菌总数高，其中的致病菌产生的毒素经灭菌后可能仍会有残留，从而影响到消费者的健康。

（3）若原料中的嗜冷菌数量过高，那么在贮藏过程中，这些细菌会产生非常耐热的酶类，灭菌后仍有少量残余酶类，从而导致产品在贮藏过程中组织状态方面发生变化。风味乳饮料所需原料乳的质量标准应符合GB 19301—2010。

2. 香精、色素质量 根据产品热处理情况的不同，分别选用不同的焦糖色素。对于超高温灭菌产品来说，若选用不耐高温的香精、色素，生产出来的产品风味很差，而且可能影响产品应有的颜色。

学习资源（视频）

1. 纸杯乳灌装

2. 纸杯乳的封盖

3. 纸杯乳后包装

【思与练】

1. 巴氏杀菌乳和灭菌乳有什么区别？
2. 什么是无菌包装，如何达到无菌状态？
3. 巴氏杀菌乳的工艺流程和操作要点是什么？
4. 调配型乳饮料的加工工艺流程和操作要点是什么？

酸 乳 加 工

【知识目标】

了解酸乳的概念与种类。

了解酸乳常用的菌种及其特性。

熟悉凝固型酸乳和搅拌型酸乳的加工工艺和参数。

掌握酸乳饮料的加工工艺和参数。

【技能目标】

学会发酵剂的制备与活化。

熟练进行酸乳的发酵操作及发酵终点的判断。

能在乳品实训室加工凝固型酸乳和搅拌型酸乳。

【相关知识】

一、酸乳的概念

根据国际乳品联合会（IDF）1992 年发布的标准，发酵乳是指乳或乳制品在特征菌的作用下发酵而成的酸性凝乳状产品。在保质期内该类产品中的特征菌必须大量存在，并能继续存活且具有活性。发酵乳包括酸乳、乳酸菌饮料、开菲尔乳、马奶酒、发酵酪乳、酸奶油和干酪等产品。

在所有的发酵乳中，酸乳是最具盛名的，也是最受欢迎的。联合国粮食与农业组织（FAO）、世界卫生组织（WHO）与国际乳品联合会（IDF）于 1977 年给酸乳做出如下定义：酸乳是指在添加（或不添加）乳粉（或脱脂乳粉）的乳（杀菌乳或浓缩乳）中，由于保加利亚乳杆菌和嗜热链球菌的作用进行乳酸发酵而制成的凝乳状产品，成品中必须含有大量的、相应的活性微生物。

酸乳中有益菌群能够维护肠道菌群平衡，从而形成生物屏障，抑制有害菌群生长。通过抑制腐生菌在肠道的生长，抑制了腐败所产生的毒素，使肝和大脑免受这些毒素的危害，防止衰老。通过产生大量的短链脂肪酸，促进肠道蠕动及菌体大量生长，改变渗透压而防止便秘。乳酸菌还可以产生一些增强免疫功能的物质，提高人体免疫力，预防疾病。

我国目前主要生产的酸乳分为两大类：凝固型酸乳和搅拌型酸乳。在此基础上，酸乳中还可添加果料、蔬菜或中草药等，制成风味型或营养保健型酸乳。

二、酸乳的分类

（一）按成品组织状态分类

1. 凝固型酸乳　凝固型酸乳是灌装后再发酵而成，发酵过程是在包装容器中进行的，因此成品呈凝乳状。目前市售大部分的瓶装酸乳、杯装老酸乳都属于这种类型。

2. 搅拌型酸乳　搅拌型酸乳是发酵后再灌装而成，发酵后的凝乳在灌装前和灌装过程中搅碎而成黏稠状组织状态。目前市售的八连杯装的如草莓酸乳、黑加仑酸乳、哈密瓜酸乳等都属于搅拌型酸乳。

凝固型酸乳与搅拌型酸乳在口味上略有差异，凝固型酸乳口味更酸些，但二者的营养价值没有区别。

（二）按成品风味分类

（1）天然纯酸乳。天然纯酸乳由原料乳加菌种发酵而成，不含任何辅料和添加剂。

（2）加糖酸乳。加糖酸乳由原料乳和糖加入菌种发酵而成。国内市场上酸乳多半都属于加糖酸乳。糖的添加量一般为 $6\%\sim7\%$。

（3）调味酸乳。调味酸乳是在天然酸乳或加糖酸乳中加入香料而成。

（4）果料酸乳。果料酸乳是由天然酸乳与糖、果料混合而成。

（5）复合型或营养型酸乳。这类酸乳通常在酸乳中强化不同的营养素（如维生素、食用纤维素等），或在酸乳中加入不同的辅料（如谷物、干果等）而成。这种酸乳在西方国家非常流行，人们常在早餐中食用。

（三）按原料中脂肪含量分类

根据原料中脂肪含量的高低分为全脂酸乳、部分脱脂酸乳和脱脂酸乳。据联合国粮食与农业组织、世界卫生组织规定，全脂酸乳的脂肪含量为 3.0% 以上，部分脱脂酸乳的脂肪含量为 $0.5\%\sim3.0\%$，脱脂酸乳的脂肪含量为 0.5% 以下。酸乳的非脂乳固体含量为 8.2%。

（四）按发酵后的加工工艺分类

（1）浓缩酸乳。浓缩酸乳是将普通酸乳中的部分乳清除去而得到的浓缩产品。因其除去乳清的方式与加工干酪的方式类似，故又称其为酸乳干酪。

（2）冷冻酸乳。冷冻酸乳是在酸乳中加入果料、增稠剂或乳化剂，然后进行凝冻处理而得到的产品。冷冻酸乳可分为软、硬和奶油冻状 3 种类型。这类产品综合了冰淇淋的质地、性状和酸乳的风味等特点。

（3）充气酸乳。充气酸乳是乳发酵后，在酸乳中加入稳定剂和起泡剂（通常是碳酸盐），经均质处理而成。这类产品通常是以充二氧化碳（CO_2）的酸乳饮料形式存在，增强了爽口性。

（4）酸乳粉。酸乳粉是将普通酸乳通过冷冻干燥法或喷雾干燥法将乳酸中约95％的水分除去而制成的粉。

（五）按菌种种类分类

菌种的选择对酸乳的质量起着重要作用，应根据生产目的不同选择适当的菌种。选择时以产品的主要技术特性，如产香味、产酸力、产生黏性物质及蛋白水解作为发酵剂菌种的选择依据。

（1）酸乳。酸乳通常指仅用保加利亚乳杆菌和嗜热链球菌发酵而成的一类产品。

（2）双歧杆菌酸乳。双歧杆菌酸乳中含有双歧杆菌，如法国的"Bio"，日本的"Mil－Mil"。

（3）嗜酸乳杆菌酸乳。嗜酸乳杆菌酸乳中含有嗜酸乳杆菌。

（4）干酪乳杆菌酸乳。干酪乳杆菌酸乳中含有干酪乳杆菌。

一般情况下，酸乳的制作很少使用单一菌种发酵，通常采用混合菌种发酵，即添加两种或两种以上的菌种，混合使用，使其相互产生共生作用。例如嗜热链球菌和保加利亚乳杆菌配合常用作发酵乳的发酵剂菌种。大量的研究证明，混合菌种使用的效果比单一菌种使用的效果要好。

【任务实施】

任务一　发酵剂的制备

一、发酵剂的种类

发酵剂（starter）是指生产发酵乳制品时所用的特定微生物培养物。发酵剂中的乳酸菌，可使牛乳中的乳糖转变成乳酸，乳的 pH 降低，产生凝固，形成风味；发酵剂中的明串珠菌、丁二酮链球菌等与风味有关的微生物能使乳中所含的柠檬酸分解生成丁二酮、羟丁酮、丁二醇等化合物和微量的挥发酸、酒精、乙醛等风味物质；发酵剂中的乳酸链球菌和乳脂链球菌中的个别菌株，能产生乳酸链球菌肽（nisin）和双球菌素（diplococcin），可防止杂菌和酪酸菌的污染。

通常用于乳酸菌发酵的发酵剂可按下列方式分类。

（一）根据发酵剂的生产阶段分类

（1）乳酸菌纯培养物。乳酸菌纯培养物是含有纯乳酸菌的用于生产母发酵剂的牛乳菌株发酵剂或粉末发酵剂，即一级菌种，一般由科研院所或专业院校生产。主要接种在脱脂乳、乳清、肉汤等培养基中使其繁殖，现多用升华法将其制成冷冻干燥粉末，或将其浓缩冷冻干燥以保存菌种，能较长时间保存并维持活力。

（2）母发酵剂。母发酵剂是指在无菌条件下扩大培养的用于制作生产发酵剂的乳酸菌纯培养物。即一级菌种的扩大再培养，是生产发酵剂的基础。母发酵剂的质量优劣直接关系到生产发酵剂的质量。

生产单位或使用者购买乳酸菌纯培养物后，用脱脂乳或其他培养基将其移植活化和扩大培养，活力达到发酵需要，并为生产发酵剂作基础。

（3）生产发酵剂。生产发酵剂又称工作发酵剂，是直接用于生产的发酵剂，即母发酵剂的扩大再培养，是用于发酵乳实际生产的发酵剂。应在密闭容器内或易于清洗的不锈钢缸内进行生产发酵剂的制备。

（二）根据菌种种类构成分类

（1）混合发酵剂。指含有两种或两种以上菌种的发酵剂，如保加利亚乳杆菌和嗜热链球菌按 1∶1 或 1∶2 比例混合的酸乳发酵剂。

（2）单一发酵剂。指只含有一种菌的发酵剂，生产时可以将各菌种混合。

（三）根据使用的形态分类

（1）液态发酵剂。液态发酵剂是以全脂乳、脱脂乳、酪乳、乳清等作为培养基的液状发酵剂。

（2）粉末状发酵剂。粉末状发酵剂是将液态发酵剂经低温干燥、喷雾干燥或冷冻干燥所获得的发酵剂。

二、发酵剂的作用及其选择

（一）发酵剂的主要作用

（1）乳酸菌发酵。乳酸菌发酵使牛乳中的乳糖转变成乳酸，pH 降低，产生凝固，形成酸味，防止杂菌污染，并为乳糖不耐受患者提供不含乳糖的乳制品。

（2）产生风味。明串珠菌、丁二酮链球菌等菌株能分解柠檬酸，生成丁二酮、丁二醇、乙醛、微量的挥发酸等风味物质，使酸乳具有典型的风味。

（3）产生细菌素。乳酸链球菌和乳油链球菌中的个别菌株，能产生乳酸链球菌素和乳油链球菌素等细菌素，可防止杂菌污染，抑制部分致病菌的生长。

（4）分解蛋白质和脂肪，使酸乳更容易消化吸收。

（二）发酵剂的选择

在实际生产过程中，应根据所产酸乳的品种、口味及消费者需求来选择合适的发酵剂。选择时以产品的主要技术特性，如产酸力、产香性、产黏性及蛋白质的水解性作为发酵剂菌种的选择依据。

（1）产酸力。不同的发酵剂，其产酸能力会有很大的不同。判断发酵剂产酸能力的方法有两种，即产酸曲线和测定酸度。同样条件下测得的发酵酸度随时间的变化关系曲线即产酸曲线。从曲线上就可以判断这几种发酵剂产酸能力的强弱。此外，还可通过测定酸度的方法判断是否发酵及菌种产酸能力。酸度检测实际上也是常用的活力测定方法，活力就是在规定时间内，发酵过程的酸生成率。

产酸能力强的发酵剂在发酵过程中容易导致产酸过度和后酸化过强。生产中一般选择产酸能力中等或弱的发酵剂，即 2% 接种量，在 42℃ 条件下发酵 3h 后，滴定酸度为 90～100°T。

后酸化是指酸乳酸度达到一定值，终止发酵，进入冷却和冷藏阶段后仍继续缓慢产酸。后酸化过程包括 3 个阶段：①冷却过程产酸，即从发酵终点（42℃）冷却到 19℃ 或 20℃ 时酸度的增加，产酸能力强的菌种，此过程产酸量较大，尤其在冷却速度比较缓慢时更为明显；②冷却后期产酸，即从 19℃ 或 20℃ 冷却至 10℃ 或 12℃ 时酸度的增加；③冷藏阶段产酸，即在 0～6℃ 冷库中酸度的增加。

应选择后酸化尽可能弱的发酵剂，以便于控制产品质量。

（2）产香性。优质酸乳必须具有良好的滋味、气味和芳香味，与酸乳特征风味相关的芳香物质主要有乙醛、双乙酰、丁二酮、丙酮和挥发酸等，因此选择能产生良好滋味、气味和芳香味的发酵剂很重要。产香性的评估方法包括：

① 感官评定。评估首选三角实验，即进行感官评定应考虑样品的温度、酸度和存放时间对品评的影响。品尝时样品温度应为常温，因低温对味觉有阻碍作用；酸度不能过高，酸度过高对口腔黏膜刺激过强；样品要新鲜，以生产后 24～48h 内的酸乳进行品评为佳，因为该阶段是滋味、气味和芳香味形成阶段。

② 测定挥发酸。通过测定挥发酸的量来判断芳香物质的生成量。挥发酸含量越高，意味着生成芳香物质的含量越高。

③测定乙醛。酸乳的典型风味是由乙醛（主要由保加利亚乳杆菌产生）形成的，不同菌株生成乙醛的能力不一样，因此乙醛产生能力是选择优良菌株的重要指标之一。

（3）产黏性。酸乳发酵过程中产生微量的黏性物质，有助于改善酸乳的组织状态和黏稠度，这对固形物含量低的酸乳尤为重要。但一般情况下，产黏性菌株通常对酸乳的其他特性如酸度、风味等有不良影响，其发酵产品风味都稍差些。因此在选择这类菌株时，最好和其他菌株混合使用。生产过程中，如正常使用的发酵剂突然产黏，可能是发酵剂变异所致，应引起注意。

（4）蛋白质的水解性。乳酸菌的蛋白水解活性一般较弱，如嗜热链球菌在乳中只表现很弱的蛋白水解活性，保加利亚乳杆菌则可表现较高的蛋白水解活性，能将蛋白质水解，产生大量的游离氨基酸和肽类。乳酸菌的蛋白质水解作用可能对发酵剂和酸乳产生一定的影响，如刺激嗜热链球菌的生长、促进酸的生成、增加了酸乳的可消化性，但也带来产品黏度下降、出现苦味等不利影响。所以若酸乳保质期短，蛋白质水解问题可不予考虑；若酸乳保质期长，应选择蛋白质水解能力弱的菌株。

影响发酵剂蛋白质水解活性的因素主要有：

① 温度。低温（如 3℃ 冷藏）蛋白质水解活性低，常温下蛋白水解活性增强。

② pH。不同的蛋白质水解酶具有不同的最适 pH。pH 过高，易积累蛋白质水解的中间产物，给产品带来苦味。

③ 菌种与菌株。嗜热链球菌和保加利亚乳杆菌的比例和数量会影响蛋白质的水解程度。不同菌株，其蛋白质水解活性有很大的不同。

④ 贮藏时间。贮藏时间长短对蛋白质水解作用有一定的影响。

三、发酵剂的制备

(一)液态发酵剂的制备

1. 菌种纯培养物的活化及保存　通常购买或取来的菌种纯培养物都装在试管或安瓿中，由于保存、寄送等影响，活力减弱，需进行多次接种活化，以恢复其活力，即在无菌操作条件下接种到灭菌的脱脂乳试管中多次传代、培养。

菌种若是粉剂，首先应用灭菌脱脂乳将其溶解，而后用灭菌铂耳或吸管吸取少量的液体接种于预先已灭菌的培养基中，置于恒温箱或培养箱中培养。待凝固后再取出 1%～3% 的培养物接种于灭菌培养基中，反复活化数次。待乳酸菌充分活化后，即可调制母发酵剂。以上操作均需在无菌室内进行。在正式应用于生产时，应按上述方法反复活化。

纯培养物维持活力保存时，需保存在 0～4℃ 冰箱中，每隔 1～2 周移植一次，但长期移植过程中，可能会有杂菌的污染，造成菌种退化或菌种老化、裂解。因此，还应进行不定期的纯化处理，以除去污染菌，提高活力。

2. 母发酵剂的制备　母发酵剂制备时将脱脂乳 100～300mL 装入三角瓶中，121℃ 15min 高压灭菌，并迅速冷却至发酵剂最适生长温度 40℃ 左右进行接种。接种时，取脱脂乳量 1%～3% 充分活化的菌种，接种于盛有灭菌脱脂乳的容器中，混匀后，放入恒温箱中进行培养。凝固后，再移入另外的灭菌脱脂乳中，如此反复接种 2～3 次，使乳酸菌保持一定活力，制成母发酵剂，然后将其用于制备生产发酵剂。

3. 工作发酵剂的制备　工作发酵剂室最好与生产车间隔离，要求有良好的卫生状况，最好有换气设备。每天要用 200mg/L 的次氯酸钠溶液喷雾，在操作前，操作人员要用 100～150mg/L 的次氯酸钠溶液洗手消毒。氯水由专人配制，并每天更换。

工作发酵剂制备可在小型发酵罐中进行，整个过程可全部自动化，并采用 CIP 清洗。其工艺流程如下：

原料乳→加热至 90℃，保持 30～60min→冷却至 42℃ (或菌种要求的温度)→接种母发酵剂 (接种 1%～3%)→发酵到酸度 0.8% 以上→冷却至 4℃→工作发酵剂。

为了不影响生产，工作发酵剂要提前制备，可在低温条件下短时间贮藏。工作发酵剂常用乳酸菌的发酵条件见表 4-1。

表 4-1　工作发酵剂常用乳酸菌的发酵条件

细菌名称	细菌形状	菌落形状	发育最适温度/℃	最适温度下凝乳时间/h	凝块性质	滋味	组织状态	适用的乳制品
乳酸链球菌	双球菌	光滑、微白、有光泽	30～35	12	均匀，稠密	微酸	针刺状	酸乳、酸稀奶油、牛乳酒、酸性奶油、干酪
乳油链球菌	链状	光滑、微白、有光泽	30	12～24	均匀，稠密	微酸	酸稀奶油状	酸乳、酸稀奶油、牛乳酒、酸性奶油、干酪

（续）

细菌名称	细菌形状	菌落形状	发育最适温度/℃	最适温度下凝乳时间/h	凝块性质	滋味	组织状态	适用的乳制品
嗜热链球菌	链状	光滑、微白、有光泽	37～42	12～24	均匀	微酸	酸稀奶油状	酸乳、干酪
嗜热性乳酸杆菌、保加利亚乳杆菌、干酪杆菌、嗜酸杆菌	长杆状，有时呈颗粒状	无色的小菌落，絮状	42～45	12	均匀，稠密	酸	针刺状	酸牛乳、马奶酒、干酪、乳酸菌制剂
双歧杆菌、两歧双歧杆菌、长双歧杆菌、婴儿双歧杆菌、短双歧杆菌	多形性杆菌，呈 Y、V 形弯曲状，勺状，棒状等	中心部稍突起，表面灰褐色或乳白色，稍粗糙	37	17～24	均匀	微酸，有醋酸味	酸稀奶油状	酸乳、乳酸菌制剂

（二）直投式酸乳发酵剂的制备

直投式酸乳发酵剂是指不需要经过活化、扩培而直接应用于生产的一类新型发酵剂。与传统发酵剂（普通液体发酵剂）相比，直投发酵剂活菌含量高（10^{10}～10^{12} CFU/g），菌种活力强，菌株比例适宜，保质期长，接种方便，能够直接、安全有效地进行发酵乳制品的生产，减少菌种退化和污染环节，大大提高劳动生产率和产品质量。

1. 直投式酸乳发酵剂制备的工艺流程

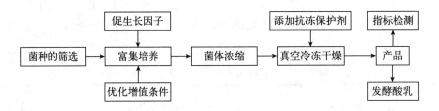

2. 直投式酸乳发酵剂制备的操作要点

（1）菌种的选择。乳酸菌发酵剂的传统构成菌是由嗜热链球菌、保加利亚乳杆菌组成的。为了改善风味，提高保健作用，也可以在传统菌株的基础上添加嗜酸乳杆菌、双歧杆菌、明串珠菌、丁二酮乳链球菌等，制成现代新型的酸乳制品。根据发酵乳菌种要求选择出最佳菌种组合，进一步进行菌种的大量富集培养。

（2）培养基及促生长因子的选择。以脱脂乳为基础的培养基，添加其他促生长因子或缓冲盐类等制成乳酸菌生长培养基。提供碳源能量的物质主要包括乳糖、麦芽糖、蔗糖、葡萄糖、乳清粉等；提供氮源的物质主要包括脱脂乳粉、酪蛋白水解物、乳清蛋白水解物、肝浸提物等；提供维生素和矿物质成分则常使用酵母粉和 B 族维生素等。此外，还可以添加一些还原剂，如维生素 C，也添加抑制噬菌体物质，如磷酸盐和柠檬酸盐类。

（3）菌体富集培养。

① 定 pH 培养法。使用间歇式或连续式发酵罐培养乳酸菌，不断调整 pH，使培养液 pH 维持在 5.5～6.0，延长培养时间，获得活菌数较高的培养液。但此方法对乳酸菌形态有一定影响，且不易进行离心浓集菌体细胞，所以实际生产上很少单独使用。

② 膜渗析法。此法是一种较先进的方法，该方法利用膜的选择性，将培养液与营养液进行成分交换，使培养液中的乳酸部分渗出，营养液中的有效成分渗入培养液中，维持乳酸菌细胞生长繁殖。该培养方法可以使培养液中乳酸菌细胞浓度达到 10^{11} CFU/g 以上，不需要离心浓缩。

③ 超滤法。是在一个能连续搅拌的发酵罐上连接一个超滤装置，进行乳酸菌培养时不断用超滤的方法移去代谢产物，在不用添加营养的情况下实现乳酸菌的长时间培养。该方法可以使乳酸菌的活菌数比传统培养法培养的活菌数高 9 倍以上。

（4）菌体细胞的分离浓缩。菌体细胞的分离浓缩主要有离心法和超滤法。在离心过程中，部分菌体因机械作用导致细胞死亡，部分菌体细胞残留在上清液中流失，所以离心工艺掌握不当，活菌收率降低，发酵剂活菌量下降。超滤法很少造成菌体细胞死亡和流失，但设备较昂贵，操作较复杂。

（5）真空冷冻干燥。常用真空冷冻干燥的方法处理菌种。对低温较敏感的菌体细胞（如保加利亚乳杆菌），要提高菌体细胞抗冻干能力，主要方法是在冻干处理时添加冻干保护剂（脱脂乳粉、海藻糖、甘油等），或在富集培养时使用强化剂（如吐温 80、油酸、钙离子等）。

四、发酵剂的质量控制

（一）发酵剂的质量要求

发酵剂是酸乳生产的关键，其质量要求比较严格，必须符合下列各项要求：

（1）凝块需有适当的硬度，均匀而细滑，富有弹性，组织均匀一致，表面无变色、产生气泡及乳清分离等现象。

（2）凝块全部粉碎后，质地均匀，细腻滑润，略带黏性，不含块状物。

（3）需具有良好的酸味和风味，不得有腐败味、苦味、饲料味和酵母味等异味。

（4）接种后，在规定的时间内产生凝固，无延长现象。活力（酸度、感官、挥发酸、滋味）测定合乎规定指标。

（二）发酵剂的质量检验

发酵剂质量的好坏直接影响成品的质量，故在使用前应对发酵剂进行质量检查和评定。

1. 感官检查　首先观察发酵剂的质地、组织状况、色泽及乳清分离等；其次用触觉或其他方法检查凝块的硬度、黏度及弹性等；最后品尝发酵剂的酸味是否过高或不足，有无苦味或异味等。良好的发酵剂应凝固均匀细腻，组织致密而富有弹性，乳清析出少，具有一定酸味和芳香味，无异味，无气泡，无变色现象。

2. 化学检查　化学检查的方面很多，最主要检查酸度和挥发酸。酸度一般用滴定酸度表示，以乳酸度 0.8%～1% 或 90～110°T 为宜。测定挥发酸时，取发酵剂 250g 于蒸馏瓶中，用硫酸调整 pH 至 2.0，用水蒸气蒸馏，收集最初的 1 000mL 用 0.1mol/L 氢氧化钠滴定。

3. 微生物检查 用常规方法测定总菌数和活菌数，必要时选择适当的培养基测定乳酸菌等特定的菌群。在生产中应对连续繁殖的母发酵剂进行定期污染检验，在透明的玻璃皿中看其在凝结后气体的条纹及其表面状况，作为判定污染与否的指标。如果气体条纹较大或表面有气体产生，要用镜检法判定污染情况，也可用平板培养法检测污染情况。平板培养基可用马铃薯葡萄糖琼脂来测定酵母和霉菌，也可用平皿计数琼脂检验污染情况。污染检验项目：用催化酶试验检验纯度，乳酸菌催化酶试验应呈阴性，阳性反应是污染所致；用阳性大肠菌群试验检测粪便污染情况；检查是否有污染酵母、霉菌，乳酸发酵剂中不允许出现酵母或霉菌；检查噬菌体的污染情况。

4. 发酵剂活力测定 发酵剂的活力是指该菌种的产酸能力，即产酸力，可利用乳酸菌的繁殖而产生酸度上升和色素还原等现象来评定。活力测定的方法，必须简单而迅速，可选择下列两种方法。

（1）酸度测定。在高压灭菌后的脱脂乳中加入 3％的发酵剂，置于 37～38℃的恒温箱中培养 3.5h，测定其酸度。酸度达 0.4％则表示活力较好，并以酸度的数值（0.4）来表示。

（2）刃天青还原试验。脱脂乳 9mL 中加入发酸剂 1mL 和 0.05％刃天青溶液 1mL，在 36.7℃的恒温箱中培养 35min 以上，若完全褪色则表示活力良好。

任务二　凝固型酸乳的加工

凝固型酸乳是灌装后再发酵而成的，发酵过程是在包装容器中进行的，因此成品呈凝乳状。

一、工艺流程

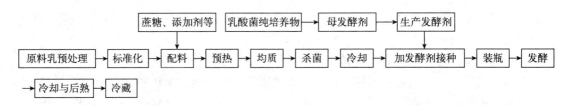

二、操作要点

（一）原料乳的选择

原料乳直接影响酸乳和所有发酵乳的质量，必须选用符合质量要求的新鲜乳、脱脂乳或再制乳为原料。用于制作发酵剂的乳和生产酸乳的原料乳必须是高质量的，要求酸度在 18°T 以下，杂菌数不高于 500 000CFU/mL，乳中全乳固体含量不低于 11.5％，抗菌物质检查应为阴性，因为乳酸菌对抗生素极为敏感，乳中微量的抗生素都会使乳酸菌不能生长繁殖。

（二）配料

为提高干物质含量，可添加脱脂乳粉，并可配入果料、蔬菜等营养风味辅料。某些国家允许添加少量的食品稳定剂，其加入量为 0.1%～0.3%。根据国家标准，酸乳中全乳固体含量应为 11.5%左右。蔗糖加入量为 5%。有试验表明，适当的蔗糖对菌株产酸是有益的，但蔗糖浓度过量，不仅抑制了乳酸菌产酸，而且增加生产成本。

（三）均质

原料经配料、预热后，要进行均质。均质可使原料充分混匀，有利于提高酸乳的稳定性和稠度，并使酸乳质地细腻，口感良好。均质前预热至 55℃左右可提高均质效果。均质压力为 20～25MPa。

（四）杀菌及冷却

均质后的物料在 90℃进行杀菌 30min，其目的包括：①杀灭原料乳中的病原菌及其他杂菌，确保乳酸菌的正常生长和繁殖；②钝化原料乳中对发酵菌有抑制作用的天然抑制物；③使牛乳中的乳清蛋白变性，以达到改善组织状态、提高黏稠度和防止成品乳清析出的目的。杀菌条件为 90～95℃，5min。杀菌后的物料应迅速冷却到 45℃左右，以便接种发酵剂。

（五）加发酵剂接种

将活化后的混合生产发酵剂充分搅拌，按菌种活力、发酵方法、生产时间安排和混合菌种配比等，将其以适当比例加入原料乳中。一般生产发酵剂，产酸活力在 0.7%～1.0%，此时接种量应为 3%～5%。加入的发酵剂应事先在无菌操作条件下搅拌成均匀细腻的状态，不应有大凝块，以免影响成品质量。

制作酸乳常用的发酵剂为保加利亚乳杆菌和嗜热链球菌的混合菌种，其比例通常为1∶1。也可用保加利亚乳杆菌与乳酸链球菌搭配，但研究证明，前者的搭配效果较好。此外，由于菌种生产单位不同，其杆菌与球菌的活力也不同，在使用时其配比应灵活掌握。

根据国内外的研究，使用单一发酵剂的酸乳口感往往较差，两种或两种以上的发酵剂混合使用能产生良好的效果。此外，混合发酵剂还可缩短发酵时间，因为乳杆菌在发酵过程中产生的物质是链球菌生长的基本因素。开始时球菌生长得比杆菌快，当球菌产一定量酸时抑制其生长，此时，杆菌迅速生长。

（六）装瓶

凝固型酸乳灌装时，可根据市场需要选择玻璃瓶或塑料杯以及瓶的大小和形状，在装瓶前需对玻璃瓶进行蒸汽灭菌，一次性塑料杯可直接使用。

目前，酸乳的包装形式多种多样，包括砖形的、杯状的、圆形的、袋状的、盒状的、家庭经济装等；其包装材质也种类繁多，包括复合纸的、PVC 材料的、瓷罐的、玻璃的等。不同的包装形式和包装材料，为消费者提供了多种的选择，以满足不同层次消费者的需求，繁荣酸乳市场。但不论哪种形式和材质，包装物都必须无毒、无害、安全卫生，以保证消费者的健康。酸乳在出售前，其包装物上应有清晰的商标、标识、保质期限、产品名称、主要成分的含量、食用方法、贮藏条件以及生产商和生产日期。

(七) 发酵

发酵时间随菌种而异。用保加利亚乳杆菌和嗜热链球菌的混合发酵剂时，温度保持在 41～44℃，培养时间 2.5～4.0h（3%～5% 的接种量）。达到凝固状态即可终止发酵。

发酵终点可依据如下条件来判断：①滴定酸度达到 80°T 以上；②pH 低于 4.6；③表面有少量水痕；④乳变黏稠。

凝固型酸乳发酵过程中应注意避免震动，否则会影响其组织状态；发酵温度应恒定，避免忽高忽低；掌握好发酵时间，防止酸度不够或过度，防止乳清析出。

(八) 冷却与后熟

发酵好的凝固型酸乳，应立即移入 0～4℃ 的冷库中冷却，迅速抑制乳酸菌的生长，以免继续发酵造成酸度过高。在冷藏期间，其酸度仍会有上升，同时风味物质双乙酰含量也会增加。试验表明，凝固型酸乳冷却 24h，双乙酰含量达到最高，超过 24h，双乙酰含量又会减少。因此，发酵凝固后须在 0～4℃ 贮藏 24h 再出售，该过程也称为后成熟。一般冷藏期为 7～14d。

三、常见产品质量缺陷及控制措施

凝固型酸乳生产中，由于各种原因，常会出现一些质量缺陷，如凝固性差、乳清析出、风味不正、口感差、表面有霉菌生长等。

(一) 凝固性差

凝固性是凝固型酸乳质量好坏的一个重要指标。一般牛乳在接种乳酸菌后，在适宜温度下发酵 2.5～4.0h 便会凝固，其表面光滑，质地细腻。但酸乳有时会出现凝固性差或不凝固现象，黏性很差，出现乳清分离。影响凝固型酸乳凝固性的因素包括以下几方面：

1. 原料乳质量 生产酸乳的原料乳应符合国家标准。当乳中含有抗生素、磺胺类药物以及防腐剂时，会抑制乳酸菌的生长。实验证明，原料乳中含微量青霉素（0.01IU/mL）时，对乳酸菌便有明显的抑制作用。原料乳消毒前，可能被能产生抗生素的细菌污染，杀菌处理虽除去了细菌，但产生的抗生素不受热处理影响，会在发酵培养中起抑制作用，由此引起的发酵异常往往会被忽视。另外，乳腺炎乳由于其白细胞含量较高，对乳酸菌也有不同的噬菌作用。

原料乳掺假，特别是掺碱、掺水对酸乳凝固性影响很大。掺碱使发酵所产的酸消耗与中和，而不能积累达到凝乳要求的 pH，从而使乳不凝固或凝固性差。牛乳中掺水，会使乳的总干物质降低，也会影响酸乳的凝固性。

因此，原料乳的选择非常重要，要排除上述诸因素的影响，必须把好原料验收关，应采用新鲜牛乳，严格检测各项指标，杜绝使用含有抗生素、磺胺类药物以及防腐剂的牛乳生产酸乳。必要时先进行培养凝乳试验，样品不凝或凝固不好者不能进行生产。

2. 发酵温度和时间 发酵温度依所采用乳酸菌种类的不同而异。若发酵温度低于最适温度，乳酸菌活力就会下降，凝乳能力降低，使酸乳凝固性降低。发酵时间短，会造成酸乳凝固性降低。此外，发酵室温度不均匀也是造成酸乳凝固性降低的原因之一。因此，在实际生产中，应尽可能保持发酵室的温度恒定，并控制发酵温度和时间。

3. 噬菌体污染　发酵剂噬菌体是造成发酵缓慢、凝固不完全的原因之一。噬菌体污染可通过发酵活力降低，产酸缓慢等现象来判断。国外采用经常更换发酵剂的方法加以控制。此外，由于噬菌体对菌的选择作用，两种以上菌种混合使用也可使噬菌体危害减少。

4. 发酵剂活力　发酵剂活力弱或接种量太少会造成酸乳的凝固性下降。对一些灌装容器上残留的洗涤剂（如氢氧化钠）和消毒剂（如氯化物）也要清洗干净，以免影响菌种活力，确保酸乳的正常发酵和凝固。

5. 加糖量　生产酸乳时，加入适当的蔗糖可使产品产生良好的风味，凝块细腻光滑，提高黏度，并有利于乳酸菌产酸量的提高。加糖量过大，会产生高渗透压，抑制了乳酸菌的生长繁殖，造成乳酸菌脱水死亡，相应活力下降，使牛乳不能很好地凝固；加糖量过小，会使酸乳发酵的乳酸度不够，风味不正。

（二）乳清析出

酸乳在生产、销售、贮存时有时出现乳清析出的现象，酸乳的国家标准中规定酸乳允许有少量的乳清析出，但大量的乳清析出是不合格产品。乳清析出是常见的质量缺陷，影响乳清析出的主要因素有以下几种：

1. 原料乳热处理不当　原料热处理温度偏低或时间不够，就不能使大量乳清蛋白变性，而变性乳清蛋白可与酪蛋白形成复合物，能容纳更多的水分，并且具有最小的脱水收缩作用。一般原料乳的最佳热处理条件是 $90 \sim 95 ℃$ 5min。

2. 发酵温度和时间　发酵温度过高或过低，都不适宜乳酸菌的生长，造成乳酸菌的生长繁殖不好控制，可能会使产酸量过大。发酵时间过长，乳酸菌继续生长繁殖，产酸量不断增加。酸性的增强破坏了原来已形成的胶体结构，使其容纳的水分游离出来，形成乳清上浮。发酵时间过短，乳蛋白质的胶体结构还未充分形成，不能包裹乳中原有的水分，也会形成乳清析出。

因此，酸乳发酵时，应抽样检查，发现牛乳已完全凝固，就应立即停止发酵；若凝固不充分，应继续发酵，待牛乳完全凝固后取出。

3. 其他因素　原料乳中总干物质含量低、乳中有氧气、酸乳凝胶机械振动、乳中钙盐不足、发酵剂加量过大等也会造成乳清析出，在生产时应加以注意，乳中添加适量的 $CaCl_2$ 既可减少乳清析出，又可赋予酸乳一定的硬度。

（三）风味不正

正常酸乳应有发酵乳纯正的风味，但在生产过程中常出现以下情况：

1. 酸乳无芳香味　主要由于原料乳不新鲜、菌种选择及操作工艺不当所引起。生产酸乳用的原料乳要特别挑选，牛乳要选用新鲜的纯牛乳。而且正常的酸乳生产应保证两种以上的菌混合使用并选择适宜的比例，任何一方占优势均会导致产香不足，风味变劣。高温短时发酵和固体含量不足也是造成芳香味不足的因素。芳香味主要来自发酵剂酶分解柠檬酸产生的丁二酮物质。所以原料乳中应保证有足够的柠檬酸含量。

2. 酸乳的酸甜度不合适　酸乳过酸、过甜导致酸甜不合理，特别是酸感较刺激，极不柔和是酸乳常见的质量缺陷问题。加糖量较低、接种量过多、发酵过度、后熟过长、冷藏时温度偏高等会使酸乳偏酸，而加糖量过高、接种量过少、发酵不足等又会导致酸乳偏甜。

因此，应严格控制加糖量，尽量避免发酵过度或不足现象。工作发酵剂的接种量为3%～5%，一次性直接菌种的添加量按其厂家要求添加。选择后酸化弱的菌种，或者在酸乳发酵后添加一些能够抑制乳酸菌生长的物质来控制酸乳的后酸化。确定合理的冷却时间，并应在0～4℃条件下冷藏，防止温度过高，后熟过长。

3. 酸乳异味 酸乳异味是指酸乳呈现有乳粉味，有时还有苦味、塑胶味、异臭味、不洁味。原料乳的干物质含量低，用乳粉调整原料乳的干物质和蛋白质时，添加的乳粉量过大，从而影响酸乳的口味，使生产的酸乳呈现乳粉味；接种量过大或菌种选用不好，会使酸乳呈现苦味；包装材料选用不当会给酸乳带来塑胶味；原料乳的牛体臭、氧化臭味及由于过度热处理或添加了风味不良的炼乳、乳粉等制造的酸乳会呈现异臭味；不洁味主要由发酵剂或发酵过程中污染杂菌引起。丁酸菌污染可使产品带刺鼻怪味，酵母菌污染不仅产生不良风味，还会影响酸乳的组织状态，使酸乳产生气泡。

因此，增加乳的干物质和蛋白质含量时，尽量少加乳粉，如果达不到干物质和蛋白质含量的要求时，可采用将乳闪蒸或浓缩来提高乳的干物质和蛋白质含量；如仍有苦味应改换菌种；对包装材料进行检验，使用合格的包装材料；选用优质的原料乳，严格控制生产工艺，防止污染杂菌。

（四）口感差

优质酸乳柔嫩、细滑，清香可口。但有些酸乳口感粗糙，有砂状感。这主要是由于生产酸乳时，采用了高酸度的乳或劣质的乳粉。

因此，生产酸乳时，应采用新鲜牛乳或优质乳粉，并采取均质处理，使乳中蛋白质颗粒细微化，达到改善口感的目的。

（五）表面有霉菌生长

酸乳贮藏时间过长或温度过高时，往往在表面会出现霉菌。黑斑点易被察觉，而白色霉菌则不易被注意。这种酸乳被人误食后，轻者使食用者有腹胀感觉，重者引起腹痛下泻。霉菌污染的主要原因包括：①菌种污染霉菌、接种过程中有霉菌污染；②生产过程中有霉菌污染；③包装材料被霉菌污染。

因此，要严格保证卫生条件。如果使用传代菌种，菌种在传代过程中要严格控制污染，确保无菌操作，保证免受霉菌污染；生产中一定要控制好环境卫生，生产环境要严格进行消毒、杀菌，确保生产地理环境中霉菌数合格，一般生产环境空气中酵母、霉菌数≤50个/平板；包装材料在进厂之前一定要严格检验，确保合格，存放于无菌环境中，使用时用紫外线杀菌，并根据市场情况控制好贮藏时间和贮藏温度。

四、质量标准

凝固型酸乳质量标准按照GB 19302—2010《食品安全国家标准　发酵乳》要求执行，具体规定如下：

（一）感官指标

感官指标应符合表4-2的规定。

表4-2　感官指标

项目	要求		检验方法
	发酵乳	风味发酵乳	
色泽	色泽均匀一致，呈乳白色或微黄色	具有与添加成分相符的色泽	取适量试样置于50mL烧杯中，在自然光下观察色泽和组织状态。闻其气味，用温开水漱口，品尝滋味
滋味、气味	具有发酵乳特有的滋味、气味	具有与添加成分相符的滋味、气味	
组织状态	组织细腻、均匀，允许有少量乳清析出；风味发酵乳具有添加成分特有的组织状态		

（二）理化指标

理化指标应符合表4-3的规定。

表4-3　理化指标

项目	指标		检验方法
	发酵乳	风味发酵乳	
脂肪[①]/（g/100g）	≥3.1	≥2.5	GB 5413.3
非脂乳固体/（g/100g）	≥8.1	—	GB 5413.39
蛋白质/（g/100g）	≥2.9	≥2.3	GB 5009.5
酸度/°T	≥70.0		GB 5413.34

① 仅适用于全脂产品。

（三）微生物指标

微生物指标应符合表4-4的规定。

表4-4　微生物指标

项目	采样方案[①]及限量（若非指定，均以CFU/g或CFU/mL表示）				检验方法
	n	c	m	M	
大肠菌群	5	2	1	5	GB 4789.3 平板计数法
金黄色葡萄球菌	5	0	0/25g（mL）	—	GB 4789.10 定性检验
沙门氏菌	5	0	0/25g（mL）	—	GB 4789.4
酵母	≤100				GB 4789.15
霉菌	≤30				

① 样品的分析及处理按GB 4789.1和GB 4789.18执行。

（四）污染物限量

污染物限量应符合GB 2762的规定。

（五）真菌毒素限量

真菌毒素限量应符合 GB 2761 的规定。

（六）乳酸菌数

乳酸菌数应符合表 4-5 的规定。

表 4-5　乳酸菌数

项目	限量（CFU/g 或 CFU/mL）	检验方法
乳酸菌数[①]	$\geqslant 1 \times 10^6$	GB 4789.35

① 发酵后经热处理的产品对乳酸菌数不做要求。

（七）食品添加剂和营养强化剂

食品添加剂和营养强化剂质量应符合相应的安全标准和有关规定。食品添加剂和营养强化剂的使用应符合 GB 2760 和 GB 14880 的规定。

（八）其他

（1）发酵后经热处理的产品应标识"××热处理发酵乳""××热处理风味发酵乳""××热处理酸乳/奶"或"××热处理风味酸乳/奶"。

（2）全部用乳粉生产的产品应在产品名称紧邻部位标明"复原乳"或"复原奶"；在生牛（羊）乳中添加部分乳粉生产的产品，应在产品名称紧邻部位标明"含××％复原乳"或"含××％复原奶"。注："××％"是指所添加乳粉占产品中全乳固体的质量分数。

（3）"复原乳"或"复原奶"与产品名称应标识在包装容器的同一主要展示版面；标识的"复原乳"或"复原奶"字样应醒目，其字号不小于产品名称的字号，字体高度不小于主要展示版面高度的 1/5。

学习资源（视频）

1. 凝固型酸乳制作（一）
原料乳的检验　　　2. 凝固型酸乳制作（二）
原料乳的过滤　　　3. 凝固型酸乳制作（三）
加热杀菌＋测量温度　　　4. 凝固型酸乳制作（四）
加糖

5. 凝固型酸乳制作（五）
添加发酵剂　　　6. 凝固型酸乳制作（六）
原料分装　　　7. 凝固型酸乳制作（七）
调试酸奶机　　　8. 凝固型酸乳制作（八）
酸奶品质检验及品尝

任务三 搅拌型酸乳的加工

搅拌型酸乳是发酵后再灌装而成的，发酵后的凝乳在灌装前和灌装过程中搅碎而呈黏稠状组织状态。

一、工艺流程

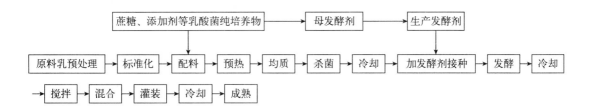

二、操作要点

搅拌型酸乳的加工工艺及技术要求基本与凝固型酸乳相同，其不同点主要是搅拌型酸乳多了一道搅拌混合工艺，这也是搅拌型酸乳的特点。另外，根据在加工过程中是否添加了果蔬料或果酱，搅拌型酸乳可分为天然搅拌型酸乳和加料搅拌型酸乳。本任务只对与凝固型酸乳加工工艺不同点加以说明。

（一）发酵

搅拌型酸乳的发酵是在发酵罐或缸中进行，而发酵罐是利用罐周围夹层的热媒来维持恒温，热媒的温度可随发酵参数而变化。若在大缸中发酵，则应控制好发酵间的温度，避免忽高忽低。发酵间上部和下部温差不要超过 1.5℃。同时，发酵缸应远离发酵间的墙壁，以免过度受热。

（二）冷却

冷却的目的是快速抑制细菌的生长和酶的活性，以防止发酵过程产酸过度，以及搅拌时脱水。酸乳完全凝固（pH4.6～4.7）时开始冷却，冷却过程应稳定进行。冷却过快将造成凝块收缩迅速，导致乳清分离；冷却过慢则会造成产品过酸和添加果料的脱色。冷却可采用片式冷却器、管式冷却器、表面刮板式热交换器、冷却缸（槽）等冷却。一般温度控制在 0～7℃为宜。

（三）搅拌

搅拌是搅拌型酸乳生产的一道重要工序，通过机械力破坏凝胶体，使凝胶体的粒子直径达到 0.01～0.4mm，并使酸乳的硬度和黏度及组织状态发生变化。

1. 搅拌的方法

（1）凝胶体搅拌法。凝胶体搅拌法不是采用搅拌方式破坏胶体，而是借助薄板（薄的圆板、薄竹板）或用粗细适当的金属丝制的筛子，使凝胶体滑动。凝胶体搅拌法有机械搅拌法和手动搅拌法两种。

机械搅拌使用叶片搅拌器、螺旋桨搅拌器、涡轮搅拌器等。叶片搅拌器具有较大的构件和表面积，转速慢，适合于凝胶体的搅拌；螺旋桨搅拌器每分钟转数较高，适合搅拌较大量的液体；涡轮搅拌器是在运转中形成放射线形液流的高速搅拌器，是制造液体酸乳常用的搅拌器。

手动搅拌是在凝胶结构上，采用损伤性最小的手动搅拌以得到较高的黏度。手动搅拌一般用于小规模生产，如40～50L桶制作酸乳。

（2）均质法。这种方法一般多用于制作酸乳饮料，在制造搅拌型酸乳中不常用。搅拌过程中应注意，搅拌既不可过于激烈，又不可过长时间。搅拌时应注意凝胶体的温度、pH及固体含量等。

通常用两种速度进行搅拌，开始用低速，以后用较快的速度。

2. 搅拌时的质量控制

（1）温度。搅拌的最适温度为0～7℃，此温度适于亲水性凝胶体的破坏，可得到搅拌均匀的凝固物，既可缩短搅拌时间，又可减少搅拌次数。若在38～40℃进行搅拌，凝胶体易形成薄片状或砂质结构等缺陷。

（2）pH。酸乳的搅拌应在凝胶体的pH达4.7以下时进行，若在pH达4.7以上时搅拌，会因酸乳凝固不完全、黏性不足而影响其质量。

（3）干物质。合格乳的干物质含量对搅拌型酸乳防止乳清分离能起到较好的作用。

（四）混合、灌装

果蔬、果酱和各种类型的调香物质等可在酸乳自缓冲罐到包装机的输送过程中加入，这种方法可通过一台变速的计量泵连续加入酸乳中。果蔬混合装置固定在生产线上，计量泵与酸乳给料泵同步运转，保证酸乳与果蔬混合均匀。一般发酵罐内用螺旋搅拌器搅拌即可混合均匀。酸乳可根据需要，确定包装量、包装形式及灌装机。

搅拌型酸乳灌装时，注意对果料杀菌，杀菌温度应控制在能抑制一切有生长能力的细菌，而又不影响果料风味和质地的范围内。

（五）冷却、后熟

将灌装好的酸乳置于0～7℃冷库中冷藏24h进行后熟，进一步促使芳香物质的产生，改善黏稠度。

三、常见产品质量缺陷及控制措施

搅拌型酸乳生产中，由于各种原因，也常会出现一些质量缺陷，如下所示：

（一）组织状态不细腻，具有砂状组织

搅拌型酸乳在组织外观上有许多砂状颗粒存在，不细腻，饮用时有砂粒感。砂状组织的产生有多重原因：均质效果不好；搅拌时间短；乳中干物质含量过高；菌种的原因；稳定剂选择得不好或添加量过大。

因此，应控制均质条件，均质温度设在65～70℃，压力为15～20MPa。经常检验乳的均质效果，定期检查均质部件，如有损坏及时更换；确定合理的搅拌工艺条件，应选择适宜

的发酵温度，避免原料受热过度，避免在较高的温度下搅拌；减少乳粉用量，避免干物质过多；更换菌种，搅拌型酸乳所用的菌种应选用产黏度高的菌种；选择适合的稳定剂及合理的添加剂，根据具体的设备情况确定合理的配方。

（二）口感偏稀，黏稠度偏低

搅拌型酸乳会出现口感偏稀，黏稠度偏低的质量缺陷。主要原因：乳中干物质含量偏低，特别是蛋白质含量低；没有添加稳定剂或稳定剂添加量少，稳定剂选用不好；热处理或均质效果不好；酸乳的搅拌过于激烈；加工过程中机械处理过于激烈；搅拌时酸乳的温度过低，发酵期间凝胶遭破坏；菌种的原因。

因此，应调整配方，使乳中干物质含量增加，特别是蛋白质含量提高，乳中干物质含量，特别是蛋白质含量对乳的质量起主要作用；添加一定量的稳定剂来提高酸乳的黏度，可改善酸乳的口感；调整工艺条件，控制均质温度，均质温度设在 $65\sim75℃$，压力为 $15\sim20MPa$，经常检查乳的均质效果，定期检查均质机部件，如有损伤应及时更换；调整酸乳的搅拌速度及搅拌时间；发酵期间保证乳处于静止状态，检查搅拌是否关闭；搅拌型酸乳的菌种应选用高黏度菌种。

（三）风味不正

除了与凝固型酸乳相同的因素外，在搅拌过程中因操作不当而混入大量空气，造成酵母和霉菌的污染，也会严重影响风味。酸乳较低的 pH 虽然会抑制几乎所有的细菌生长，但却适于酵母和霉菌的生长，造成酸乳变质、变坏，产生不良风味。

（四）乳清分离

酸乳搅拌速度过快、过度搅拌或泵送造成空气混入产品，将造成乳清分离。此外，酸乳发酵过度、冷却温度不适及干物质含量不足也可产生乳清分离现象。因此，应选择合适的搅拌器搅拌，并注意降低搅拌温度。同时，可选用适当的稳定剂，以提高酸乳的黏度，防止乳清分离，其用量为 $0.1\%\sim0.5\%$。

（五）色泽异常

在生产中因加入的果蔬处理不当而引起酸乳变色、褪色等现象时有发生。应根据果蔬的性质及加工特性与酸乳进行合理的搭配和制作，必要时还可添加抗氧化剂。

（六）出现胀包

乳在贮存及销售过程中，特别是在常温下销售及贮存，很容易出现胀包。产气菌作用于酸乳，使酸乳变质的同时也使酸乳的包装胀气，污染搅拌型酸乳。而使酸乳产气的产气菌主要是酵母菌和大肠杆菌，其污染途径主要有以下几个方面：菌种被产气菌污染（主要是酵母菌污染）；生产过程中酸乳被酵母菌和大肠杆菌污染；酸乳包装材料被酵母菌和大肠杆菌污染；包装材料本身不合格，使外界微生物侵入而造成的污染；杀菌不彻底，有产气菌未杀死的污染；生产工艺中杀菌机杀菌参数设定不正确而残留产气菌的污染；在灌装时破坏无菌环境，使外界微生物侵入而造成的污染。

因此,菌种在传代过程中要严格控制环境卫生,确保无菌操作,可用一次性直接干粉菌种来解决继代菌种存在的一些弊病;严格控制生产过程中可能存在的污染点和一些清洗不到的死角,如杀菌设备、发酵罐、酸乳缓冲罐、进出料管、灌装设备、配料设备等一定要清洗彻底以后,再进行杀菌,杀菌温度一般为90℃以上(设备出口温度),并且保证20～40min;可采取涂抹试验来检验杀菌效果,生产环境用空气降落法来检测空气中酵母菌数、霉菌数是否超标,若超标可采取二氧化氯喷雾、乳酸熏蒸、空气过滤等措施来解决空气污染;采取空气降落法来检验空气中酵母、霉菌数,一般生产环境空气中酵母、霉菌数≤50个/平板;严格控制人体卫生,工作人员进车间前一定要进行严格消毒,生产过程中经常对工作服、鞋及人手进行涂抹试验,确保人体卫生合格,加强车间环境、设备等方面的消毒、杀菌工作,确保大肠杆菌无论是在工序还是成品中的检验都是未检出的状态;包装材料在使用前采用涂抹方法检测微生物的数量,在生产时可用紫外线杀菌或双氧水灭菌等方法来控制微生物的数量,并且要严格控制好包装材料贮存的环境质量,也可采取在酸乳中添加一定量的抑制酶(抑制酵母和霉菌)来控制微生物的数量;杀菌要彻底,杀菌机参数设定要达到在保质期内不发生任何变质;严格按无菌操作要求规程操作。

四、质量标准

搅拌型酸乳质量标准也严格按照食品安全国家标准 GB 19302—2010《食品安全国家标准 发酵乳》要求执行,具体要求见任务二凝固型酸乳质量标准。

学习资源(视频)

1. 自立袋灌装机　　2. 自立袋灌装——　　3. 自立袋灌装——　　4. 自立袋灌装——
　　　　　　　　　　更换包材　　　　　　包材的折弯　　　　　打码

5. 自立袋灌装——　6. 自立袋灌装——　7. 自立袋灌装——　8. 自立袋灌装——
　　贴吸管　　　　　切割分离包材　　　原料的灌装　　　　封口

9. 自立袋灌装——装箱封箱　　10. 棒酸生产工艺　　11. PET 瓶生产工艺

任务四　乳酸菌饮料的加工

一、种类

乳酸菌饮料是一种发酵型的酸性含乳饮料，是指以乳或乳与其他原料混合经乳酸菌发酵后，经搅拌，加入稳定剂、糖、酸、水及果蔬汁调配后，通过均质加工而成的液态酸乳制品，成品中蛋白质含量不低于 7g/L。

继世界最大的乳酸菌饮品养乐多进入中国后，国内乳品企业也开始发力乳酸菌饮料产品市场，如广州喜乐食品企业有限公司开发的喜乐多、内蒙古蒙牛乳业（集团）股份有限公司开发的优益 C 等。市面上乳酸菌饮料种类繁多，总结分类如下：

（一）根据加工处理的方法分类

根据加工处理的方法不同，乳酸菌饮料一般分为酸乳型乳酸饮料和果蔬型乳酸饮料

1. 酸乳型乳酸菌饮料　酸乳型乳酸菌饮料是在酸凝乳的基础上将其破碎，配入白糖、香料、稳定剂等通过均质而制成的均匀一致的液态饮料。

2. 果蔬型乳酸菌饮料　果蔬型乳酸菌饮料是在发酵乳中加入适量的浓缩果汁（如草莓汁、柑橘汁、红枣汁等），或在原料中配入适量的蔬菜（如番茄、胡萝卜、玉米、南瓜等）汁浆共同发酵后，再通过加糖、加稳定剂或香料等调配、均质后制作而成。

乳酸菌饮料的配方见表 4-6。

表 4-6　乳酸菌饮料的配方

酸乳型乳酸菌饮料		果蔬型乳酸菌饮料	
原料	配合比例/%	原料	配合比例/%
发酵脱脂乳	40.00	发酵脱脂乳	5.00
香料	0.05	蔗糖	14.00
蔗糖	14.00	果汁	10.00
色素	适量	稳定剂	0.20
稳定剂	0.35	柠檬酸	0.15
水	45.60	维生素 C	0.05
		香料	0.10
		色素	少量
		水	70.50

（二）根据产品中是否存在活性乳酸菌分类

根据产品中是否存在活性乳酸菌或是否进行后杀菌分类，乳酸菌饮料又可分为活性乳酸菌饮料和非活性乳酸菌饮料

1. 活性乳酸菌饮料　指加工过程中配料后未经后杀菌，具有活性乳酸菌的饮料。按要求，每毫升活性乳中活乳酸菌的数量不应少于 100 万个。当人们饮用了这种饮料后，乳酸菌便沿着消化道到大肠，由于它具有活性，乳酸菌在人体的大肠内迅速繁殖，同时产酸，从而有效抑制腐败菌和致病菌的繁殖和成活，而且乳酸菌对人体无害。这种饮料要求在 2~10℃ 贮存和销售，密封包装的活性乳保质期为 15d。

2. 非活性乳酸菌饮料　指加工过程中配料后经后杀菌，不具有活性乳酸菌的饮料。其中的乳酸菌在生产过程中的加热无菌处理阶段时已被杀灭，不存在活性乳酸菌的功效，但因为经过后杀菌，此饮料保质期长，可在常温下贮存和销售。

活性乳酸菌饮料与非活性乳酸菌饮料在加工过程中的区别主要在于配料后是否杀菌。活性乳酸菌饮料在加工过程中工艺控制要求较高，且需无菌灌装，加之在销售过程中需冷藏销售，我国虽早有生产，但产量较低。目前我国销量最大的品种仍然是经后杀菌的非活性乳酸菌饮料。本任务以非活性酸菌乳饮料为例来介绍这类产品的生产工艺。

二、工艺流程

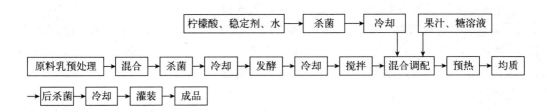

三、操作要点

（一）混合调配

先将经过巴氏杀菌冷却至 20℃ 左右的稳定剂、水、糖溶液加入发酵乳中混合并搅拌，然后再加入果汁、酸味剂与发酵乳混合并搅拌，最后加入香精等。

在乳酸菌饮料中最常使用的稳定剂是纯果胶或纯果胶与其他稳定剂的混合物。通常果胶对酪蛋白颗粒具有最佳的稳定性，这是因为果胶是一种聚半乳糖醛酸，在 pH 为中性和酸性时带负电荷，将果胶加入酸乳中时，果胶会附着于酪蛋白颗粒的表面，使酪蛋白颗粒带负电荷。由于同性电荷相互排斥，可避免酪蛋白颗粒之间相互聚合形成大颗粒而产生沉淀。考虑到果胶分子在使用过程中的降解趋势以及它在 pH＝4 时稳定性最佳的特点，杀菌前一般将乳酸菌饮料的 pH 调整为 3.8~4.2。一般糖的添加量为 11% 左右。

（二）均质

通常用胶体磨或均质机进行均质，使液滴微细化，提高料液黏度，抑制粒子的沉淀，并增强稳定剂的稳定效果。乳酸菌饮料较适宜的均质压力为 20~25MPa，温度 53℃ 左右。

（三）后杀菌

发酵调配后杀菌的目的是延长饮料的保存期。经合理杀菌，无菌灌装后的饮料，其保存期可达 3~6 个月。由于乳酸菌饮料属于高酸食品，故采用高温短时巴氏消毒即可达到商业无菌，也可采用更高的杀菌条件，如 95~110℃ 4s。生产厂家可根据自己的实际情况，对以上杀菌制度做相应的调整，对塑料瓶包装的产品来说，一般灌装后采用 95~98℃ 20~30min 的杀菌条件杀菌，然后进行冷却。

四、常见产品质量缺陷及控制措施

乳酸菌饮料在生产和贮藏过程中由于种种原因常会出现如下一些质量缺陷。

（一）沉淀

沉淀是乳酸菌饮料最常见的质量问题。乳蛋白中 80% 为酪蛋白，其等电点为 4.6。通过乳酸菌发酵，并添加果汁或加入酸味剂而使饮料的 pH 为 3.8~4.4。此时，酪蛋白处于高度不稳定状态，任其静置，势必造成分层、沉淀等现象。

此外，在加入果汁、酸味剂时，若酸浓度过大，加酸时混合液温度过高或加酸速度过快及搅拌不匀等，均会引起局部过度酸化而发生分层和沉淀现象。出现的沉淀现象，除了使加工工艺正确操作外，通常采用均质和添加稳定剂来解决。

1. 均质　均质可使酪蛋白粒子微细化，抑制粒子沉淀，并可提高料液黏度，增强稳定效果。均质压力通常选择在 20~25MPa。均质时的温度对蛋白质稳定性影响也很大。试验表明，均质温度保持在 51.0~54.5℃，尤其在 53℃ 左右时效果最好。当均质温度低于 51℃ 时，饮料黏度大，在瓶壁上出现沉淀，几天后有乳清析出。当温度高于 54.5℃ 时，饮料较稀，无凝结物，但易出现水泥状沉淀，饮用时口感有粉质或粒质。

2. 添加稳定剂　采用均质处理，还不能达到完全防止乳酸菌饮料的沉淀。经均质后的酪蛋白微粒，因失去了静电荷、水化膜的保护，使粒子间的引力增强，增加了碰撞的机会，容易聚成大颗粒而沉淀。因此，均质的同时使用化学方法才可起到良好作用。常用的化学方法是添加亲水性和乳化性较高的稳定剂，两种方法配合使用，方能达到较好的效果。稳定剂不仅能提高饮料的黏度，防止蛋白质粒子因重力作用而下沉，更重要的是它本身是一种亲水性高分子化合物，在酸性条件下与酪蛋白形成保护胶体，防止凝集沉淀。

此外，由于牛乳中含有较多的钙，在 pH 降到酪蛋白等电点以下时，钙以游离钙状态存在，Ca^{2+} 与酪蛋白之间易发生凝集而沉淀。故添加适当的磷酸盐使其与 Ca^{2+} 形成螯合物，起到稳定作用。目前，常使用的乳酸菌饮料稳定剂有羧甲基纤维素（CMC）、藻酸丙二醇酯（PGa），两者以一定比例混合使用效果更好。

3. 添加蔗糖　添加 10% 左右的蔗糖不仅使饮料酸中带甜，而且糖在酪蛋白表面形成被膜，可提高酪蛋白与其他分散介质的亲水性，并能提高饮料密度，增加黏稠度，有利于酪蛋白在悬浮液中的稳定。

4. 添加有机酸　柠檬酸等有机酸类是引起饮料产生沉淀的因素之一。需在低温条件下添加有机酸，添加速度要缓慢，搅拌速度要快。

5. 发酵乳的搅拌温度　为了防止沉淀产生，还应注意控制好搅拌发酵乳时的温度。高温时搅拌，凝块将收缩硬化，造成蛋白胶粒的沉淀。

（二）饮料中活菌数的控制

乳酸菌活性饮料要求每毫升饮料中含活的乳酸菌 100 万个以上。欲保持较高活力的菌，发酵剂应选用耐酸性强的乳酸菌种（如嗜酸乳杆菌、干酪乳酸菌）。为了弥补发酵本身的酸度不足，可补充柠檬酸，但是柠檬酸的添加会导致活菌数下降，所以必须控制柠檬酸的使用量。苹果酸对乳酸菌的抑制作用较小，与柠檬酸并用可以减少活菌数的下降，同时又可以改善柠檬酸的涩味。

（三）杂菌污染

乳酸菌饮料中的营养成分丰富，除大量乳酸菌生长繁殖外，还可促进酵母菌、霉菌等杂菌的生长繁殖。酵母菌繁殖会产生二氧化碳，并形成酯臭味和酵母味等不愉快风味；霉菌耐酸性很强，也容易在乳酸中繁殖并产生不良影响。受杂菌污染的乳酸菌饮料会产生气泡和异常凝固，不仅外观和风味受到破坏，甚至完全失去商品价值。酵母菌、霉菌的耐热性弱，通常在 60℃ 5～10min 加热处理时即被杀死，制品中出现的污染主要是二次污染所致。为了有效地防止酵母菌、霉菌等杂菌在乳酸菌饮料产品内的生长繁殖，乳酸菌饮料加工车间的卫生条件、加工机械的清洗消毒以及灌装时的环境卫生等必须符合相关标准要求，以避免制品二次污染，避免出现坏包、沉淀、酸包等腐坏的现象。

（四）脂肪上浮

当采用全脂乳或脱脂不充分的脱脂乳作原料时，由于均质处理不当等原因引起脂肪上浮，应改进均质条件，如增加压力或提高温度，同时可添加酯化度高的稳定剂或乳化剂（如卵磷脂、单硬脂酸甘油酯、脂肪酸蔗糖酯等）。做好采用含脂率较低的脱脂乳或脱脂乳粉作为乳酸菌饮料的原料，并注意进行均质处理。

（五）果蔬原料的质量控制

为了强化饮料的风味与营养，常常在饮料中加入一些果蔬原料，由于这些原料本身的质量或配制饮料时预处理不当，使饮料在保存过程中也会引起感官质量的不稳定，如饮料变色、褪色，出现沉淀、污染杂菌等。因此，在选择及加入这些果蔬原料时，应多做试验，保存期试验至少应在 1 个月以上。

五、质量标准

《食品安全国家标准　饮料》（GB 7101—2015）规定了乳酸菌饮料的指标要求，食品添加剂和食品强化剂的要求，包装、标识、贮存及运输要求和检验方法。乳酸菌饮料的感官指标、理化指标及微生物指标要求如下：

（一）感官指标

1. 色泽　呈均匀一致的乳白色，稍带微黄色或相应的果类色泽。

2. 滋味和气味　口感细腻，甜度适中，酸而不涩，具有该乳酸菌饮料应有的滋味和气味，无异味。

3. 组织状态　呈乳浊状，均匀一致不分层，允许有少量沉淀，无气泡，无异味。

（二）理化指标

乳酸菌饮料的理化指标应符合表 4-7 的规定。

表 4-7　乳酸菌饮料的理化指标

项目	指标
蛋白质/（g/100g）	≥0.70
总砷（以 As 计）/（mg/L）	≤0.2
铅（Pb）/（mg/L）	≤0.05
铜（Cu）/（mg/L）	≤5.0
尿酶试验	阴性

（三）微生物指标

微生物指标应符合表 4-8 的规定。

表 4-8　乳酸菌饮料的微生物指标

项目		指标	
		未杀菌乳酸菌饮料	杀菌乳酸菌饮料
乳酸菌/（CFU/mL）	出厂	≥1×10⁶	—
	销售	有活菌检出	—
菌落总数/（CFU/mL）		—	≤100
霉菌数/（CFU/mL）		≤30	≤30
酵母数/（CFU/mL）		≤50	≤50
大肠菌群/（MPN/100mL）		≤3	≤3
致病菌（沙门氏菌、志贺氏菌、金黄色葡萄球菌）		不得检出	

学习资源（视频）

1. 恩优多产品生产——顺瓶　2. 恩优多产品生产——更换包材　3. 恩优多产品生产——贴标机　4. 恩优多产品生产——原料灌装

5. 恩优多产品生产——封盖　　6. 恩优多产品生产——打码　　7. 恩优多产品生产——后包装　　8. 恩优多产品生产——五连瓶包装

【思与练】

1. 在酸乳发酵剂中使用的主要菌种及其主要特性是什么?

2. 发酵剂菌种选择的原则是什么?

3. 简述发酵剂菌种的活化及其制备的一般过程。

4. 简述发酵剂的主要类型和特点。

5. 简述发酵剂活力及测定方法。

6. 影响发酵剂活力的主要因素是什么?

7. 简述酸乳的种类和特点。

8. 简述凝固型酸乳生产的工艺流程。

9. 简述搅拌型酸乳生产的工艺流程。

10. 简述乳酸菌饮料生产的常见质量问题及控制措施。

项目五

冷冻乳制品加工

【知识目标】

了解冷冻乳制品的种类。

了解冷冻乳制品加工常用的原料与辅料。

掌握冰淇淋的种类、生产工艺和参数。

熟悉雪糕的种类、生产工艺和参数。

【技能目标】

能进行一般冰淇淋的配方设计。

能进行冰淇淋的生产加工。

【相关知识】

一、冷冻乳制品的概念及分类

冷冻乳制品简称冷饮，又称冷冻固态饮料，是以饮用水、甜味剂、乳制品、果品、豆品、食品油脂等为主要原料，加入适量的香精、香料、着色剂、稳定剂、乳化剂等食品添加剂，经配料、均质、杀菌、凝冻而成的冷冻固态饮品。根据冷冻饮品的工艺及成品特点，将其分为六大类：冰淇淋、雪糕、冰棍、雪泥、甜味冰和食用冰。

（一）冰淇淋

冰淇淋又称冰激凌，是以饮用水、牛乳、乳粉、奶油（或植物油脂）、食糖等为主要原料，加入适量食品添加剂，经混合、灭菌、均质、老化、凝冻、硬化等工艺而制成的体积膨胀的冷冻饮品。

冰淇淋的物理结构较为复杂，由液、气、固三相构成。气泡包围着冰的结晶连续向液相中分散，在液相中含有固态的脂肪、蛋白质、不溶性盐类、乳糖结晶、稳定剂、溶液状的蔗糖、乳糖、盐类等。

冰淇淋的种类很多，其分类方法各异，现将几种常见的分类方法介绍如下。

1. 按含脂率高低分类

（1）高级奶油冰淇淋。含 14％～16％脂肪，38％～42％总固形物。

（2）奶油冰淇淋。含 10％～12％脂肪，34％～38％总固形物。

（3）牛乳冰淇淋。含 6％～8％脂肪，32％～34％总固形物。

2. 按冰淇淋的组分分类

（1）完全用乳制品制备的冰淇淋。

（2）含有植物油脂的冰淇淋。

（3）添加了乳脂肪和非脂乳固体的冰淇淋。

（4）由水、糖和浓缩果汁生产的冰淇淋，基本不含乳脂肪。

3. 按冰淇淋的外形形状分类

（1）砖形冰淇淋。将冰淇淋包装在六面体纸盒中，冰淇淋外形如长方形砖状，有单色、双色和三色。

（2）圆柱形冰淇淋。呈圆柱状，一般圆面直径和圆柱高度比例适宜，外形协调，同时也防止环境温度升高而融化。

（3）锥形冰淇淋。将冰淇淋包装在如蛋筒状锥形容器中硬化而成。

（4）杯形冰淇淋。将冰淇淋包装在如倒立圆台形纸杯或塑料容器中硬化而成。

（5）异形冰淇淋。将冰淇淋包装在形状各异的容器中硬化而成。

4. 按冰淇淋的软硬度分类

（1）软质冰淇淋。冰淇淋经适度凝冻后，现制现售，供现食。在−5～−3℃制造，含有大量的未冻结水，其脂肪含量和膨胀率相当低。一般膨胀率为 30％～60％，凝冻后不再速冻硬化。

（2）硬质冰淇淋。在−25℃或更低的温度下搅拌凝冻的冰淇淋，经包装后再低温速冻而成。未冻结水的量少，因此它的质地很硬。通常使用小包装，有时包裹巧克力外衣。硬质冰淇淋有较长的货架期，一般可达数月之久，膨胀率为 100％左右。

5. 按使用香料不同分类 按使用香料不同可分为香草冰淇淋、巧克力冰淇淋、咖啡冰淇淋、薄荷冰淇淋等。其中以香草冰淇淋最为普遍，巧克力冰淇淋其次。

（二）雪糕

雪糕是以饮用水、乳品、蛋品、甜味料、食用油脂等为主要原料，添加适量增稠剂、香精、着色剂等食品添加剂，经混合、灭菌、均质、老化或轻度凝冻、注模、冻结等工艺制成的带棒或不带棒的冷冻产品。雪糕的总固形物、脂肪含量比冰淇淋的低。

根据产品的加工工艺不同，雪糕可分为清型雪糕、混合型雪糕和组合型雪糕。清型雪糕是不含颗粒或块状辅料的制品，如橘味雪糕。混合型雪糕是含有颗粒或块状辅料的制品，如葡萄干雪糕、菠萝雪糕等。组合型雪糕是指与其他冷冻饮品或巧克力等组合而成的制品，如白巧克力雪糕、果汁冰雪糕等。

根据产品中脂肪含量不同，雪糕可分为高脂型雪糕、中脂型雪糕和低脂型雪糕。

（三）冰棍

冰棍也称棒冰、冰棒和雪条，是以饮用水、甜味料为主要原料，加入适量增稠剂、着色剂、香料等食品添加剂，或再添加豆品、乳品等，经混合、杀菌、冷却、浇模、插扦、冻结、脱模、包装等工艺制成的带扦的冷冻饮品。

冰棍与雪糕的制造过程和生产设备基本上是相同的，只是其混合料成分不同，因此，所制成的产品在组织、风味上有所差别。雪糕总干物质含量较冰棍高40%～60%，并含有2%以上的脂肪，因此，所制成的产品风味与组织比冰棍丝滑细腻。

（四）雪泥

雪泥（又称为冰霜）是用饮用水、甜味剂、果汁、果品、少量牛乳、淀粉等为原料，添加适量的稳定剂、香料、着色剂等食品添加剂，经混合、灭菌、凝冻等工艺制成的一种泥状或细腻冰屑状的冷冻饮品。

（五）甜味冰

甜味冰是以饮用水、食糖等为主要原料，可添加适量食品添加剂，经混合、灭菌、灌装、硬化等工艺制成的冷冻饮品，如甜橙味甜味冰、菠萝味甜味冰等。

（六）食用冰

食用冰是以饮用水为原料，经灭菌、注模、冻结、脱模、包装等工艺制成的冷冻饮品。

二、冷冻乳制品加工常用的原辅料

冷冻乳制品要求具有鲜艳的色泽、饱满自然的香气、润滑的口感和细腻的组织结构等特点，而这些与各种原辅料的质量有着很大的关系。用于冷冻乳制品生产的原辅料很多，主要有水、脂肪、非脂乳固体、食用油脂、鸡蛋与蛋制品、甜味剂、稳定剂、乳化剂、香精、香料、着色剂、酸味剂及酸味调节剂、果品与果浆。

（一）水

水是冷冻乳制品生产中不可缺少的一种重要原料。冷冻乳制品一般含有60%～90%的水，包括添加水和其他原料水。冷冻乳制品用水要符合《生活饮用水卫生标准》（GB 5749）的要求。

（二）脂肪

脂肪能赋予冷冻乳制品特有的芳香风味、润滑的组织、良好的质构及保形性。脂肪含量高的冷冻制品，不仅可以减少稳定剂的使用量，还可以增进冷冻乳制品的风味，抑制水分结晶的粗大化，使成品有柔润细腻的感觉，脂肪球经过均质处理后，比较大的脂肪球被破碎成许多细小的颗粒。由于这一作用，可使冷冻乳制品混合料的黏度增加，在凝冻搅拌时增加膨胀率。脂肪的品质与质量直接影响到冷冻乳制品的组织形态、口融性、滋味和稳定性。冷冻乳制品用脂肪最好是鲜乳脂。若乳脂缺乏，可用奶油或人造奶油代替。在冰淇淋中，乳脂肪的用量一般为 6%～12%，最高可达 16%。雪糕中脂肪含量在 2% 以上。乳脂肪的用量低于 6%，不仅影响冰淇淋的风味，而且使冰淇淋的发泡性降低；乳脂肪的用量高于 16%，就会使冰淇淋、雪糕成品形体变得过软。乳脂肪的来源有稀奶油、奶油、鲜乳、炼乳、全脂乳粉等。但由于乳脂肪价格昂贵，多数生产企业为了降低成本，目前普遍使用相当量的植物脂肪来取代乳脂肪，主要有起酥油、人造奶油、棕榈油、椰子油等，其熔点性质类似于乳脂肪，熔点为 28～32℃。

（三）非脂乳固体

非脂乳固体是牛乳总固形物除去脂肪而所剩余的蛋白质、乳糖及矿物质的总称。其中，蛋白质对冷冻乳制品的特性有很大的影响，包括乳化性、搅打性和持水性。混合物料中蛋白质的乳化能力在于均质过程中它与乳化剂一同在小脂肪球表面形成稳定的薄膜，确保油脂在水中的乳化稳定性；蛋白质的搅打性有助于混合物料中初始气泡的形成，同时在凝冻过程中促使空气很好地混入；蛋白质的持水性能使混合料黏度增加，有助于提高冷冻乳制品的质构，增加其抗溶性，减小冰晶体的体积。乳糖的柔和甜味及矿物质的隐约盐味，将赋予制品显著的风味特征。一般非脂乳固体的推荐最大用量不超过制品中水分的 16.7%，限制非脂乳固体使用量的主要原因在于防止其中的乳糖呈过饱和而逐渐结晶析出砂状沉淀。非脂乳固体可以由鲜牛乳、脱脂乳、乳酪、炼乳、乳粉、酸乳、乳清粉等提供，冷冻乳制品中的非脂乳固体，以鲜牛乳及炼乳为最佳。若全部采用乳粉或其他乳制品配制，由于其蛋白质的稳定性较差，会影响组织的细致性与冰淇淋、雪糕的膨胀率，易导致产品收缩，尤其是溶解度不良的乳粉更易降低产品质量。

（四）食用油脂

在冷冻乳制品生产中，为了降低生产成本，可使用人造奶油、硬化油和其他植物油代替乳脂肪。

1. 人造奶油 人造奶油又称麦淇淋（margarin），其外观和风味与奶油相似，是天然奶油的替代品。它是以精制食用油，添加水及其他辅料，经混合、杀菌、乳化等工艺，再经冷却、成熟而成的具有天然奶油特色的可塑性制品，一般以动植物油脂及硬化油以适当比例相混合，再加入适量色素、乳化剂、香精、防腐剂等经搅拌乳化制成。人造奶油脂肪含量在 80% 以上，水分含量在 16% 以下，食盐含量不超过 4%，人造奶油质量指标见表 5-1（GB 15196—2015《食品安全国家标准 食用油脂质品》）。

表 5-1 人造奶油质量指标

项目		指标	检验方法
酸价（以脂肪计）(KOH) /（mg/g）	≤	1	GB 5009.229
过氧化值（以脂肪计）/（g/100g）			
食用氢化油	≤	0.10	GB 5009.227
其他	≤	0.13	

2. 硬化油　硬化油又称氢化油，是用不饱和脂肪酸含量较高的棉籽油、鱼油等植物油，经过脱酸、脱色、脱臭等工序精炼，再经氢化而得。硬化油的熔点一般为 38~46℃，不但自身的抗氧化性能高，而且还具有熔点高、硬度好、气味纯正、可塑性强的优点，很适合用作提高冷冻乳制品含脂量的原料。

3. 棕榈油与棕榈仁油　棕榈油与棕榈仁油盛产于东南亚，马来西亚是棕榈果最大的种植基地。棕榈果一串串生长在棕榈树上，每一串上大约有 2 000 个棕榈果，通过加工可以在棕榈果中得到两种不同的产品——棕榈油与棕榈仁油。

棕榈油是由鲜棕榈果实中的果皮（脂肪含量 30%~70%）经加工后取得的脂肪，色泽为深黄色，常温下呈半固态，经氢化或高温处理，油脂的颜色变浅。油脂中的脂肪酸主要是棕榈油与油酸。棕榈油经精致加工后可用于烹调或食品加工，每 100g 棕榈油中所含的营养成分见表 5-2。由棕榈果中的果仁（脂肪含量 40%~50%）加工后取得的脂肪称为棕榈仁油。棕榈仁油中所含的脂肪酸多为月桂酸、豆蔻酸。棕榈仁油经精制后也可用于烹调或食品加工。

由于棕榈油与棕榈仁油价格便宜、气味纯正，含有一定有利于人体生长发育、延缓衰老功用的维生素 E 和高含量的 β-胡萝卜素，具有一定的可塑性，在冷冻乳制品生产中广泛应用（在植脂冷冻乳制品中应用最多）。棕榈油的熔点为 24~33℃。经过氢化工艺后制成的氢化棕榈油熔点为 32~35℃。

表 5-2　每 100g 棕榈油中所含的营养成分

项目	数值
水分	—
脂肪含量/%	100
维生素 A 含量/μg	18
总维生素 E 含量/mg	15.24
钠含量/mg	1.3
铁含量/mg	3.1
锰含量/mg	0.01
锌含量/mg	0.08
磷含量/mg	8.00

4. 椰子油　椰子为棕榈科热带木本油料之一，原产于巴西、马来群岛和非洲，全世界有 80 多个热带国家都种植，在我国椰子种植分布于福建、广东、台湾和云南的部分地区。椰子油为椰子果的胚乳经碾碎烘蒸所榨取的油。椰子油中含有高达 90% 以上的饱和脂肪酸，可挥发性脂肪酸含量为 15%~20%。椰子油的熔点为 20~28℃，风味清淡，用于制作冷冻乳制品口感清爽，但其抗融性较差，可塑性范围很窄。但椰子油氢化后其熔点提高到 34℃，可提高其保形性。椰子油的指标见表 5-3。

表 5 - 3　椰子油的指标

项目	数值
相对密度 d（20℃/4℃）	0.920～0.926
折射率	约 1.450 0
熔点/℃	20～28
凝固点/℃	14～25
脂肪酸凝固点/℃	20.4～23.5
碘值/（g/100g）	8～11
皂化值/（mg/g）	254～262
总脂肪酸含量/%	86～92
不皂化物含量/%	<0.5
脂肪酸平均相对分子质量	196～217

（五）鸡蛋与蛋制品

冷冻乳制品生产早期采用鸡蛋与蛋制品作为原料，主要是因为这些原料富含卵磷脂，能使冷冻乳制品形成永久性的乳化能力，同时蛋黄亦可起稳定剂的作用。鸡蛋与蛋制品能提高冷冻乳制品的营养价值，改善其组织结构、状态及风味。

1. 鸡蛋　鸡蛋由蛋壳、蛋白、蛋黄三部分组成，蛋壳大约占 11.5%，蛋白约占58.5%，蛋黄占 30% 左右。蛋白占鸡蛋中多半比例，蛋白本身也是一种发泡性很好的物质，在冷冻乳制品生产中能赋予料液较好的搅打性和蜂窝效果。蛋黄中卵磷脂能赋予冷冻乳制品较好的乳化能力。

蛋白溶于水后，加热会使蛋白质凝固成絮状，在冷冻乳制品使用中，首先需将鲜鸡蛋去壳后用搅拌器打发，完全水合后加入凉水或温水中，再进行加热、杀菌，禁止直接将去壳后的鲜鸡蛋或打发后的蛋液加到 55℃ 以上的料液中。

鲜鸡蛋在生产中难于运输，加工处理受到局限，冷冻乳制品生产中也经常会用到蛋制品，但用鲜鸡蛋制造冷冻乳制品成本比用蛋制品低，而且生产出来的冷冻乳制品膨胀率高、风味好，目前相当一部分厂家在用鲜鸡蛋。鲜鸡蛋常用量为 1%～2%，若用量过多，则有蛋腥味。

2. 蛋制品　蛋制品主要包括冰全蛋、冰蛋黄、全蛋粉和蛋黄粉。冰全蛋是由新鲜鸡蛋经照蛋质检、消毒处理、打蛋去壳、蛋液过滤、巴氏杀菌、冷冻制成的。冰蛋黄是用分离出来的蛋黄经巴氏杀菌、冷冻制成的。全蛋粉和蛋黄粉是指由新鲜鸡蛋经照蛋质检、消毒处理、打蛋去壳、蛋液过滤、喷雾干燥而制成的蛋制品，以及用分离出来的鲜蛋黄经加工处理和喷雾干燥制成的蛋制品。蛋制品的常用量为 0.3%～0.5%。

（六）甜味剂

冷冻乳制品生产中使用的甜味剂主要有蔗糖、淀粉糖浆、葡萄糖、果葡糖浆及糖精钠、环己基氨基磺酸钠、天冬酰苯丙氨酸甲酯、乙酰磺胺酸钾、三氯蔗糖等。这些甜味剂由于功能特性不同，有的仅是给冷冻乳制品提供甜味的呈味物质；有的既是呈味物质，同时又是冷冻乳制品的主要组成成分物质，能影响冷冻乳制品的组织结构，比如蔗糖、淀粉糖浆、葡萄糖、果葡糖浆，它们使用的多少对冷冻乳制品的组织状态、口感、保形性都有很大的影响。

甜味剂甜味的高低称为甜度，甜度是衡量甜味剂的重要指标。通常对各种甜味剂甜度的衡量是以蔗糖为参照，一般将蔗糖的甜度定为 100，甜味剂的甜度对比见表 5-4。

表 5-4　甜味剂的甜度对比

名称	甜味	名称	甜味	名称	甜味
蔗糖	100	高麦芽糖浆	30	糖精钠	30 000~50 000
三氯蔗糖	60 000	环己基氨基磺酸钠	4 800	山梨糖醇	50~80
果葡糖浆	100	淀粉糖浆	40	乙酰磺胺酸钾	20 000
蛋白糖	5 000	葡萄糖粉	70	天冬酰苯丙氨酸甲酯	20 000

1. 蔗糖　蔗糖也称白砂糖，白色颗粒状，相对密度为 1.595，熔点 185~186℃，易溶于水。冰淇淋生产中最常用的甜味剂是蔗糖，一般用量为 12%~16%，蔗糖过少会使制品甜味不足，过多则缺乏清凉爽口的感觉，并使料液冰点降低（一般增加 2% 的蔗糖其冰点相对降低 0.22℃），凝冻时膨胀率不易提高，易收缩，成品容易融化。蔗糖还能影响料液的黏度，控制冰晶的增大。

2. 果葡糖浆　果葡糖浆是由淀粉制成葡萄糖，再经异构化反应部分葡萄糖转变为果糖，为葡萄糖和果糖的混合糖浆，是一种无色、澄清、透明、甜味纯正的黏稠液体。果葡糖浆的甜度随其中果糖含量的多少而异。异构转化率为 40% 的果葡糖浆甜度与蔗糖相同，果糖和葡萄糖的相对分子质量比蔗糖小得多，具有较高的渗透压。果葡糖浆易于溶解，比蔗糖稳定，在冷冻乳制品生产中可部分替代蔗糖。

3. 高麦芽糖浆　高麦芽糖浆是一种麦芽糖含量高、葡萄糖含量低的中等转化糖浆。高麦芽糖浆是淀粉的深加工转化产品，浓缩商品高麦芽糖浆固形物浓度在 75% 以上。

4. 环己基氨基磺酸钠　环己基氨基磺酸钠又称为甜蜜素，为白色结晶或结晶粉末，易溶于水，具有热稳定性，甜度大，无不良气味。在冷冻乳制品中其最大使用量不得超过 0.065%。

5. 葡萄糖粉　葡萄糖粉是葡萄糖的结晶体。结晶的葡萄糖易溶于水，口感清爽，但吸水性不强。

6. 糖精钠　糖精钠为无色或稍带白色的结晶性粉末，易溶于水，在热和酸性条件下具有不稳定性。价格便宜，甜度大，在食品中广泛使用，但在冰淇淋中很少采用，即使使用也不得超过 0.015%。

7. 山梨糖醇　山梨糖醇又称山梨醇，由葡萄糖氢化还原制得，为白色吸湿性粉末或晶状粉末。山梨糖醇具有清凉的甜味，有吸湿性、保湿性，可防止糖、盐结晶析出，防止淀粉老化。

8. 乙酰磺胺酸钾　乙酰磺胺酸钾又称安赛蜜，白色结晶粉末，易溶于水，对热、酸性质稳定。乙酰磺胺酸钾与山梨醇混合物的甜味特性甚佳。

9. 天冬酰苯丙氨酸甲酯 天冬酰苯丙氨酸甲酯又称阿斯巴甜、甜味素，是由两种不同的氨基酸即天冬氨酸和苯丙氨酸所合成。白色粉末，具有蔗糖的纯净甜味，无异味，安全性高，ADI 为 0～40mg/kg，是甜味最接近蔗糖的甜味剂，甜度为蔗糖的 200 倍。其最大缺陷是在高温和碱性条件下不稳定，易分解失去甜味。

（七）稳定剂

稳定剂是一类能够分散在液相中大量结合水分子的物质，在冷冻乳制品生产中普遍采用。稳定剂具有亲水性，能提高冰淇淋的黏度和膨胀率，防止大冰晶的形成，使产品质地润滑，具有一定的抗融性。

稳定剂在冰淇淋中的作用有：①增稠作用，提高混合料的黏度，与混合料中的自由水结合，减少自由水的数量；②赋形、保形作用，通过减少自由水的数量使凝冻的冰淇淋组织坚挺易成型，减少由于外部环境温度的变化对冰淇淋的影响，提高其抗融性、减少收缩；③提高搅拌性及膨胀率，改善混合料的搅拌发泡性，稳定发泡效果；④改善口感，使冰淇淋质地润滑、细腻，延缓或减少冰淇淋在储运中大冰晶的产生。稳定剂的种类很多，其添加量依原料成分组成而变化，尤其是依总固形物含量而异，一般为 0.1%～0.5%，常用稳定剂的特性及参考用量如表 5-5 所示。

表 5-5 稳定剂的特性及参考用量

名称	类别	来源	特征	参考用量/%
明胶	蛋白质	蛋白质	热可逆性凝胶，可在低温时融化	0.5
CMC	改性纤维素	改性纤维素	增稠、稳定作用	0.2
海藻酸钠	有机聚合物	海带、海藻	热可逆性凝胶，增稠、稳定作用	0.25
卡拉胶	多糖	红色海藻	热可逆性凝胶，稳定作用	0.08
角豆胶	多糖	角豆树	增稠，和乳蛋白相互作用	0.25
瓜尔豆胶	多糖	瓜尔豆树	增稠作用	0.25
果胶	聚合有机酸	柑橘类果皮	胶凝、稳定作用，在 pH 较低时稳定	0.15
魔芋胶	多糖	魔芋块茎	增稠、稳定作用	0.3
黄原胶	多糖	淀粉发酵	增稠作用、稳定作用，pH 变化适应性强	0.2
微晶纤维	纤维素	植物纤维	增稠、稳定作用	0.5
淀粉	多糖	玉米制粉	提高黏度	3

1. 明胶 明胶为动物的皮、骨、软骨、韧带、肌膜等含有的胶原蛋白，经部分水解后得到的高分子多肽混合物。明胶不溶于冷水，但能吸收 5～10 倍的冷水而膨胀软化，溶于热水，冷却后形成凝胶。明胶是应用于冰淇淋最早的稳定剂，其在凝冻和硬化过程中形成凝胶体，可以阻止冰晶增大，保持冰淇淋柔软、光滑、细腻。明胶的使用量不超过 0.5%，用热水提前浸泡溶解后加到混合原料中。由于明胶黏度低、老化时间长，目前很少使用。

2. CMC　CMC 的水溶性好。冷水可溶，无凝胶作用，在冰淇淋中应用具有口感良好、组织细腻、不易变形、质地厚实、搅打性好等优点，但其风味释放差，易导致口感过黏，对贮藏稳定性作用不大。CMC 与海藻酸钠复合使用其亲水性大大增强。

3. 海藻酸钠　海藻酸钠为亲水性高分子化合物，水溶性好，冷水可溶。海藻酸钠的水溶液与钙离子接触时形成热不可逆凝胶。通过加入钙离子的多少、海藻酸钠浓度来控制凝胶的时间及强度。海藻酸钠可很好地保持冰淇淋的形态，防止体积收缩和组织沙状最为有效。常见的海藻酸钠为颗粒状，但也有粉末状的，生产中要注意其添加速度。

4. 卡拉胶　卡拉胶又名角叉菜胶，在冰淇淋中 κ-型卡拉胶凝胶效果最好，不溶于冷水，其凝胶具有热可逆性，κ-型卡拉胶与刺槐豆胶配合可形成有弹性、有内聚力的凝胶；与黄原胶配合可形成有弹性、柔软和有内聚力的凝胶；与魔芋胶配合可获得有弹性、对热可逆的凝胶。卡拉胶具有稳定酪原胶束的能力，具有防止脱水收缩、使产品质地厚实、提高抗融性的特点。

5. 角豆胶　角豆胶又称刺槐豆胶，在冷水中不溶解，无凝胶作用。对组织形体具有良好的保持性能，单独使用时，对冰淇淋混合原料有乳清分离的倾向，常与瓜尔豆胶、卡拉胶复配使用，使冰淇淋具有清爽口感，富有奶油感，有良好的贮藏稳定性、优良的风味释放性等，但其价格较高，易造成收缩脱水。

6. 瓜尔豆胶　瓜尔豆胶是最高效的增稠剂，水溶性好，无凝胶作用，黏度高，价格低，是使用最广泛的一种增稠剂。在冰淇淋中使用瓜尔豆胶可使产品质地厚实，赋予浆料高黏度。使用量为 0.1%～0.25%。

7. 果胶　果胶是一种糖类，从柑橘皮、苹果皮等含胶质丰富的果皮中制得。果胶分为高甲氧基果胶和低甲氧基果胶。冰淇淋中使用高甲氧基含量高的果胶为好，可使冰淇淋润滑、没有沙粒感，使用量为 0.03%。

8. 魔芋胶　魔芋胶又称为甘露胶，是天然胶中黏度最高的亲水胶。魔芋胶有很高的吸水性，其亲水体积可获得 100 倍以上的膨胀，有很高的黏稠性和悬浮性，有较强的凝胶作用。魔芋胶与淀粉在高温下有良好的水合作用，与角豆胶、卡拉胶、海藻酸钠有很好的配伍作用，可改善凝胶的弹性和强度。

9. 黄原胶　黄原胶又称为汉生胶或黄杆菌胶，易溶于水，耐酸，耐碱，抗酶解，且不受温度变化的影响。其特点是具有假塑流动性，即黏度随剪切速度的降低而迅速恢复，有良好的悬浮稳定性，优良的反复冷冻、解冻耐受性，与其他稳定剂协同性较好，与瓜尔豆胶复合使用可提高黏性，与角豆胶复合使用可形成弹性凝胶。

（八）乳化剂

乳化剂实际上是一种表面活性剂，它能够降低液体的表面张力。其分子中具有亲水基和亲油基，当被加入两液相体系中时，它可介于油和水之间，使一方能很好地分散于另一方中，形成稳定的乳浊液。

乳化剂在冰淇淋中的作用有：①使脂肪呈微细乳浊状态，并使之稳定化；②分散脂肪球以外的粒子，并使之稳定化；③增加室温下产品的耐热性，也就是增强了其抗融性和抗收缩性；④防止或控制粗大冰晶形成，使产品组织细腻。乳化剂的添加量与混合料中脂肪含量有关，一般随脂肪量增加而增加，其范围在 0.1%～0.5%，复合乳化剂的性能优于单一乳化剂。

1. 常用乳化剂　常用乳化剂的性能及参考添加量如表 5-6 所示。

表 5-6　常用乳化剂的性能及参考添加量

名称	来源	性能	参考添加量/%
单甘酯	油脂	乳化性强，抑制冰晶的生成	0.2
蔗糖酯	蔗糖脂肪酸	可与单甘酯（1∶1）合用于冰淇淋中	0.1～0.3
吐温（tween）	山梨糖醇脂肪酸	延缓融化时间	0.1～0.3
司盘（span）	山梨糖醇脂肪酸	乳化作用，与单甘酯合用有复合效果	0.2～0.3
PG 酯	丙二醇、甘油	与单甘酯合用，提高膨胀，保形性	0.2～0.3
卵磷脂	蛋黄粉中含 10%	常与单甘酯合用	0.1～0.5
大豆磷脂	大豆	常与单甘酯合用	0.1～0.5

（1）单甘酯。即单硬脂酸甘油酯，又称分子蒸馏单甘酯。其价格便宜，使用方便，是生产中常用的一种乳化剂，它为油包水型（W/O），其乳化能力很强，也可作为水包油型乳化剂使用。亲水疏水平衡值（HLB 值）为 3.8。

（2）蔗糖酯。即蔗糖脂肪酸酯，简称 SE。有高亲水性和高亲油性等不同型号的产品，HLB 值为 3～16。高亲水性产品能使水包油乳液非常稳定，冰淇淋宜采用 HLB 值为 11～15 的蔗糖酯。可与单硬脂酸甘油酯复合用于冰淇淋，改善乳化稳定性和搅拌性。

（3）吐温。即聚氧乙烯失水山梨醇脂肪酸酯，又称聚山梨酯。为非离子型表面活性剂，有异臭，微苦，一系列聚氧乙烯去水山梨醇的部分脂肪酸酯。吐温广泛用作乳化剂和油类物质的增溶剂。吐温通常被认为是无毒、无刺激性的材料。

（4）司盘。即山梨糖醇酐脂肪酸酯。是亲油性乳化剂，HLB 值 4.7。司盘系列产品都是非离子型乳化剂，有很强的乳化能力、较好的水分散性和防止油脂结晶性能，目前主要品种有山梨醇、单硬脂酸酯、山梨醇三硬脂酸酯、山梨醇单月桂酸酯、山梨醇油酸酯、山梨醇单棕榈油酸酯等，既溶于水，又溶于油，适合制成水包油型和油包水型两种乳浊液。

（5）PG 酯。又称没食子酸丙酯。我国《食品添加剂使用卫生标准》规定：没食子酸丙酯可用于食品油脂、油炸食品、干鱼制品、饼干、方便面、速煮米、果仁罐头、腌腊肉制品。

（6）卵磷脂。是一种天然的乳化剂，存在于油料种子（大豆、花生等）和蛋黄中。

（7）大豆磷脂。是从生产大豆油的油脚中提取的产物，是由甘油、脂肪酸、胆碱或胆胺所组成的酯，能溶于油脂及非极性溶剂。大豆磷脂的组成成分复杂，主要含有卵磷脂（约 34.2%）、脑磷脂（约 19.7%）、肌醇磷脂（约 16.0%）、磷脂酰丝氨酸（约 15.8%）、磷脂酸（约 3.6%）及其他磷脂（约 10.7%）。为浅黄色至棕色的黏稠液体，或白色至浅棕色的固体粉末。

2. 复合乳化稳定剂　随着科技的进步，为了满足冰淇淋生产的需要，人们已广泛采用复合稳定剂来代替单体乳化剂和稳定剂。由于不同品种各种成分的差别，其产品品质和组织结构要求也不同，生产工艺及包装形式的区别，使复合乳化稳定剂得到迅速的发展，复合乳化稳定剂现已成为食品添加剂行业中的新门类。采用复合乳化稳定剂有以下优点：① 经过高温处理，确保了产品微生物指标符合标准要求；② 避免了单体稳定剂、乳化剂的缺陷，得到整体协同效应；③ 充分发挥了每种亲水胶体的有效作用；④ 可获得良好的膨胀率、抗融性能、组织结构及良好口感的冰淇淋。常见的复合稳定剂配合类型有 CMC＋明胶＋单甘酯；CMC＋卡拉胶＋单甘酯＋蔗糖酯；CMC＋明胶＋卡拉胶＋单甘酯；海藻酸钠＋明胶＋单甘酯等。目前，工业生产中使用复合乳化稳定剂已很普遍，其添加量一般为 0.2％～0.5％。

（九）香精、香料

香精、香料起到激发和促进食欲的作用，是冷饮食品中不可缺少的一部分。香精、香料在食品中可以起到画龙点睛、锦上添花的作用，在冷冻乳制品中添加香精可使产品具有醇和的香味并保持该品种应有的天然风味，增进冷饮食品的使用价值。食用香精是参照天然食品的香味，采用天然香味、天然等同香料、合成香料经精心调配而成的具有天然风味的各种香型的香精。在冷冻乳制品中使用的香精有六大类，即乳化类香精、水溶性香精、油溶性香精、水油两溶性香精、粉末类香精和微胶囊香精。在这六大类香精中，油溶性香精和粉末类香精在冰淇淋中应用很少，即使使用也主要起到赋香作用（将产品本身很弱或没有的香气增加或增浓）；乳化类香精、水溶性香精和水油两溶性香精在冰淇淋中应用较广泛。

香精在冷冻乳制品中的作用主要有：①辅助作用。食品本身已具有美好的香味，但由于其香味强度不足，需选用与其香气和香味对应的香精来辅助。②稳定作用。食品的香味因贮藏、加工等会有所变化，通过添加与之对应的香精，对食品原有香气起到一定的稳定作用。③补充作用。食品本身具有较好的香气，但在生产加工中香气有损失或者自身香气浓度不足，通过选用香气与之相对应的香精、香料来进行补充。④赋香作用。食品本身并无香气或香气很微弱时，通过添加特定香型的香精、香料使其具有一定类型的香气和香味。⑤矫味作用。某些产品在生产加工过程中产生不好气味时，通过加香来矫正其气味，使其容易被接受。⑥替代作用。由于原料成本、加工工艺有困难等原因，食品本身不具有香味，通过添加香精来替代，使其具有要求的香味。

要使冷冻乳制品得到清雅醇和的香味，除了注意香精、香料本身的品质优劣外，其用量及调配也是极其重要的环节。香精、香料用量过多，会使消费者饮用时有触鼻的刺激感觉，而失去清雅醇和近似天然香味的感觉；香精、香料用量过少，则造成香味不足，不能达到应有的增香效果。一般冷冻乳制品中香精、香料的添加总量为 0.025％～0.15％。但实际用量尚需根据食用香精、香料的品质及工艺条件而定。香精、香料都有一定的挥发性，应在老化后的物料中添加，以减少挥发损失。

香精、香料的选择要考虑三个方面的问题：①头香。产品具有鲜明特征的香气，选择具有较有诱发性的香精，如纯牛乳口味的冰淇淋需要加一些挥发性较好的鲜牛乳香精。②主香。主香又称体香，是在冰淇淋中起主要香味作用的香料，其香味与所配制产品的香型一致，如在巧克力冰淇淋中主要添加了巧克力香精，奶油冰淇淋中主要添加了奶油香精。③尾香。尾香是为使香气达到更加饱满、润滑、厚实等效果而添加的香料，如在巧克力冰淇淋中加少许咖啡香精，在纯牛乳冰淇淋需要加少量的蛋黄香精。在冷冻乳制品生产中调香，是香精取长补短、互相搭配的过程，需要通过闻香、调样理论与实践相结合。首先，需要闻香，看要选用的香精头香、体香及尾香是否饱满、厚重，如觉得头香不足则需要选择一个头香较好的香精作补充。其次，闻香。选择好香精以后需要调制一个样品品尝验证，如果不完美、有缺陷需继续选择、调整，直至达到要求为止。

（十）着色剂

着色剂是以使物料着色为目的的一种食品添加剂。它使产品具有赏心悦目的色泽，给人以感官上美的享受，对食品的嗜好性及刺激食欲有重要意义。冷冻乳制品生产调色时，应选用与产品名称相适应的着色剂。选择使用着色剂时，应首先考虑食品添加剂卫生标准。冷冻乳制品的着色剂可分为三类。

1. 食用天然色素 食用天然色素有：①植物色素，如胡萝卜素、叶绿素、姜黄素、红花黄素、栀子黄素；②微生物色素，如核黄素、红曲色素；③动物色素，如虫胶色素。食用天然色素对光、热及 pH 的敏感性高，对氧化的敏感性强，食品天然色素的成本远高于食品合成色素，但人们对其安全性信赖较高。

2. 食品合成色素 天然色素因成本、稳定性等方面的原因，使用较少，合成色素使用很普遍。食用合成色素有苋菜红、胭脂红、柠檬黄、日落黄、靛蓝等。生产中根据需要选择 2～3 种基本色，搭配成不同颜色。常见的色调搭配见表 5-7。

表 5-7　常用的几种色调搭配

各种色素搭配比例	搭配后的颜色
苋菜红 40%、柠檬黄 60%	杨梅红
胭脂红 40%、苋菜红 60%	橘红
靛蓝 60%、苋菜红 40%	紫葡萄
苋菜红 50%、胭脂红 50%	大红
靛蓝 55%、柠檬黄 45%	苹果绿
亮蓝 0.135%、柠檬黄 0.27%	薄荷色
亮蓝 0.3%、柠檬黄 0.18%	甜瓜色
亮蓝 0.04%、苋菜红 0.16%	紫葡萄色

3. 其他着色剂 在冷冻乳制品生产中，还使用其他着色剂，如熟化红豆、熟化绿豆、可可粉、速溶咖啡等，不但体现天然植物的自然色泽，而且其制品独具风味。

（十一）酸味剂及酸味调节剂

冷冻乳制品常用的酸味剂主要有柠檬酸、苹果酸、乳酸、酒石酸等。柠檬酸的酸味柔和、爽口，入口后即达到酸感峰值，后味延续时间短，应用于各种水果冷饮；苹果酸酸味强度较柠檬酸略高，酸味圆润，持续时间长，与柠檬酸合用可产生真实的果味口感；乳酸有微弱的酸味，用于酸乳冷饮酸度的调节；酒石酸酸味具有稍涩的收敛味，后味长，适用于葡萄香型。冰淇淋生产中使用的酸味调节剂主要为柠檬酸钠，它的使用可使酸味圆润绵长，改善其他酸味剂在使用中的不足。

（十二）果品与果浆

果品能赋予冷冻乳制品天然果品的香味，提高产品的档次。冷冻乳制品中的果品以草莓、柑橘、橙、柠檬、香蕉、菠萝、阳桃、葡萄、荔枝、椰子、山楂、西瓜、苹果、杧果、杏仁、核桃、花生等较为常见。一般冷冻乳制品工业应选用深度冻结果浆、巴氏杀菌果浆或冷冻干燥粉。

【任务实施】

任务一　冰淇淋的加工

冰淇淋原意为冰冻奶油之意。《冷冻饮品　冰淇淋》（GB/T 31114—2014）中将冰淇淋定义为以饮用水、乳和（或）乳制品、蛋制品、水果制品、豆制品、食糖、食用植物油等的一种或多种为原辅料，添加或不添加食品添加剂和（或）食品营养强化剂，经混合、灭菌、均质、冷却、老化、冻结、硬化等工艺制成的体积膨胀的冷冻饮品。

冰淇淋中添加的乳或乳制品、乳化剂、稳定剂、香味剂、着色剂等多种原辅料不仅赋予冰淇淋浓郁的香味、细腻的组织、可口的滋味和诱人的色泽，而且具有很高的营养价值，可为人体补充一些营养，对人体有一定的保健作用。因此，冰淇淋在炎热季节里备受青睐，是夏天清凉祛暑的好食品，深受人民群众，尤其是儿童的喜爱。

一、种类

冰淇淋的品种繁多，按照《冷冻饮品　冰淇淋》（GB/T 31114—2014）分类如下：

1. 全乳脂冰淇淋　主体部分乳脂质量分数为8%以上（不含非乳脂）的冰淇淋。

（1）清型全乳脂冰淇淋。不含颗粒或块状辅料的全乳脂冰淇淋，如奶油冰淇淋、可可冰淇淋等。

（2）组合型全乳脂冰淇淋。以全乳脂冰淇淋为主体，与其他种类冷冻饮品和（或）巧克力、饼坯等食品组合而成的制品，其中全乳脂冰淇淋所占质量分数＞50%，如巧克力奶油冰淇淋、蛋卷奶油冰淇淋等。

2. 半乳脂冰淇淋　主体部分乳脂质量分数≥2.2%的冰淇淋。

（1）清型半乳脂冰淇淋。不含颗粒或块状辅料的半乳脂冰淇淋，如香草半乳脂冰淇淋、香芋半乳脂冰淇淋等。

（2）组合型半乳脂冰淇淋。以半乳脂冰淇淋为主体，与其他种类冷冻饮品和（或）巧克力、饼坯等食品组合而成的制品，其中半乳脂冰淇淋所占质量分数＞50%，如脆皮半乳脂冰淇淋、蛋卷半乳脂冰淇淋、三明治半乳脂冰淇淋等。

3. 植脂冰淇淋　主体部分乳脂质量分数＜2.2%的冰淇淋。

（1）清型植脂冰淇淋。不含颗粒或块状辅料的植脂冰淇淋，如豆奶冰淇淋、可可植脂冰淇淋等。

（2）组合型植脂冰淇淋。以植脂冰淇淋为主体，以其他种类冷冻饮品和（或）巧克力、饼坯等食品组合而成的食品，其中植脂冰淇淋所占质量分数＞50％，如巧克力脆皮植脂冰淇淋、华夫夹心植脂冰淇淋等。

二、配方

典型的冰淇淋配方如表5-8所示。

表5-8 典型的冰淇淋配方

冰淇淋类型	脂肪含量/％	乳中非脂固形物含量/％	糖含量/％	乳化剂或稳定剂含量/％	水含量/％	膨胀率/％
高级奶油冰淇淋	15	10	15	0.3	59.7	110
奶油冰淇淋	10	11	14	0.4	64.6	100
牛乳冰淇淋	4	12	13	0.6	70.4	85
果味冰淇淋	2	4	22	0.4	71.6	50

（一）脂肪

脂肪决定着冰淇淋的风味和口感，而且它在冰冻期间对网络的形成和保持冰淇淋的稠度起重要作用。脂肪占奶油冰淇淋混合物质量的10％～15％，可以是乳脂肪，也可以是植物脂肪。新鲜全脂牛乳是脂肪和非脂乳固体的最理想来源，能赋予冰淇淋十足的特色，比其他来源都要好。然而，新鲜全脂牛乳的保鲜期短，价格昂贵。乳脂肪可以部分或全部被硬化的植物脂肪代替，如被经过硬化的葵花籽油、椰子油、大豆油和菜油所代替。应用植物油与应用乳脂肪所形成的色泽和风味不同。

（二）乳中的非脂乳固体

乳中的非脂乳固体不仅营养价值高，而且可以改善冰淇淋质地，保证甜度和空气的混入。乳中非脂乳固形物包括蛋白质、乳糖和无机盐。它们是以乳粉和浓缩脱脂乳的形式加入的。要达到最佳效果，非脂乳固形物与脂肪的比例应该总是保持一定。如要制作脂肪含量为10％～12％的冰淇淋组分混合物，非脂固形物含量应该为11％～11.5％。

（三）糖

冰淇淋中加入糖的主要作用是赋予冰淇淋甜度，吸引顾客青睐，而且糖可以调节冰淇淋中固体的含量，改善质地。冰淇淋混合物中通常含10％～18％的糖。蔗糖依然是用得普遍的增甜剂，它可以单独使用，也可以与其他增甜剂配合使用。有许多因素影响着增甜效果和产品质量。可以应用的糖有多种，如蔗糖、甜菜糖、葡萄糖、乳糖、葡萄糖与乳糖的混合物。

（四）乳化剂

乳化剂是通过降低液体乳品的表面张力而帮助乳品发生作用的物质。使用乳化剂是为了改善混合物的发泡质量，从而生产质地光滑而干燥的冰淇淋。乳化剂也有助于稳定乳化作用。常用的乳化剂有单甘酯、蔗糖酯、卵磷脂、大豆磷脂、山梨醇酐脂肪酸、蛋黄。添加量一般为 $0.1\%\sim0.5\%$。

（五）稳定剂

稳定剂是指分散在液相（水）中时能结合大量水分子的物质。这个结合过程称为水合作用，即稳定剂形成一个网络，这个网络能阻止水分子自由运动。稳定剂能改善冰淇淋组分混合物的稠度，也能改善冰淇淋成品的形体结构、空气混合度、质地和溶解特性。稳定剂有两类：蛋白质类稳定剂和糖类。蛋白质类稳定剂包括明胶、酪蛋白、白蛋白和球蛋白，而糖类包括海藻提取物（如藻酸盐）、半纤维素及经过处理的含纤素化合物。稳定剂的剂量通常占冰淇淋混合物质量的 $0.2\%\sim0.4\%$。

（六）增味剂

增味剂在冰淇淋制作中也有非常重要的决定作用。最常用的增味剂是香草、草莓、咖啡和可可粉等。可可粉的应用很广泛，它能使各种条形、锥形和砖形冰淇淋表面带上一层巧克力覆盖层。为达到这一目的，就要将可可粉与脂肪混合，混合后能形成具有适当的黏性、弹性和稠度的巧克力覆盖层。增味剂可以在混合阶段加入。如果增味剂呈较大的块状果实，如坚果仁水果，那么就要在冰淇淋混合物已经冻结时加入。

（七）着色剂

向混合物中加入着色剂（色素）可以使冰淇淋形成诱人的色泽外观，增强风味。着色剂选择首先要符合添加剂的卫生标准，并与产品香味、名称和谐相称。常用的着色剂有日落黄、胭脂红、柠檬黄等。

三、工艺流程

冰淇淋制造过程大致可分为前道工序和后道工序。前道工序为混合工序，包括混合料的制备、均质、杀菌、冷却与成熟。后道工序则包括凝冻、成型和硬化，是制造冰淇淋的主要工序。冰淇淋制造工艺流程如下：

原料预处理 → 混合料的制备 → 均质 → 杀菌 → 冷却 → 老化（成熟）→ 凝冻 → 成型 →
硬化 → 成品贮存

四、操作要点

（一）混合料的制备

混合料的制备是冰淇淋生产中十分重要的一个步骤，与成品的品质直接相关。

1. 冰淇淋配料的计算　冰淇淋的口味、硬度、质地和成本都取决于各种配料成分的选择及比例。合理的配方设计，有助于配料的平衡恰当并保证质量一致。

冰淇淋的种类很多，原料的配合各种各样，故其成分也不一致。

[**例**] 冰淇淋的配料成分及含量见表5-9，原料中所含的冰淇淋配料成分及含量见表5-10，现要求配制100kg混合料，试计算出各种原料用量。

表5-9　冰淇淋的配料成分及含量

配料成分名称	含量/%
脂肪	10
非脂乳固体	11
蔗糖	16
复合乳化稳定剂	0.5
香料	0.1

表5-10　原料中所含的冰淇淋配料成分及含量

原料名称	所含的冰淇淋配料成分名称	含量/%
稀奶油	脂肪	40
	非脂乳固体	5.0
牛乳	脂肪	3.2
	非脂乳固体	8.3
甜炼乳	糖	45
	脂肪	8
	非脂乳固体	20
蔗糖	糖	100
复合乳化稳定剂		100
香料		100

解：先计算100kg混合料中复合乳化稳定剂和香料的用量。

$$复合乳化稳定剂用量：0.5\% \times 100kg = 0.5kg$$
$$香料用量：0.1\% \times 100 = 0.1kg$$

再计算主要原料的需要量。

设稀奶油、牛乳、甜炼乳和蔗糖的需要质量分别为 A、B、C、D。

$$则\ A + B + C + D + 0.5 + 0.1 = 100 \qquad ①$$
$$0.4A + 0.32B + 0.08C = 10 \qquad ②$$
$$0.05A + 0.083B + 0.2C = 11 \qquad ③$$
$$0.45C + D = 16 \qquad ④$$

解上述四元一次方程，得

$$A = 14.90kg$$
$$B = 52.22kg$$
$$C = 29.60kg$$
$$D = 2.68kg$$

列出所需配料的用量，见表 5 - 11。

表 5 - 11　配料用量

原料名称	用量/kg	脂肪/kg	非脂乳固体/kg	糖/kg	总固体/kg
稀奶油	14.90	5.96	0.75		6.71
牛乳	52.22	1.67	4.33		6.01
甜炼乳	29.60	2.36	5.92	13.32	21.60
蔗糖	2.68			2.68	2.68
乳化稳定剂	0.5				0.5
香料	0.1				0.1
合计	100	10	11	16	37.60

2. 原料的处理

（1）乳粉。应先加温水溶解，有条件的话可用均质机先均质一次。

（2）奶油。应先检查其表面有无杂质，去除杂质后再用刀切成小块，加入杀菌缸。

（3）砂糖。先用适量的水，加热溶解配成糖浆，并经 100 目筛过滤。

（4）鲜鸡蛋。可与鲜乳一起混合，过滤后均质。

（5）蛋黄粉。与加热至 50℃ 的奶油混合，搅拌使之均匀分散在油脂中。

（6）乳化稳定剂。可先配制成 10% 溶液后再加入。

3. 配制混合料　由于冰淇淋配料种类较多，性质不一，配制时的加料顺序十分重要。一般先在牛乳、脱脂乳等黏度小的原料及适量的水中，加入黏度稍高的原料，如糖浆、乳粉溶解液、乳化稳定剂溶液等，并立即进行搅拌和加热，同时加入稀奶油、炼乳、果葡糖浆等黏度高的原料，最后以水或牛乳做容量调整，使混合料的总固体控制在规定的范围内。混合溶解时的温度通常为 40～50℃。

4. 混合料的酸度控制　混合料的酸度与冰淇淋的风味、组织状态和膨胀率有很大的关系，正常酸度以 0.18%～0.2% 为宜。若配制的混合料酸度过高，在杀菌和加入过程中易产生凝固现象，因此杀菌前应测定酸度。若酸度过高，可用碳酸氢钠进行中和。但应注意，不能中和过度，否则会因中和过度而产生涩味，使产品质量劣化。

（二）均质

均质作用的主要目的是通过将脂肪球的粒度减少到 $2\mu m$ 以下，从而使脂肪处在一种永久均匀的悬浮状态。另外，均质还能增进搅拌速度，提高膨胀率，缩短老化期，从而使冰淇淋的质地更为光滑细腻，形体松软，增加稳定性和持久性。

均质温度和均质压力的选择是均质效果好坏的关键，与混合料的凝冻操作及冰淇淋的形体组织有密切的关系。均质的影响因素如下：

1. 均质温度　均质较适宜的温度为 65～70℃。温度过低或过高，都会使脂肪聚集。在较低温度（46～52℃）下均质，会使混合料黏度过高，均质效果不良，需延长凝冻搅拌时间；在较高温度（高于 80℃）下均质，会促进脂肪聚集，且会使膨胀率降低。

2. 均质压力　均质压力过低，脂肪不能完全乳化，造成混合料凝冻搅拌不良，影响冰淇淋的质地与形体；均质压力过高，会使混合料黏度过高，凝冻时空气难以混入，要达到所要求的膨胀率，需要更长的时间。一般来说，压力增加，可以使冰淇淋的组织细腻，形体松软，但压力过高又会造成冰淇淋形体不良。均质压力与混合料的酸度、混合料的脂肪含量、混合料的总固形物含量均成反比。

（三）杀菌

混合料必须经过巴氏杀菌，杀灭致病菌、细菌、霉菌和酵母等，将腐败菌的营养体及芽孢降低至极少数量，并破坏微生物所产生的毒素，以保障消费者食用安全和身体健康。

目前，冰淇淋混合料的杀菌普遍采用高温短时巴氏杀菌法（HTST），杀菌条件一般为 $83 \sim 87$℃ $15 \sim 30s$，以保证混合料中杂菌数低于 50 个/g。杀菌效果可通过做大肠杆菌试验确定。

（四）冷却

杀菌后的混合料，应迅速冷却至 $2 \sim 4$℃。冷却温度不宜过低，不能低于 0℃，否则易使混合料产生冰晶，影响冰淇淋质量。冷却温度过高，如大于 5℃，则易出现脂肪分离现象，会使酸味增加，影响香味。

冷却缸的刷洗与消毒很重要，在混合料冷却前，必须彻底将冷却缸刷洗干净，然后再进行消毒，以保证料液不被细菌污染。缸的刷洗与消毒工作分两个步骤进行，否则难以达到清洗与消毒的目的。

（五）老化

将混合料在 $2 \sim 4$℃的低温下冷藏一定的时间，进行物理成熟的过程称为老化（或成熟）。

1. 老化的目的与作用

（1）加强脂肪凝结物与蛋白质和稳定剂的水合作用，进一步提高混合料的稳定性和黏度，有利于凝冻时膨胀率的提高。

（2）促使脂肪进一步乳化，防止脂肪上浮、酸度增加和游离水析出。

（3）游离水的减少可防止凝冻时形成较大的冰晶。

（4）缩短凝冻时间，改善冰淇淋的组织。

2. 老化过程发生的变化

（1）干物料的完全水合作用。尽管干物料在物料混合时已溶解了，但仍然需要一定的时间才能完全水合，完全水合作用的效果体现在混合物料的黏度以及后来的形体、奶油感、抗融性和成品贮藏稳定性上。

（2）脂肪的结晶。甘油三酸酯熔点最高，结晶最早，离脂肪球表面也最近，这个过程重复地持续着，因而形成了以液状脂肪为核心的多壳层脂肪球。乳化剂的使用会导致更多的脂肪结晶。如果使用不饱和油脂作为脂肪来源，结晶的脂肪就会较少，这种情况下所制得的冰淇淋其食用质量和贮藏稳定性都会较差。

（3）脂肪球表面蛋白质的解吸。老化期间冰淇淋混合物料中脂肪球表面的蛋白质总量减少。现已发现，含有饱和的单甘油酸酯的混合物料中蛋白质解吸速度加快。电子显微照片研究发现，脂肪球表面乳化剂的最初解吸是黏附的蛋白质层的移动，而不是单个酪蛋白粒子的移动。在最后的搅打和凝冻过程中，由于剪切力相当大，界面结合的蛋白质可能会更完全地释放出来。

3. 老化影响因素　随着料液温度的降低，老化时间可缩短，例如 2～4℃，老化时间需 4h；0～1℃时，老化时间只需 2h；高于 5℃时，即使延长了老化时间也得不到良好的效果。混合料总固形物含量越高，黏度越高，老化时间就越短。现在由于乳化稳定剂性能的提高，老化时间还可缩短。

（六）凝冻

凝冻是冰淇淋制造中最重要的步骤之一，是冰淇淋的质量、可口性、产量的决定因素。凝冻，就是将流体状的混合料在强制搅拌下进行冻结，使空气以极微小的气泡状态均匀分布于混合料中，在体积逐渐膨胀的同时，由于冷冻而呈半固体状的过程。一般采用 $-5～-2℃$ 凝冻。

1. 凝冻的目的与作用

（1）使混合料中的水变成细微的冰晶。混合料在结冰温度下受到强制搅刮，使冰晶来不及长大，而成为极细微的冰晶（$4\mu m$ 左右），并均匀地分布在混合料中，使组织细腻、口感滑润。

（2）获得合适的膨胀率。搅刮器不停地搅刮，使空气逐渐混入混合料中，并以极细微的气泡分布于混合料中，使其体积逐渐膨胀，空气在冰淇淋中的分布状况对成品质量最为重要，空气分布均匀就会形成光滑的质构、奶油般滑润的口感和温和的食用特性。抗融性和贮藏稳定性在很大程度上也取决于空气泡分布是否均匀。

（3）使混合料混合均匀。凝冻过程所获得的搅拌效果显示了乳化剂添加量、均质、老化时间以及出料温度是否合适。

2. 凝冻影响因素　冰淇淋混合原料的凝冻温度与含糖量有关，而与其他成分关系不大。混合原料在凝冻过程中的水分冻结是逐渐形成的。在降低冰淇淋温度时，每降低 1℃，其硬化所需的持续时间就可缩短 10%～20%。但凝冻温度不得低于 $-6℃$，因为温度太低会造成冰淇淋不易从凝冻机内放出。如果冰淇淋的温度较低，并且控制制冷剂的温度也较低，则凝冻操作时间可缩短，其缺点是所制冰淇淋的膨胀率低、空气不易混入，而且空气混合不均匀、组织不疏松、缺乏持久性。凝冻时的温度高、非脂乳固体物含量多、含糖量高、稳定剂含量高等条件均能使凝冻时间过长，其缺点是成品组织粗并有脂肪微粒存在，冰淇淋组织易发生收缩现象。

3. 冰晶的控制　冰淇淋在凝冻过程中约有 50% 的水分冻结成冰晶。冰晶的产生是不可避免的，关键在于冰晶的大小。为了获得细腻的组织，冰淇淋凝冻机提供的以下几点为形成细微的冰晶创造条件：冰晶形成快；剧烈搅拌；不断添加细小的冰晶；保持一定的黏度。

（七）冰淇淋的膨胀率

冰淇淋的膨胀率，是指一定质量的冰淇淋浆料制成冰淇淋后体积增加的百分比。膨胀率过高，组织松软；膨胀率过低，组织坚实。膨胀后的冰淇淋内部含有大量细微的气泡，从而获得良好的组织和形体，使其品质好于不膨胀的或膨胀不够的冰淇淋，且更为柔润、松软。另外，因空气呈细微的气泡均匀地分布于冰淇淋组织中，起到稳定和阻止热传导的作用，可使冰淇淋成型硬化后较持久不融化，从而增强产品的抗融性。

膨胀率的计算，有两种方法：体积法和质量法，其中以体积法更为常用。

体积法：$B=（V_2-V_1）/V_1\times100\%$

式中：B——冰淇淋的膨胀率，%；

V_1——1 kg 冰淇淋的体积，L；

V_2——1 kg 混合料的体积，L。

质量法：$B=（M_2-M_1）/M_1\times100\%$

式中：B——冰淇淋的膨胀率，%；

M_1——1L 冰淇淋的质量，kg；

M_2——1L 混合料的质量，kg。

在制造冰淇淋时，应适当地控制膨胀率，为了达到这个目的，对影响冰淇淋膨胀率的各种因素必须加以适当控制。

1. 原辅料的影响

（1）乳脂肪含量。乳脂肪含量与混合原料的黏度有关。黏度适宜则凝冻搅拌时空气容易混入。

（2）非脂乳固体含量。混合原料中非脂乳固体含量高，能提高膨胀率，但非脂乳固体中的乳糖结晶、乳酸的产生及部分蛋白质的凝固对混合原料膨胀有不良影响。

（3）糖分。混合原料中糖分含量过高，可使冰点降低、凝冻搅拌时间加长，有碍于膨胀率的提高。

（4）稳定剂。稳定剂多采用明胶及琼脂等。如用量适当，能提高膨胀率。但其用量过高，则黏度增强，空气不易混入，影响膨胀率。

（5）乳化剂　加入适量的鸡蛋蛋白可使膨胀率增加。

2. 混合原料的处理　混合原料采用高压均质及老化等处理，能增加黏度，有助于提高膨胀率。一般情况下，不均质的混合料，膨胀率不到 80%。但是由于均质导致脂肪球凝集，使混合料黏稠而降低搅打能力，并且使冰淇淋的形体、组织不良。经过成熟处理的混合料容易搅打。

3. 混合原料的凝冻　凝冻操作是否得当与冰淇淋膨胀率有密切关系。凝冻搅拌器的结构及其转速、混合原料凝冻程度等与膨胀率同样有密切关系。要得到适宜的膨胀率，除控制上述因素外，尚需有丰富的操作经验或采用仪表控制。

（八）成型

凝冻后的冰淇淋为半流体状，又称软质冰淇淋，一般是现制现售。而多数凝冻后的冰淇淋为了便于贮藏、运输以及销售，需进行分装成型，再通过硬化来维持其在凝冻中所形成的质构，成为硬质冰淇淋才能进入市场。

我国目前市场上冰淇淋一般有纸盒散装的大冰砖、中冰砖、小冰砖、纸杯装等几种。冰淇淋的分装成型，是采用各种不同类型的成型设备来进行的。冰淇淋成型设备类型很多，目前我国常采用冰砖灌装机、纸杯灌注机、小冰砖切块机、连续回转式冰淇淋凝冻机等。

（九）硬化

已凝冻的冰淇淋在分装和包装后，必须进行一定时间的低温冷冻过程，以固定冰淇淋的组织状态，并完成在冰淇淋中形成极细小的冰结晶过程，使其组织保持一定的松软度，这称为冰淇淋的硬化。冰淇淋经过硬化，可以使其保持预定的形状，保证产品质量，便于销售、贮藏、运输。冰淇淋凝冻后如不及时进行分装和硬化，则表面部分易受热而融化，若再经低温冷冻，会形成粗大的冰结晶，降低产品品质。

冰淇淋的硬化通常采用速冻隧道，速冻隧道的温度一般为 $-45 \sim -35$℃。硬化的优劣和品质有着密切的关系。即使是在 -30℃的低温下，要想冻结所有的水分也是不可能的，这是由于冰点降低的组分（糖和盐）和一直存在于非冻结水中的组分不断浓缩造成的。硬化过程中没有一个确切的温度，但是中心温度稳定在 -15℃常作为完全硬化的标准。经凝冻的冰淇淋必须及时进行快速分装，并送至速冻隧道内进行硬化，否则表面部分的冰淇淋易受热融化，再经低温冷冻，则形成粗大的冰晶，从而降低品质。同样，硬化速度也对冰淇淋有影响：若硬化迅速，则冰淇淋融化少，组织中的冰晶细，成品细腻润滑；若硬化迟缓，则部分冰淇淋融化，冰晶粗而且多，成品组织粗糙，品质低劣。

（十）成品贮存

硬化后的冰淇淋，在销售前应贮存在低温冷库中。产品应贮存在 $\leqslant -22$℃的专用冷库内，在这一温度下，冰淇淋中近 90% 的水被冻结成冰晶，并使产品具有良好的稳定性。产品贮存过程中不应与有毒、有害、有异味、易挥发的物品或其他杂物一起存放。产品应使用堆码垛叠，离墙不应小于 20cm，堆码高度不宜超过 2m。冷库应定期清扫、消毒。

五、注意事项

（一）配料的质量控制

采取每 2 周化验一次的制度以保证所有的配料符合标准。脂肪含量的变动不得超过 0.2%，总固形物的变动不得超过 1%。对于所有正规的香料应每周进行一次微生物检验，其结果必须符合相关的卫生标准。

（二）成品的质量控制

所生产的每种产品的质量应每周检查一次，检查范围包括风味、坚硬度、质地、色泽、外观及包装。

1. 风味缺陷 冰淇淋的风味缺陷及产生因素如下：

（1）甜味不足。主要是由于配方设计不合理，配制时加水量超过标准，配料时发生差错或不等值地用其他糖来代替砂糖等所造成。

（2）香味不正。主要是由于加入香料过多，或加入香精本身的品质较差、香味不正，使冰淇淋产生苦味或异味。

（3）咸味。冰淇淋含有过多的非脂乳固体或者被中和过度，能产生咸味。在冰淇淋混合原料中采用含盐分较高的乳清粉或奶油，以及冻结硬化时漏入盐水，均会产生咸味或苦味。

（4）酸败味。产生酸败味的原因包括：①使用酸度较高的奶油、鲜乳、炼乳；②混合料采用不适当的杀菌方法；③搅拌凝冻前混合原料搁置过久或老化温度回升，细菌繁殖，混合原料产生酸败味所致。

（5）氧化味。在冰淇淋中，氧化味极易产生，这说明产品所采用的原料不够新鲜。这种气味也可能在一部分或大部分乳制品或蛋制品中早已存在，其原因是脂肪的氧化。

（6）蒸煮味。在冰淇淋中，加入经高温处理的含有较高非脂乳固体量的乳制品，或者混合原料经过长时间的热处理，均会产生蒸煮味。

（7）金属味。在制造时采用铜制设备，如间歇式冰淇淋凝冻机内凝冻搅拌所用铜质刮刀等，能促使冰淇淋产生金属味。

（8）烧焦味。一般是由于冷冻饮品混合原料加热处理时，加热方式不当或违反工艺规程所造成的，另外，使用酸度过高的牛乳时，也会发生这种现象。

（9）油腻味及油哈味。一般是由于使用过多的脂肪或带油腻味、油哈味的脂肪以及填充材料而产生的一种味道。

2. 组织缺陷　冰淇淋的组织缺陷及产生因素如下：

（1）组织粗糙。在制造冰淇淋时，由于冰淇淋组织的总干物质量不足、砂糖与非脂乳固体量配合不当、所用稳定剂的品质较差或用量不足、混合原料所用乳制品溶解度差、不适当的均质压力、凝冻时混合原料进入凝冻机温度过高、机内刮刀的刀刃太钝、空气循环不良、硬化时间过长、冷藏温度不正常而使冰淇淋融化后再冻结等因素，均能造成冰淇淋组织中产生较大的冰结晶体而使组织粗糙。

（2）组织松软。组织松软与冰淇淋含有大量的空气泡有关。使用干物质量不足的混合原料，或者使用未经均质的混合原料，以及膨胀率控制不良时冰淇淋会出现组织松软现象。

（3）组织坚实。含总干物质量过高及膨胀率较低的混合原料，所制成的冰淇淋会具有这种组织状态。

3. 形体缺陷　冰淇淋的形体缺陷及产生因素如下：

（1）形体太黏。形体太黏的原因与稳定剂使用量过多、总干物质量过高、均质时温度过低以及膨胀率过低有关。

（2）奶油粗粒。冰淇淋中的奶油粗粒，是由于混合原料中脂肪含量过高、混合原料均质不良、凝冻时温度过低以及混合原料酸度较高所形成的。

（3）冰砾现象。冰淇淋在贮藏过程中，常常会产生冰砾。冰砾通过显微镜的观察为一种小结晶物质，这种物质实际上是乳糖结晶体，因为乳糖在冰淇淋中较其他糖类难于溶解。如果冰淇淋长期贮藏在冷库中，在其混合原料中存在晶核、黏度适宜以及有适当的乳糖浓度与结晶温度时，乳糖便在冰淇淋中形成晶体。冰淇淋贮藏在温度不稳定的冷库中，容易产生冰砾现象。当冰淇淋的温度上升时，一部分冰淇淋融化，增加了不凝冻液体的量，减低了物体的黏度。在这种条件下，适宜于分子的渗透，而水分聚集后再冻结会使组织粗糙。

（三）膨胀率的质量控制

膨胀率是冰淇淋质量的一项极为重要的指标，但也不是越高越好，适当地控制膨胀率，使之在一个合适的范围内是十分重要的。膨胀率过高，组织松软，缺乏持久性；膨胀率过低，组织坚硬，口感差。

六、冰淇淋成品质量标准

（一）感官要求

冰淇淋成品感官要求应符合《冷冻饮品　冰淇淋》（GB/T 31114—2014），见表 5 - 12。

表 5 - 12 冰淇淋成品感官要求

项 目	要求					
	全乳脂冰淇淋		半乳脂冰淇淋		植脂冰淇淋	
	清型	组合型	清型	组合型	清型	组合型
色泽	主体色泽均匀，具有品种应有的色泽					
状态	形态完整，大小一致，不变形，不软塌，不收缩					
组织	细腻润滑，无气孔，具有该品种应有的组织特征					
滋味气味	柔和乳脂香味，无异味		柔和淡乳香味，无异味		柔和植脂香味，无异味	
杂质	无正常视力可见外来杂质					

（二）理化指标

冰淇淋成品理化指标应符合《冷冻饮品 冰淇淋》（GB/T 31114—2014），见表 5 - 13。

表 5 - 13 冰淇淋成品理化指标

项目		指标					
		全乳脂冰淇淋		半乳脂冰淇淋		植脂冰淇淋	
		清型	组合型	清型	组合型	清型	组合型
非脂乳固体/（g/100g）	≥	6.0					
总固形物/（g/100g）	≥	30.0					
脂肪/（g/100g）	≥	8.0		6.0	5.0	6.0	5.0
蛋白质/（g/100g）	≥	2.5	2.2	2.5	2.2	2.5	2.2

注：①组合型产品的各项指标均指冰淇淋主体部分。

②非脂乳固体含量按原始配料计算。

（三）卫生指标

冰淇淋成品卫生指标应符合《食品安全国家标准 冷冻饮品和制作料》（GB 2759—2015）的规定，冰淇淋成品微生物限量，见表 5 - 14。

表 5 - 14 冰淇淋成品微生物限量

项目	采样方案及限量				检验方法
	n	c	m	M	
菌落总数[①]/（CFU/g 或 CFU/mL）	5	2（0）	$2.5×10^4$（10^2）	10^5（—）	GB 4789.2
大肠菌群/（CFU/g 或 CFU/mL）	5	2（0）	10（10）	10^2（—）	GB 4789.3 平板计数法

注：① 不适用于终品含有活性菌种（好氧和兼性厌氧益生菌）的产品。

② 括号内数值只适用于食用冰。

学习资源（视频）

1. 冰淇淋机的清洗
及安装

2. 西瓜味冰淇淋制作（一）
原料处理

3. 西瓜味冰淇淋制作（二）
打制冰淇淋

4. 海盐味冰淇淋制作（一）
原料准备

5. 海盐味冰淇淋制作（二）
打制冰淇淋

任务二　雪糕的加工

我国国家标准《冷冻饮品　雪糕》（GB/T 31119—2014）中将雪糕（ice milk）定义为以饮用水、乳和（或）乳制品、蛋制品、水果制品、豆制品、食糖、食用植物油等的一种或多种为原辅料，添加或不添加食品添加剂和（或）食品营养强化剂，经混合、灭菌、均质、冷却、成型、冻结等工艺制成的冷冻饮品。

一、分类

按照《冷冻饮品　雪糕》（GB/T 31119—2014）规定，雪糕分为清型雪糕和组合型雪糕。

清型雪糕：不含颗粒或块状辅料的雪糕。

组合型雪糕：以雪糕为主体，与相关辅料（巧克力等）组合而成的制品，其中雪糕所占质量分数大于 50%。

二、配方

一般雪糕配方：牛乳 32% 左右，砂糖 13%～15%，糖精 0.01%～0.013%，淀粉 1.25%～2.5%，精炼油脂 2.5%～4.0%，其他特殊原料 1%～2%，香料适量，着色剂适量。

三、工艺流程

生产雪糕时，原料配制、均质、杀菌、冷却、老化等操作技术与冰淇淋基本相同。普通雪糕不需要经过凝冻工序，直接浇模、冻结、脱模、包装而成，膨化雪糕则需要凝冻工序。雪糕生产工艺流程如下：

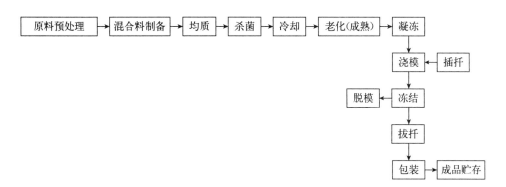

四、操作要点

（一）混合料制备

配料时，可先将黏度低的原料如水、牛乳、脱脂乳等先加入，黏度高或含水分低的原料如冰蛋、全脂甜炼乳、乳粉、奶油、可可粉、可可脂等依次加入，经混合后制成混合料液。

（二）均质、杀菌、冷却

均质时料温为 $60\sim70℃$，均质压力为 $15\sim17MPa$。杀菌温度是 $85\sim87℃$，时间为 $5\sim10min$。杀菌后的料液可直接进入冷却缸中，温度降至 $4\sim6℃$。

一般冷却温度越低，则雪糕（棒冰）的冻结时间越短，这对提高雪糕的冻结率有好处。但冷却温度不能低于 $-1℃$ 或低至使混合料有结冰现象出现，这将影响雪糕的质量。

（三）凝冻

首先对凝冻机进行清洗和消毒，而后加入料液。料液的加入量与冰淇淋生产有所不同，第一次的加入量占机体容量的 1/3，第二次则为 $1/3\sim1/2$。加入的雪糕料液通过凝冻搅拌、外界空气混入，使料液体积膨胀，因而浓稠的雪糕料液逐渐变成体积膨大而又浓厚的固态。制作膨化雪糕底料也不能过于浓厚，因过于浓厚的固态会影响浇模质量。控制料液的温度在 $-3℃\sim-1℃$，膨胀率为 $30\%\sim50\%$。

（四）浇模

冷却好的混合料需要快速硬化，因此要将混合料灌装到一定模型的模具中，此过程称为浇模。浇模之前要将模具（模盘）、模盖、扦子进行消毒。此消毒工作是生产雪糕过程中一个非常重要的工作，如果消毒不彻底，会使物料遭受污染，使产品成批不合格。

（五）冻结

雪糕的冻结有直接冻结法和间接冻结法。直接冻结法即直接将模盘浸入盐水内进行冻结，间接冻结法即速冻库（管道半接触式冻结装置）与隧道式（强冷风冻结装置）速冻。冻结速度越快，产生的冰结晶就越小，质地越细；相反则产生的冰结晶大，质地粗。

食品的中心温度从 -1℃降低到 -5℃所需的时间在 30min 内的冻结称作快速冷冻。目前雪糕的冻结指的是将 5℃的雪糕料液降温到 -6℃，是在 24～30 波美度、-30～-24℃的盐水中冻结，冻结时间只需 10～12min，故可以归入快速冻结行列。

盐水的浓度与温度已成为生产雪糕的重要条件之一。因此，冻结缸内的盐水的管理必须有专人负责。每天应测 4 次盐水浓度与温度，在生产前 0.5h 测一次，生产后每 2h 测一次，并做好原始记录以备检查。测量时如发现盐水的浓度符合要求，但盐水温度却达不到要求时，应检查原因。

（六）插扦

插扦要求插得整齐端正，不得有歪斜、漏插及未插牢现象。现在有机械插扦。当发现模盖上有断扦时，要用钳子将其拔出。当模盖上的扦子插好后，要用敲扦板轻轻用力将插得高低不一的扦子敲平。敲时要掌握好力度：力度小，扦子过松容易掉，影响产品品质；力度大，扦子过紧，影响拔扦工作。

（七）脱模

冻结硬化后的雪糕从模盘脱下，需用烫模盘槽。烫模盘槽内水的温度应控制在 50～55℃，浸入时间为数秒钟，以能脱模为准。雪糕脱模后应立即嵌入拔扦架上，用金属钳用力夹住雪糕扦子，将一排雪糕送往包装台。

（八）包装

包装时先观察雪糕的质量，如有歪扦、断扦及沾上盐水的雪糕（沾上盐水的雪糕表面有亮晶晶的光泽），则不得包装，需另行处理。取雪糕时只准手拿木扦而不准接触雪糕体，包装要求紧密、整齐，不得有破裂现象。包好后的雪糕送到传送带上由装箱工人装箱。装箱时如发现有包装破碎、松散者，应将其剔出重新包装。装好后的箱面应有生产品名、日期、批号等。

五、加工中的注意事项

（一）配料的质量控制

采取每 2 周化验一次的制度以保证所有的配料符合标准。对于所有正规的香料应每周进行一次微生物检验，其结果必须符合相关的卫生标准。

（二）成品的质量控制

所生产的每种产品的质量应每周检查一次，检查范围包括风味、坚硬度、质地、色泽、外观及包装。

1. 风味缺陷 雪糕的风味缺陷及产生因素如下：

（1）甜味不足。主要是由于配方设计不合理，配制时加水量超过标准，配料时发生差错或用其他糖来代替砂糖等所造成。

（2）香味不正。主要是由于加入香料过多，或加入香精本身的品质较差、香味不正，使雪糕产生苦味或异味。

（3）酸败味。产生酸败味的原因有：使用酸度较高的奶油、鲜乳、炼乳；混合料采用不适当的杀菌方法；搅拌凝冻前混合原料搁置过久或老化时温度回升，细菌繁殖，混合原料产生酸败味。

（4）咸苦味。在雪糕配方中加盐量过高，以及在雪糕或冰棒凝冻过程中，操作不当溅入盐水（氯化钙溶液），或浇注模具漏损等，均能产生咸苦味。

（5）哈喇味。是由于使用已经氧化发哈的动植物油脂或乳制品等配制混合原料所造成的。

（6）烧焦味。配料杀菌方式不当或热处理时高温长时间加热，尤其在配制豆类棒冰时豆子在预煮过程中有烧焦现象，均可产生烧焦味。

（7）发酵味。在制造鲜果汁雪糕（或棒冰）时，由于果汁贮放时间过长，本身已发酵起泡，所制成雪糕（或棒冰）有发酵味。

2. 组织缺陷

（1）组织粗糙。在制造雪糕时，采用的乳制品或豆制品原料溶解度差、酸度过高、均质压力不适当等，均能让雪糕组织粗糙或有油粒存在。在制造果汁或豆类棒冰时，所采用的淀粉品质较差或加入的填充剂质地较粗糙等，也会影响其组织。

（2）组织松软。这主要是由于总干物质较少、油脂用量过多、稳定剂用量不足、凝冻不够以及贮藏温度过高等造成的。

（3）空头。主要是由于在制造时，冷量供应不足或片面追求产量，凝冻尚未完整即行出模包装所致。

（4）歪扦与断扦。是由于棒冰模盖扦子夹头不正或模盖不正，扦子质量较差，以及包装、装盒、贮运不妥等所造成的。

六、雪糕成品质量标准

（一）感官指标

根据《冷冻饮品 雪糕》（GB/T 31119—2014）的规定，雪糕成品的感官指标具体见表5-15。

表5-15 雪糕成品的感官指标

项目	要求	
	清型雪糕	组合型雪糕
色泽	具有品种应有的色泽	
形态	形态完整，大小一致。插杆产品的插杆应整齐，无断杆，无多杆	
组织	冻结结实、细腻润滑	具有品种应有的组织特征
滋味和气味	滋味柔和纯正，无异味	
杂质	无正常视力可见外来杂质	

（二）理化指标

根据 GB/T 31119—2014《食品安全国家标准冷冻饮品　雪糕》的规定，雪糕成品的理化指标具体见表 5-16。

表 5-16　雪糕的理化指标

项目	指标	
	清型雪糕	组合型雪糕
总固形物/（g/100g）	≥20	≥20
蛋白质/（g/100g）	≥0.8	0.4
脂肪/（g/100g）	≥2.0	1.0

（三）卫生指标

雪糕成品的微生物限量应符合《食品安全国家标准　冷冻饮品和制作料》（GB 2759—2015）的规定，见表 5-17。

表 5-17　微生物限量

项目	采样方案及限量				检验方法
	n	c	m	M	
菌落总数①/（CFU/g 或 CFU/mL）	5	2（0）	$2.5×10^4$（10^2）	10^5（—）	GB 4789.2
大肠菌群/（CFU/g 或 CFU/mL）	5	2（0）	10（10）	10^2（—）	GB 4789.3 平板计数法

注：① 不适用于终品含有活性菌种（好氧和兼性厌氧益生菌）的产品。

② 括号内数值只适用于食用冰。

③ 三级采样方案设有 n、c、m 和 M 值。

n：同一批次产品应采集的样品件数。

c：最大可允许超出 m 值的样品数。

m：微生物指标可接受水平的限量值。

M：微生物指标的最高安全限量值。

④ 二级采样方案——n 个样品中允许有小于或等于 c 个样品，其相应微生物指标检验值大于 m 值。

⑤ 三级采样方案——n 个样品中允许全部样品中相应微生物指标检验值小于或等于 m 值；允许有小于或等于 c 个样品，其相应微生物指标检验值在 m 值和 M 值之间；不允许有样品相应微生物指标检验值大于 M 值。

【思与练】

1. 冷冻乳制品的种类有哪些？
2. 冷冻乳制品常用的原料与辅料有哪些？各有什么作用？
3. 简述冰淇淋的概念及其分类。
4. 简述冰淇淋加工工艺及工艺要点。
5. 冰淇淋生产中老化有什么意义？
6. 简述冰淇淋生产中凝冻的作用及其过程。

7. 简述冰淇淋的质量标准。

8. 简述雪糕的种类和特点。

9. 雪糕生产工艺与冰淇淋有哪些不同？

10. 雪糕加工中的注意事项有哪些？

项目六

乳 粉 加 工

【知识目标】

　　掌握乳粉加工的方法和优缺点。

　　掌握真空浓缩的原理。

【技能目标】

　　学会操作真空浓缩设备。

　　学会应用真空浓缩技术。

【相关知识】

一、乳粉的概念及种类

　　乳粉是用新鲜牛乳或以新鲜牛乳为主，添加一定数量的植物蛋白质、植物脂肪、维生素、矿物质等原料，经杀菌、浓缩、干燥等工艺过程制得的粉末状产品。

　　乳粉具有在保持乳原有品质及营养价值的基础上，产品含水量低，体积小，质量轻，贮藏期长，食用方便，便于运输和携带等特点，更有利于调节地区间供应的不平衡。品质良好的乳粉加水复原后，可迅速溶解恢复原有鲜乳的性状。因而，乳粉在乳制品结构中占据着重要的位置。

（一）全脂乳粉

　　全脂乳粉是新鲜牛乳经标准化、杀菌、浓缩、干燥而制得的粉末状产品。根据是否加糖其又分为全脂淡乳粉和全脂甜乳粉。全脂乳粉保持了乳的香味和色泽。

（二）脱脂乳粉

　　脱脂乳粉是用新鲜牛乳经预热、离心分离获得的脱脂乳，然后再经杀菌、浓缩、干燥制得的粉末状产品。由于其脂肪含量很低（不超过 1.25%），因此耐保藏，不易引起氧化变质。

　　脱脂乳粉一般多用于食品工业作为原料，饼干、糕点、面包、冰淇淋及脱脂鲜干酪等都用脱脂乳粉。目前市场对速溶脱脂乳粉的需求量很大，因为其在大量使用时非常方便。脱脂乳粉是食品工业中的一项非常重要的蛋白质来源。

（三）乳清粉

将生产干酪排出的乳清经脱盐、杀菌、浓缩、干燥而制成的粉末状产品即乳清粉。乳清粉含有大量的乳清蛋白、乳糖，适用于配制婴幼儿食品、牛犊代乳品。

（四）酪乳粉

酪乳粉是酪乳干制成的粉状物，其含有较多的卵磷脂。酪乳粉富含磷脂及蛋白质，可作为冷食、面包、糕点等的辅料，能改善产品品质。

（五）干酪粉

干酪粉是用干酪制成的粉末状制品。干酪粉可有效改善干酪在贮存过程中出现膨胀、变质等质量问题。

（六）加糖乳粉

加糖乳粉是新鲜牛乳中加入一定量的蔗糖或葡萄糖，经杀菌、浓缩、干燥制成的粉末状制品。加糖乳粉可保持牛乳风味并可带有适口甜味。

（七）麦精乳粉

麦精乳粉是鲜乳中添加麦芽、可可、蛋类、饴糖、乳制品等经干燥加工而成的。麦精乳粉富含丰富的营养成分。

（八）配方乳粉

配方乳粉是在牛乳中添加目标消费对象所需的各种营养素，经杀菌、浓缩、干燥而制成的粉末状产品，如婴幼儿配方乳粉、中小学生乳粉、中老年乳粉等。

（九）特殊配方乳粉

特殊配方乳粉是将牛乳的成分按照特殊人群营养需求进行调整，然后经杀菌、浓缩、干燥而制成的粉末状产品，如降糖乳粉、降血脂乳粉、降血压乳粉、高钙助长乳粉、早产儿乳粉、孕妇乳粉、免疫乳粉等。

（十）速溶乳粉

速溶乳粉是在制造乳粉过程中采取特殊的造粒工艺或喷涂卵磷脂而制成的溶解性、冲调性极好的粉末状产品。速溶乳粉较普通乳粉颗粒大，易冲调，使用方便。

（十一）冰淇淋粉

冰淇淋粉是在新鲜乳中添加一定量的稀奶油、蔗糖、蛋粉、稳定剂、香精等，经混合后制成的粉末状制品，复原后可以直接制作冰淇淋。冰淇淋粉便于保藏和运输。

（十二）乳油粉

乳油粉是在稀奶油中添加少量鲜乳制成的制品。乳油粉常温下可长时间保藏，便于食品工业使用。

二、乳粉的组成

乳粉的组成依原料乳的种类和添加料不同而有不同。现将几种常见乳粉的主要成分平均值列于表 6-1。

表 6-1　几种常见乳粉的主要成分平均值/%

品种	水分	脂肪	蛋白质	乳糖	无机盐	乳酸
全脂乳粉	2.00	27.00	26.50	38.00	6.05	0.16
脱脂乳粉	3.23	0.88	36.89	47.84	7.80	1.55
乳油粉	0.66	65.15	13.42	17.86	2.91	—
甜性酪乳粉	3.90	4.68	35.88	47.84	7.80	1.55
酸性酪乳粉	5.00	5.55	38.85	39.10	8.40	8.62
婴儿配方乳粉	2.60	20.00	19.00	54.00	4.40	0.17
麦精乳粉	3.29	7.55	13.19	72.40	3.66	—

【任务实施】

任务一　全脂乳粉的加工

一、工艺流程

原料乳的验收 → 原料乳的预处理 → 乳的标准化 → 杀菌 → 均质 → 加糖 → 真空浓缩 → 喷雾干燥 → 出粉 → 冷却 → 筛粉 → 储粉 → 包装 → 成品

二、操作要点

（一）原料乳的验收及预处理

1. 原料乳的验收　原料乳应符合国家标准规定，进厂后应立即进行检验，其检验项目包括风味、色泽、酒精试验、乳温测定、相对密度、杂质度、酸度、脂肪、细菌数等感官指标、理化指标及微生物指标，检验合格者方可投入使用。

上述检验中，酸度是一项重要指标。因为酸度过高时蛋白质的稳定性变差，最终影响乳粉的溶解度，甚至导致乳粉酸败，以致不能食用。

生产乳粉所使用的原料乳应符合下列要求：

（1）采用由健康母牛挤出的新鲜天然乳汁。

（2）不得使用产前15d内的胎乳和产后7d内的初乳。

（3）具有新鲜牛乳的滋味和气味，不得有外来异味，如饲料味、苦味、臭味和涩味等。

（4）为均匀无沉淀的流体，黏性浓厚者不得使用。

（5）色泽为白色或稍带微黄色，不得带有红色、绿色或显著的黄色。

（6）酸度不超过20°T，个别地区允许使用不高于22°T的牛乳。

（7）乳脂肪含量≥3.2%，总乳固体含量≥11.5%。

（8）不得使用任何化学物质和防腐剂。

（9）汞的残留量应不高于0.01mg/kg。

2. 原料乳的预处理　原料乳的预处理是乳制品生产中必不可少的一个环节，也是保证产品质量的关键工段。原料乳要经过净乳、冷却和贮存等基本工序处理。

（1）净乳。原料乳的质量好坏是影响乳制品质量的关键，只有优质原料乳才能保证生产出优质的产品。为了保证原料乳的质量，挤出的牛乳在牧场必须立即进行过滤、冷却等初步处理，其目的是除去机械杂质并减少微生物的污染，原料乳经验收进入乳品厂后，还需进行一系列的净乳措施。

原料乳在加工之前经过多次净化，目的是去除乳中的机械杂质并减少微生物数量，确保产品达到卫生和质量标准的要求。净乳的方法有过滤法及离心净乳法。

（2）冷却。净化后的乳最好直接加工，如果短期贮藏时，必须及时进行冷却到5℃以下，以保持乳的新鲜度。一般采用板式换热器进行冷却。

（3）贮存。原料乳送到加工厂时，由乳槽车泵入贮乳罐。贮乳罐的容量一般达几十万升，因此，真空输送是不可能的，一般用离心泵将牛乳泵入罐中，可以使脂肪球的破坏程度降到最低。为了避免搅动和产生泡沫，贮乳槽是从底部进料的。为保证连续生产的需要，乳品厂必须有一定的原料贮存量。

一般工厂总的贮乳量应根据各厂每天牛乳总收纳量、收乳时间、运输时间及能力等因素决定。一般贮乳量的总容量应为日收纳总量的2/3以上。贮乳罐使用前应彻底清洗、杀菌，待冷却后注入牛乳。冷却后的乳应尽可能保持低温，以防止温度升高，保存性降低。

（二）乳的标准化

送入贮乳槽的牛乳，待预热杀菌处理。贮乳到一定量时要取样测定脂肪含量，依据测定结果进行标准化，即必须使标准化乳中的脂肪与非脂乳固体之比等于产品中脂肪与非脂乳固体之比，一般工厂将成品的脂肪含量控制在27%左右，全脂加糖乳粉中脂肪含量应控制在20%以上。但原料乳中的这一比例随奶牛品种、地区、季节、饲料及饲养管理等因素的不同而有较大的差别。因此，必须调整原料乳中脂肪和非脂乳固体之间的比例关系，使其符合制品的要求，一般把该过程称为标准化。当原料乳中脂肪含量不足时，应分离一部分脱脂乳或添加稀奶油；当原料乳中脂肪含量过高时，可添加脱脂乳或提取一部分稀奶油。在实际工作中，如果奶源相对稳定，也可将各奶站收来的牛乳进行合理搭配便可解决上述标准化问题，当对原料乳质量没有把握时，必须通过测定，然后进行调整。标准化在贮乳缸的原料乳中进行，或在标准化机中连续进行。工厂可采用向牛乳中添加乳脂肪或乳固体的方法进行离线标准化，也可以采用在线标准化。这一步与净化分离连在一起，把分离的稀奶油按比例直接混合到脱脂乳生产线中，从而达到标准化的目的。

（三）杀菌

1. 杀菌的目的 经过标准化处理的牛乳必须经过预热杀菌。牛乳中含有脂酶及过氧化物酶等，这些酶对乳粉的保藏性有害，所以必须在预热杀菌过程中将其破坏。此外，如大肠杆菌、葡萄球菌等有害菌也一定要完全杀死，预热杀菌的目的主要有以下几点：

（1）杀灭存在于牛乳中的全部病原微生物。

（2）杀灭牛乳中绝大部分微生物，使产品中微生物残存量达到国家卫生标准的要求，成为安全食品。

（3）破坏牛乳中各种酶的活性，尤其要破坏脂酶和过氧化物酶的活性，以延长乳粉的保存期。

（4）提高牛乳的热稳定性。

（5）提高浓缩过程中牛乳的进料温度，使牛乳的进料温度超过浓缩锅内相应牛乳的沸点，杀菌乳进入浓缩锅后即自行蒸发，从而提高了浓缩设备的生产能力。也可将牛乳的进料温度调至等于浓缩锅内牛乳的沸点，也同样可提高设备的生产能力，并可减少浓缩设备加热器表面的结垢现象。

（6）高温杀菌可提高乳粉的香味，同时因分解含硫氨基酸，而产生活性硫代氨基，提高乳粉的抗氧化性，延长乳粉的保存期。

2. 杀菌方法 牛乳常见的杀菌方法见表6-2，具体应用时，不同的产品可根据本身的特性选择合适的杀菌方法。杀菌温度及保持时间对乳粉的溶解度及保藏性的影响很大，低温长时间杀菌方法的杀菌效果不理想，所以已经很少应用。一般认为高温杀菌可防止或推迟脂肪的氧化，对乳粉的保藏性有利。但高温长时间加热会严重影响乳粉的溶解度，所以认为高温短时间杀菌为好。现在大多采用高温短时间杀菌或超高温瞬时杀菌法、高温短时灭菌法，因为这类方法可使牛乳的营养成分损失较少，乳粉的理化特性较好。超高温瞬时灭菌法能将牛乳中几乎全部的微生物杀死，而且能够最大限度地保留牛乳的营养价值，是目前最理想的一种杀菌方法，已逐渐为人们所重视，将来会被广泛采用。

表6-2　牛乳常见的杀菌方法

杀菌方法	杀菌温度和时间	杀菌效果	所用设备
低温长时间杀菌法	60~65℃ 30min 70~72℃ 15~20min 80~85℃ 5~10min	可杀死全部病原菌，但不能破坏所有的酶类，即杀菌效果一般	容器式杀菌器
高温短时间杀菌法	85~87℃ 15s 94℃ 24s	杀菌效果较好	板式、列管式杀菌器
超高温瞬时灭菌法	120~14℃ 2~4s	微生物几乎全部杀死	板式、管式、蒸汽直接喷射式杀菌器

牛乳杀菌设备使用片式杀菌器或管式杀菌器，采用 80~85℃ 30s 或 95℃ 20s 的杀菌条件，或采用 120~135℃ 2~4s 的超高温瞬时杀菌。这样的杀菌条件不仅可以达到杀菌要求，对制品的营养成分破坏也小，特别是超高温瞬时灭菌，几乎能将乳中全部微生物杀死，而且乳中蛋白质呈软凝块化，对提高制品的溶解度是有利的。

3. 影响杀菌效果的主要因素

（1）污染严重的原料乳杀菌效果差。

（2）选用的杀菌方法不合适，致使杀菌效果差。

（3）杀菌工段的设备、管路、阀门、贮罐、滤布等器具清洗消毒不彻底，影响杀菌效果。

（4）操作中，未能严格执行工艺条件及操作规程，严重影响杀菌效果。

（5）杀菌器的传热效果不良，例如板式杀菌器水垢增厚，使传热系数降低，影响杀菌效果。

（6）杀菌器本身有故障。此类故障可能包括：①保温杀菌罐的大小与搅拌器大小及转速配合不当，使罐的下部形成冷乳层，使杀菌温度不够；②牛乳起泡时造成受热温度不匀；③杀菌器保温层绝缘不良；④自动控制系统发生故障；⑤板式杀菌器的预热段胶垫破损会造成生乳的混入等。

（四）均质

均质的作用主要是将较大的脂肪球变成细小的脂肪球，均匀地分散在脱脂乳中，从而形成均一的乳浊液，经均质处理生产出的乳粉脂肪球变小，冲调复原性好，易于消化吸收。生产全脂乳粉、全脂甜乳粉以及脱脂乳粉时，一般不必经过均质操作，但若乳粉的配料中加入了植物油或其他不易混匀的物料时，就需要进行均质操作。均质操作一般压力控制在 14~21MPa，温度为 60~65℃为宜。

（五）加糖

生产加糖全脂乳粉时，蔗糖的添加一般在浓缩工序前进行。根据成品最终的含糖量，将所需蔗糖加热溶解成一定浓度的糖浆，经杀菌、过滤后，与杀菌乳混匀，同时进行浓缩。乳粉加糖需按照国家标准规定进行。

1. 加糖量的计算 为保证乳粉含糖量符合国家规定标准，需预先经过计算。根据标准化乳中蔗糖含量与标准化中干物质含量之比，必须等于加糖乳粉中蔗糖含量与乳粉中乳干物质含量之比，则牛乳中加糖量可按下述公式计算。

$$A = T \times \frac{A_1}{W} \times C$$

式中：A——牛乳中加糖质量，kg；

    A_1——标准化要求含糖量，%；

    W——乳粉中干物质含量，%；

    T——乳的总干物质含量，%；

    C——原料乳的总质量，kg。

2. 加糖方法 常用的加糖方法有如下 4 种：

（1）将糖投入原料乳中溶解加热，同牛乳一起杀菌。

（2）将糖投入水中溶解，制成含量约为 65％的糖浆溶液进行杀菌，再与杀菌过的牛乳混合。

（3）将糖粉碎杀菌后，再与喷雾干燥好的乳粉混匀。

（4）预处理时加入一部分糖，包装前再加一部分的糖粉。

前两种方法属于先加糖法，制成的产品能明显改善乳粉的溶解度，提高产品的冲调性。后两种方法属于后加糖法，制成的乳粉体积小，从而节省了包装费用。蔗糖具有热熔性，在喷雾干燥塔中流动性较差，因此，生产含糖量低于 20％的产品，采用前两种方法；生产含糖量高于 20％的产品，一般采用后两种法；带有流化床干燥的设备采用第三种方法。

（六）真空浓缩

为了节约能源和保证产品质量，喷雾干燥前对杀菌乳必须进行浓缩。乳浓缩是利用设备的加热作用，使乳中的水分在沸腾时蒸发汽化，并将汽化产生的二次蒸汽不断排除，从而使制品浓度不断提高，直至达到要求浓度的工艺过程。浓缩技术对其工艺流程的设计、设备的选择、制造工艺和具体操作提出了较高要求，随着科学技术及生产的发展，浓缩已趋向低温、快速、连续的方向发展。

1. 浓缩的目的

（1）浓缩作为干燥的预处理，能降低产品的加工热耗，节约能源。例如鲜乳中含有87.5％～89％的水分，要制成含水量为 3％的乳粉，需要去除大量水分。若采用真空浓缩，每蒸发 1kg 水分，需要消耗 1.1kg 的加热蒸汽，而用喷雾干燥，每蒸发 1kg 水分，需要消耗 3～4kg 蒸汽，故先浓缩后干燥，可以大大节约热能。

（2）浓缩能提高乳中干物质的含量，喷雾后乳粉颗粒粗大，具有良好的分散性和冲调性，同时能提高乳粉的回收率，减少损失。

（3）浓缩能使乳粉的密度提高，可减少粉尘飞扬，便于包装。

（4）浓缩能改善乳粉的品质和贮藏性。经过真空浓缩，使存在于乳中的空气和氧气的含量降低，一方面可除去不良气味，另一方面可减少对乳脂肪的氧化，因而可提高产品的品质及贮藏性。

2. 浓缩的基本原理 乳的蒸发操作经常在减压下进行，这种操作称为真空浓缩。它是利用真空状态下，液体的沸点随环境压力降低而下降的原理，使牛乳温度保持在 40～70℃沸腾，因此可将加热过程中的损失降到最低程度。当牛乳中某些水分子获得的动能超过其分子间的引力时，就在牛乳液面汽化，而牛乳中的干物质数量保持不变，汽化的分子不断移去并使汽化过程持续进行，最终牛乳的干物质含量不断提高，达到预定的浓度。

3. 乳浓缩的方法 工业上主要采用常压蒸发法和减压蒸发法进行乳浓缩。实际生产中多采取减压蒸发法，即真空浓缩，该方法是利用抽真空设备使蒸发过程在一定的负压状态下进行，溶液的沸点降低，蒸发速率提高。压力越低，溶液的沸点就越低，整个蒸发过程都是在较低的温度下进行的，特别适合于热敏性物料的浓缩。

4. 牛乳真空浓缩的特点 由于牛乳属于热敏性物料，浓缩宜采用真空浓缩法。真空浓缩法的优点如下：

（1）牛乳的沸点随压力的升高或下降而增高或降低，真空浓缩可降低牛乳的沸点，避免牛乳高温处理，减少了蛋白质的变性及维生素的损失，对保全牛乳的营养成分，提高乳粉的色、香、味及溶解度有益。

（2）真空浓缩可极大地减少牛乳中空气及其他气体的含量，起到一定的脱臭作用，这对改善乳粉的品质及提高乳粉的保存期有利。

（3）真空浓缩加大了加热蒸汽与牛乳间的温度差，提高了设备在单位面积、单位时间内的传热量，加快了浓缩进程，提高了生产能力。

（4）真空浓缩为使用多效浓缩设备及配置热泵创造了条件，可部分利用二次蒸汽，节省了热能及冷却水的消耗量。

（5）真空浓缩操作是在低温下进行的，设备与室温间的温差小，设备的热量损失少。

（6）牛乳自行吸入浓缩设备中，无须进料泵。

真空浓缩的不足之处：一是真空浓缩必须设有真空系统，增加了附属设备、动力消耗、工程投资；二是液体的汽化热随沸点降低而增加，因此真空浓缩的耗热量较大。

5. 真空浓缩设备　真空浓缩设备种类繁多，按加热部分的结构可分为盘管式真空浓缩设备、直管式真空浓缩设备和板式真空浓缩设备 3 种；按其二次蒸汽利用与否，可分为单效真空浓缩设备和多效浓缩设备。

一般小型乳品厂多用单效真空浓缩锅，较大型的乳品厂则用双效或三效真空蒸发器，也有的乳品厂采用片式真空蒸发器。

6. 真空浓缩的技术条件　浓缩锅中的真空度应保持在 $81\sim90$ kPa，乳温为 $50\sim60$ ℃；多效蒸发室末效内的真空度应保持在 $83.8\sim85$ kPa，乳温为 $40\sim45$ ℃。加热蒸汽的压力应控制在 $0\sim1$ kg/cm^2。

（1）连续式蒸发器。对于连续式蒸发器来说，浓缩过程必须控制各项条件的稳定，主要包括进料流量、浓缩温度、蒸汽压力与流量、冷却水的温度与流量、真空泵的正常状态等条件的稳定，即可实现正常的连续进料与出料。

（2）间歇式盘管真空浓缩锅。清洗消毒设备后，开放冷凝水并启动真空泵，真空度达 6.666×10^4 Pa 时进料浓缩。待乳液面浸过加热盘管后，依次开启各排盘管的蒸汽阀。待乳形成稳定的沸腾状态时，再缓慢提高蒸汽压，否则乳中空气突然形成泡沫会导致乳损失。控制蒸汽压及进乳量，使真空度保持在 $8.40\times10^4\sim8.53\times10^4$ Pa，乳温保持在 $51\sim56$ ℃，形成稳定的沸腾状态，使乳液面略高于最上层加热盘管，不使沸腾液面过高而造成雾沫损失。随着浓缩的进行，乳的相对密度和黏度逐渐升高，乳的浓度与黏度对乳的翻滚速度有影响。浓缩初期，乳的浓度低，黏度小，翻滚速度快。随着浓度的进行，乳的浓度逐渐提高，黏度逐渐增大，翻滚速度减缓。

蒸汽压力的控制可分 5 个阶段：①第一阶段，乳进料初期。要控制较低的压力，防止跑乳。②第二阶段，进料 2/3 以前。乳处于稳定的沸腾期，采用 9.8×10^4 Pa 左右的压力，以保持较快的蒸发速度。③第三阶段，进料 2/3 以后。黏度上升，压力可降到 8×10^4 Pa。④第四阶段，进糖后。压力降到 6×10^4 Pa。⑤第五阶段，浓缩后期。应采用不高于 5×10^4 Pa 的压力，并随着浓缩终点的接近而逐渐关小乃至关闭蒸汽阀。

7. 影响浓缩效果的因素

（1）浓缩设备条件的影响。主要影响因素有加热总面积、加热蒸汽与乳之间的温差、乳的翻滚速度等。加热面积越大，供给乳的热量越多，浓缩速度越快。加热蒸汽与乳之间的温差越大，蒸发速度越快。一般用提高真空度降低牛乳沸点、增加蒸汽压力能提高蒸汽温度的方法来加大温差，但压力过大会出现"焦管"现象（乳残留在管壁上，形成焦层），影响产品质量，一般压力控制在0.05～0.2MPa。乳的翻滚速度越大，乳热交换效果越好。

（2）乳的浓度与黏度的影响。乳的浓度与黏度对乳的翻滚速度有影响。浓缩初期，由于乳的浓度低，黏度小，因此翻滚速度快。随着浓缩继续，乳的浓度逐渐提高，黏度逐渐增大，因此翻滚速度也减缓。

（3）加糖的影响。加糖可提高乳的黏度，延长浓缩时间。一般把乳浓缩到接近所需浓度时再将糖浆加入。

8. 浓缩乳终点控制　在浓缩到接近要求浓度时，浓缩乳黏度升高，沸腾状态滞缓，微细的气泡集中在中心，表面稍呈光泽，根据经验观察即可判定浓缩的终点。为准确起见，可迅速取样，测定其相对密度、黏度或折射率来确定浓缩终点。一般要求原料乳浓缩至原体积的1/4，乳干物质含量达到38%～48%。浓缩后的乳温一般为47～50℃，其相对密度为1.089～1.100。

（1）脂乳粉为11.5～13波美度，相应乳固体含量为38%～42%。

（2）脱脂乳粉为20～22波美度，相应乳固体含量为35%～40%。

（3）全脂甜乳粉为20～22波美度，相应乳固体含量为35%～40%；大颗粒乳粉可相应提高浓度。

（七）喷雾干燥

干燥是乳粉生产中很关键的一道工序。牛乳经浓缩再过滤，然后进行干燥，最终制成粉末状的乳粉。

1. 乳粉的干燥方法　随着世界范围内牛乳产量的上升，乳制品的干燥已变得越来越重要。目前，乳粉的干燥方法一般有3种：喷雾干燥法、滚筒干燥法和冷冻干燥法。其中喷雾干燥法占绝对优势，因为喷雾干燥制品在风味、色泽和溶解性等方面具有较好的品质。

2. 喷雾干燥的原理　喷雾干燥法是乳和各种乳制品生产中最常见的干燥方法。其原理是使浓缩乳在机械压力高速离心力的作用下，在干燥室内通过雾化器将乳分散成极细小的雾状微滴（直径为 $10\sim100\mu m$），使牛乳表面积增大。雾状微滴与通入干燥室的热空气直接接触，从而大大地增加了水分的蒸发速率，在瞬间（$0.01\sim0.04s$）使微滴中的水分蒸发，乳滴干燥成乳粉，降落在干燥室底部。

雾滴直径 D 与表面积 S 增加的倍数之间的关系不是简单的线性关系。比如说，一般从直径为1cm的球体分散为直径 $50\mu m$ 的微粒时，其表面积增加约200倍，如果分散成 $1\mu m$ 的球体时，其表面积增加10 000倍。单位质量的物料的表面积越大，则热交换越迅速，水分除去越快，物料受热时间缩短，产品质量提高。因此，雾化液滴的直径对产品质量有较大的影响。

3. 喷雾干燥的特点

（1）喷雾干燥的优点。

① 干燥迅速，物料受热时间短，浓缩乳经雾化分散成无数直径 $10\sim100\mu m$ 大小的微粒，表面积大大增加。与干热空气接触后水分蒸发速度很快，整个干燥过程仅需 $10\sim30s$。牛乳营养成分的破坏程度较小，乳粉的溶解度高，冲调性好。

② 整个干燥过程中乳粉颗粒表面的温度较低，不会超过干燥介质的湿球温度（50～

60℃），从而可以减少牛乳中一些热敏性物质的损失，且产品具有良好的理化性质。

③ 工艺参数可以方便地调节，产品质量容易得到控制，同时也可以生产有特殊要求的产品。

④ 整个干燥过程都是在密闭的状态下进行的，产品不易受到外来污染，从而最大限度地保证了产品的质量。

⑤ 操作简单，机械化、自动化程度高，操作人员少，劳动强度低，生产能力大。

（2）喷雾干燥的缺点。

① 喷雾干燥过程中，一般用饱和蒸汽加热干燥介质。加热后干燥介质的温度为130～170℃。如用电热或燃油炉加热，可使干燥介质的温度提高至200℃以上，但考虑到影响乳粉的质量，干燥介质的温度受到一定的限制，一般不宜超过200℃。所需的干燥设备体积较大，占地面积大或需多层建筑，投资大，干燥室的水分蒸发强度一般仅达到2.5～4.0kg/（m³·h）。

② 为了保证乳粉水分含量的要求，必须严格控制各种产品干燥时排风（废气）的相对湿度，一般在乳粉生产上排风的相对湿度为10%～13%，故需耗用较多的空气量，从而增加了风机的容量及电耗，同时也增加了粉尘回收装置的负荷，在一定程度上影响了粉尘的回收，影响了产品得率。

③ 由于排风的相对湿度为10%～13%，故排风的干球温度较高，通常为75～85℃，干燥设备的热效率较低，热能消耗也较大，一般每蒸发1kg水需3.0～3.3kg饱和蒸汽，干燥设备的热效率仅为50%左右。

4. 喷雾干燥的工艺流程　目前广泛采用喷雾干燥法使浓缩乳与干燥介质（热空气）进行强烈的热量交换和质量交换，使浓缩乳中的绝大部分水被干燥介质不断地带走而除去，得到符合标准要求的乳粉。

喷雾干燥工艺主要有一段干燥、二段干燥及三段干燥这几种干燥工艺方式。目前普遍采用二段干燥（又称为二次干燥）进行乳粉的干燥。其主要工艺包括喷雾干燥（第一段）和流化床干燥（第二段）。第一段（一段干燥）：浓缩乳通过喷雾装置形成乳滴，乳滴经热风干燥后落入干燥室底部，由气流输送装置冷却后进行包装，旋风分离器收集干燥水蒸气中所携带的乳粉颗粒，返回包装处。该过程采取降低排风温度，提高乳粉离开干燥器的含水量，再由第二段（二次干燥）流化床中干燥乳粉至规定含水量。一般要求乳粉第一段干燥的湿度比最终规定要求高2%～3%。

一般生产时干燥室的水分蒸发强度为2.5～4.0kg/（m³·h），为了保证乳粉含水量，须严格控制产品干燥时排风（废气）的相对湿度。一般乳粉生产排风的相对湿度为10%～13%。乳粉二段喷雾干燥生产工艺设备见图6-1。

5. 喷雾干燥的机制　浓缩乳中一般含有50%～60%的水分，为满足乳粉生产的质量要求，必须将其所含的绝大部分水分除去，为此必须对浓缩乳进行干燥。目前广泛采用喷雾干燥法使浓缩乳与干燥介质（热空气）进行强烈的热量交换和质量交换，使浓缩乳中的绝大部分水被干燥介质不断地带走而除去，得到符合标准要求的乳粉。

喷雾干燥是一个较为复杂的过程，它既要将浓缩乳中的绝大部分水分除去，又要最大限度地保留牛乳的营养价值，使产品达到一定的质量要求。喷雾干燥过程包含浓缩乳微粒表面水分的汽化和微粒内部水分不断地向表面扩散然后蒸发两个过程，只有当微粒的水分超过其平衡水分、微粒表面的蒸汽压力超过干燥介质的蒸汽分压时，干燥过程才能进行。喷雾干燥过程一般可以分为以下3个干燥阶段。

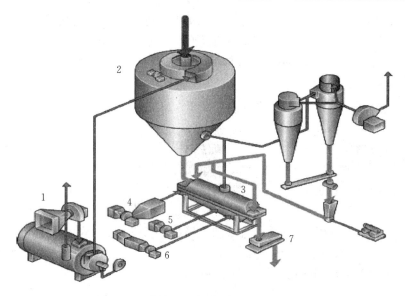

图 6-1　乳粉二段喷雾干燥生产工艺设备

1. 空气加热器　2. 干燥室　3. 振动流化床　4. 流化床空气加热器

5. 用于冷却流化床的空气　6. 流化床除湿冷却气　7. 过滤筛

（1）预热阶段。浓缩乳经雾化与干燥介质一经接触，干燥过程即行开始，微粒表面的水分即汽化。

若微粒表面温度高于干燥介质的湿球温度，微粒表面会因水分的汽化而使其表面温度下降至干燥介质的湿球温度。

若微粒表面温度低于干燥介质的湿球温度，干燥介质供给其热量，使其表面温度上升至干燥介质的湿球温度，此阶段称为预热阶段。预热阶段持续到干燥介质传给微粒的热量，与用于微粒表面水分汽化所需的热量达到平衡时为止。在这一阶段中，干燥速度迅速地增大至某一最大值，进入恒速干燥阶段。

（2）恒速干燥阶段。当微粒的干燥速度达到最大值后，即进入恒速干燥阶段。在此阶段，浓缩乳微粒水分的汽化发生在微粒的表面，微粒表面的水蒸气分压等于或接近水的饱和蒸汽压；微粒水分汽化所需的热量取决于干燥介质，微粒表面的温度等于干燥介质的湿球温度（一般为 50~60℃）。

干燥速度与微粒的水分含量无关，不受微粒内部水分的扩散速度所限制。实际上，微粒内部水分的扩散速度大于或等于微粒表面的水分汽化速度。

干燥速度主要取决于干燥介质的状态（温度、湿度以及气流的状态等）。干燥介质的湿度越低，干燥介质的温度与微粒表面湿球温度间的温度差越大，微粒与干燥介质接触越好，干燥速度越快；反之，干燥速度则慢，甚至达不到预期的目的。恒速干燥阶段的时间是极促的，仅为 0.01~0.04s。

（3）降速干燥阶段。微粒表面水分的不断汽化，当微粒内部水分的扩散速度不断变缓，不再使微粒表面保持潮湿时，恒速率干燥阶段即告结束，进入降速干燥阶段。

在降速干燥阶段，微粒水分的蒸发发生在液滴微粒内部的某一界面上，当水分的蒸发速度大于微粒内部水分的扩散速度时，水汽在微粒内部形成，若此时颗粒有可塑性，就会形成中空的干燥乳粉颗粒，乳粉颗粒的温度将逐步超出干燥介质的湿球温度，并逐步接近于干燥介质的温度，乳粉的水分含量也接近或等于该干燥介质状态的平衡水分。此阶段的干燥时间较恒速干燥阶段长，一般需 15～30s。

6. 喷雾干燥的雾化方法 喷雾干燥按浓缩乳雾化方法分主要有压力喷雾干燥法和离心喷雾干燥法，根据物料雾化后的运动方向与干燥介质气流相对运动的方式可将喷雾干燥分为并流干燥法、逆流干燥法和混流干燥法。以下介绍压力喷雾干燥法和离心喷雾干燥法。

（1）压力喷雾干燥法。在压力喷雾干燥中，浓缩乳的雾化是通过高压泵给乳施加 7～20MPa 的压力，使其通过直径为 0.5～1.5mm 的喷头来完成的，其雾化的原理是当浓缩乳在高压泵的作用下通过一狭小的喷嘴后，瞬间得以雾化成无数微细的小液滴。压力喷雾干燥法生产乳粉的工艺条件见表 6-3。

表 6-3 压力喷雾干燥法生产乳粉的工艺条件

项目	全脂乳粉	全脂加糖乳粉	项目	全脂乳粉	全脂加糖乳粉
浓缩乳浓度/波美度	11.5～13	15～20	喷嘴角/rad	1.047～1.571	1.222～1.394
总固形物含量/%	38～42	45～50	进风温度/℃	140～180	140～180
浓缩乳温度/℃	45～60	45～50	排风温度/℃	75～85	75～85
高压泵工作压力/MPa	10～20	10～20	排风相对湿度/%	10～13	10～13
喷嘴直径/mm	2.0～3.5	2.0～3.5	干燥室负压/Pa	98～196	98～196
喷嘴数量/个	3～6	3～6			

（2）离心喷雾干燥法。离心喷雾干燥法是利用在水平方向做高速旋转的圆盘产生的离心力来完成的。浓缩乳在泵的作用下进入高速旋转的离心盘中央时，将浓乳水平喷出，由于受到很大的离心力及与周围空气摩擦力的作用而以高速被摔向四周，形成液膜、乳滴，并在热空气的摩擦、撕裂作用下分散成微滴，乳滴在热风的作用下完成干燥。离心喷雾盘见图 6-2。

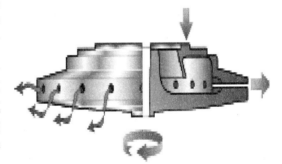

图 6-2 离心喷雾盘

离心喷雾干燥法生产乳粉的工艺条件见表 6-4。

表 6-4 离心喷雾干燥法生产乳粉的工艺条件

项目	全脂乳粉	全脂加糖乳粉	项目	全脂乳粉	全脂加糖乳粉
浓缩乳浓度/波美度	12～15	14～16	转盘数量/个	1	1
总固形物含量/%	45～50	45～50	进风温度/℃	140～180	140～180
浓缩乳温度/℃	45～55	45～55	排风温度/℃	75～85	75～85
转盘转速/（r/min）	2 000～5 000	2 000～5 000			

喷雾干燥设备类型虽然很多，但所有喷雾干燥设备大体上均可分为以下几个系统：一是空气加热及输送系统，主要包括过滤器、加热器、导风器等，要求风量分配均匀，使热空气与乳

滴保持良好的接触，防止热空气形成滴流或逆流，减少焦粉量。二是乳液供应及喷雾系统，包括料液槽、料泵、空气分配器、雾化器等；三是干燥系统（主要是干燥室），要求干燥室内表面与产品接触的部分都要用不锈钢材料，便于清理及消毒。四是产品回收及净粉系统，包括卸料器、粉尘回收器、除尘器等。要求卸料方便、回收率高。喷雾干燥设备组成见图6-3。

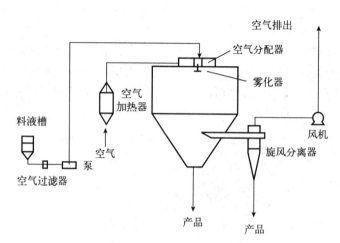

图6-3　喷雾干燥设备组成

（1）喷雾干燥器。常见喷雾干燥器类型见图6-4。

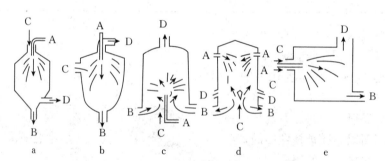

图6-4　常见喷雾干燥器类型

A. 浓缩乳入口　B. 成品出口　C. 热风入口　D. 排风口

a. 垂直顺流型　b. 垂直混流型　c. 垂直上升顺流型　d. 垂直上升对流行　e. 水平顺流型

（2）空气过滤器。鼓风机吸入的空气需经过过滤器除尘，以保证进入喷雾干燥室的热风为清洁的空气。通过过滤器的风压控制在147 Pa，风速为2m/s，其性能为100m³/（m²·min）。

（3）空气加热器。通过空气加热器可将过滤后的空气加热至150～200℃。空气加热器多为紫铜管或者钢管材质。

（4）进风机、排风机。进风机主要负责将加热好的空气吸入干燥室内，并与牛乳乳滴接触从而完成干燥。排风机主要是将牛乳干燥过程中产生的水蒸气及时排掉，以保持干燥室的湿度，从而保证干燥过程正常进行。实际生产中，应根据喷雾干燥设备蒸发水分的能力来确定风量，进风机应考虑增加10%～20%的风量，排风机应增加15%～30%的风量，一般情况下，排风机的风量较进风机风量大20%～40%。

（5）捕粉装置。捕粉装置主要是负责回收干燥室排风废气中的乳粉颗粒。常见设备有旋

风分离器、布袋过滤器。旋风分离器主要是收集
湿空气中所携带的细小颗粒；布袋过滤器可将旋风
分离器分离不掉的微粉进行二次分离。因此，为了
加强分离效果，可将二者结合使用，也可将旋风分
离器两级串联并用。旋风分离器结构见图 6-5。

（6）气流调节装置。气流调节装置主要是保
证热风进入干燥室时气流均匀无涡流，从而保证
热风与乳滴接触良好，避免出现局部积粉、焦粉
或潮粉等质量问题。

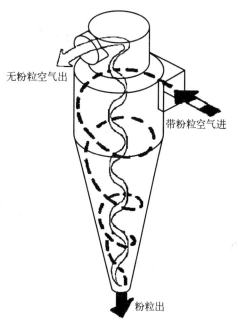

无粉粒空气出

带粉粒空气进

粉粒出

图 6-5 旋风分离器结构

（八）出粉及冷却、筛粉、储粉、包装

1. 出粉及冷却 在喷雾干燥中，对已干燥好
的乳粉应从干燥室内卸出并迅速冷却，尽量缩短
乳粉的受热时间。一般干燥室下部的温度在 60～
65℃，若乳粉在干燥室内停留时间过长，会导致
全脂乳粉中游离脂肪的含量增加，从而使乳粉在
贮藏期间，易发生脂肪的氧化变质，降低贮藏
性，并影响乳粉的溶解性和乳粉的品质。因此，喷雾干燥的乳粉要及时冷却到 30℃ 以下。

目前，卧式干燥室采用螺旋输粉器出粉，而平底或锥底的立式圆塔干燥室则都采用气流
输粉或流化床式冷却床出粉。实际生产时，应尽可能避免气流输粉过程中剧烈的摩擦，采用
流化床式冷却床出粉方式生产的乳粉的流动性更佳。采用流化床出粉冷却，既可将乳粉冷却
至 18℃ 以下，又能使乳粉颗粒大小均匀。该法采用高速气流的摩擦，故产品质量不受损坏，
大大减少微粉的生成。

2. 筛粉 筛粉是将较大的乳粉团块分散开，使得产品具有较高的均匀度，并除去混入
乳粉中的杂质。一般连续出粉生产中常采用机械振动筛粉器来进行筛粉，筛网规格为 40～
60 目，由不锈钢材料制成。

3. 储粉 储粉也称为晾粉，是指新生产的乳粉应经过 12～24h 的储存，可使其表观密
度提高 15% 左右，从而有利于装罐。一般要求储粉仓有良好的条件，应防止吸潮、结块和
二次污染。如果流化床冷却的乳粉达到了包装的要求，也可以及时进行包装。

4. 包装 良好的包装不仅能增强产品的商品特性，也能延长产品的货架寿命。乳粉包
装常使用的容器有马口铁罐、玻璃瓶、聚乙烯塑料袋等。全脂乳粉较理想的包装方式之一是
采用马口铁罐抽真空充氮，规格有 454g、1 135g、2 270g。短期内销售的产品，多采用聚乙
烯塑料复合铝箔袋包装，规格有 454g、500g 或 250g。此外，大包装产品一般供应特殊用
户，如出口或食品工厂，作为制作糖果、面包、冰淇淋等工业的原料。大包装产品可分为罐
装和袋装两种，罐装产品有规格为 12.5kg 的方罐和圆罐两种。袋装时可由聚乙烯薄膜作为
内袋，外面用三层牛皮纸套装，规格为 12.5kg 和 25kg 两种。

全脂乳粉中约有 26% 的脂肪，与空气接触后容易被氧化。此外，全脂乳粉颗粒疏松，
吸湿性很强，因此，一般温度控制在 18～20℃，相对湿度应在 60% 以下。包装车间要密闭、
干燥；室内要装有空调设备及紫外线灯等设施。

三、加工中的注意事项

乳粉应具有与鲜乳同样的优良风味，但在保存中乳粉容易产生酸败味和氧化味，因而使风味变坏。除此之外，由于水分及其他因素的变化，会使乳粉产生各种缺陷。

（一）脂肪分解味（腐败味）

脂肪分解味是一种类似丁酸的酸性刺激味，主要是由于乳中解脂酶的作用，使乳粉中的脂肪水解而产生游离的挥发性脂肪酸。为了防止脂肪分解产生异味，在牛乳杀菌时，必须将解脂酶彻底破坏，同时还必须严格控制原料乳的质量。牛乳中所含脂酶如果未能在预热杀菌时彻底破坏，则在其后的浓缩、喷雾干燥的受热温度下，就更难将其破坏。生产乳粉时的预热杀菌，现在多采用高温短时间杀菌条件，若采用超高温瞬时杀菌，不仅能使脂酶破坏，而且还能将过氧化物酶破坏，对提高乳粉保藏性很有利。

（二）氧化味（哈喇味）

使乳制品产生氧化味的主要因素为空气、光线和热、重金属（特别是铜）、原料乳的酸度、原料乳中的过氧化物酶和乳粉中的水分含量等。

1. 空气（氧） 产生氧化臭味的主要原因是不饱和脂肪酸的双键处，所以在乳粉制造和成品乳粉保藏过程中，应尽可能避免与空气长时间接触。包装要尽可能采用抽真空充氮的方式。在喷雾时尽量避免乳粉颗粒中含有大量气泡。在浓缩时要尽量提高浓度。

2. 光线和热 光线和热能促进乳粉氧化，30℃以上更显著。因此乳粉应尽量避免光线照射，并放在冷处保藏。在喷雾干燥时，若乳粉在烘箱内存放时间过久，则乳粉颗粒受热时间过长，易使脂肪渗透到颗粒表面，更容易引起氧化。

3. 重金属 重金属特别是二价铜离子，非常容易促进乳粉氧化。二价铜离子含量达到 1mg/kg 时就会对乳粉产生影响，含量超过 1.5mg/kg 就会显著地促进乳粉氧化。其他重金属如三价铁也有促进乳粉氧化的作用，但不像铜那样显著。所以防止乳制品产生氧化臭味，其中重要的一条就是避免铜的混入。最好使用不锈钢的设备。

4. 原料乳的酸度 凡是使酸度升高的原因都会成为促进乳粉氧化的因素，所以要严格控制原料乳的酸度。

5. 原料乳中的过氧化物酶 过氧化物酶也是促进氧化的一个重要因素。因此，生产乳粉时，原料乳最好采用高温短时间杀菌或超高温瞬间杀菌，以破坏过氧化物酶。

乳粉的水分含量为 3%～5%，水分含量过高，将会促进乳粉中残存的微生物生长繁殖，产生乳酸，从而使乳粉中的酪蛋白发生变性而变得不可溶，这样就降低了乳粉的溶解度。当乳粉水分含量提高至 6.5%～7% 时，贮存一小段时间后其中的蛋白质就有可能完全不溶解，产生陈腐味，同时产生褐变。但乳粉的水分含量也不宜过低，否则易引起乳粉变质而产生臭味，当一般喷雾干燥生产的乳粉的水分含量低于 1.88% 时，就容易引起这种缺陷。

（三）褐变及陈腐味

乳粉在保藏过程中有时产生褐变，同时产生一种陈腐的气味。这一变化主要是与乳粉中的水分含量和保藏温度有关。如果乳粉水分含量在 5％ 以下，在室温下保藏时，不会产生褐变。乳粉的褐变主要是美拉德反应的结果。在乳粉的保藏方面，一般正常条件下，褐变发生的较少，但如果控制不当也会发生褐变。水分含量为 3％～4％ 的乳粉，在温度高的情况下保藏时，虽然其香味会逐渐降低，但不会引起褐变现象，也不会产陈腐气味。乳粉的水分含量如果达到 5％ 以上，并且在高温下保藏，很快就会引起褐变，并产生陈腐味。

没有真空充氮包装、水分含量在 7.6％ 以上的乳粉，在 37℃ 温度下保藏时，其蛋白质的生理价值会逐渐降低。消化率经两个月降低到 5％～6％；水分含量低于 5％ 的乳粉，在 37℃ 下保藏 6 个月后，其蛋白质的生理价值没有变化，仅消化率降低 4％。变质乳粉的赖氨酸严重损失，损失率高达 40％。

（四）吸湿

乳粉吸湿性很强，放置于空气中，很容易吸收空气中的水分。这主要是由于乳粉中的乳糖呈无水的非结晶玻璃状态。当乳糖吸湿后，蛋白质颗粒彼此黏结而使乳粉形成块状。乳粉如果使用密封罐装则吸湿的问题不大，但一般简单的非密封包装，或者食用时开罐后的存放过程，会有显著的吸湿现象。

（五）因细菌而引起的变质

水分含量在 5％ 以下的乳粉，经密封包装后，一般不会有细菌繁殖。所以凡是正常的乳粉，不会由于细菌而引起变质。喷雾干燥的乳粉，其水分含量为 2％～3％，所以经密封包装后，在保藏过程中，细菌反而会减少。乳粉中所含细菌，一般为乳酸链球菌、小球菌、八叠球菌及乳杆菌等。如果含有金黄色葡萄球菌，则这种乳粉是很危险的。乳粉开罐后放置时，如果时间过长，会逐渐吸收水分，水分含量超过 5％ 以上时细菌容易繁殖，而使乳粉变质。所以乳粉一经开罐，最好尽快吃完，避免放置的时间过长。

（六）乳粉溶解性差

乳粉的溶解度是指乳粉与水按一定的比例混合，使其复原为均一的鲜乳状态。乳粉的溶解度与一般盐类的溶解度的含义是不同的。乳粉溶解度的高低反映了乳粉中蛋白质的变性状况。

乳粉溶解性差的主要原因：原料乳的质量差，酸度高，蛋白质热稳定性差，受热易变性；牛乳在热加工（杀菌、浓缩及干燥）时，受热过度导致蛋白质变性；喷雾干燥时，乳滴过大导致乳粉含水量偏高；包装形式、贮存条件及时间等对乳粉的溶解度也有影响。

控制措施：不同的生产技术对乳粉的溶解性具有很大影响，应严格按工艺规程进行操作，防止热加工操作导致蛋白质过度变性，并保持乳粉的正常含水量。

四、乳粉的质量标准

《食品安全国家标准　乳粉》（GB 19644—2010）适用于全脂乳粉、脱脂乳粉、部分脱脂乳粉和调制乳粉。

（一）感官要求

根据《食品安全国家标准　乳粉》（GB 19644—2010），感官要求见表 6-5。

表 6-5 感官要求

项目	要求		检验方法
	乳粉	调制乳粉	
色泽	呈均匀一致的乳黄色	具有应有的色泽	取适量试样置于 50mL 烧杯中，在自
滋味、气味	具有纯正的乳香味	具有应有的滋味、气味	然光下观察色泽和组织状态。闻其气味，
组织状态	干燥均匀的粉末		用温开水漱口，品尝滋味

（二）理化指标

根据《食品安全国家标准　乳粉》（GB 19644—2010），理化指标见表 6-6。

表 6-6 理化指标

项目		指标		检验方法
		乳粉	调制乳粉	
蛋白质/%	≥	非脂乳固体[①]的 34%	16.5	GB 5009.5
脂肪[②]/%	≥	26.0	—	GB 5413.3
复原乳酸度/（°T）牛乳	≤	18	—	GB 5413.34
羊乳		7～14	—	
杂质度/（mg/kg）	≤	16	—	GB 5413.3
水分/%	≤	5.0		GB 5009.3

① 非脂乳固体（%）=100%—脂肪（%）—水分（%）。

② 仅适用于全脂乳粉。

（三）微生物限量

微生物限量应符合《食品安全国家标准　乳粉》（GB 19644—2010）规定，具体见表 6-7。

表 6-7 微生物限量

项目	采样方案[①]及限量（若非指定，均以 CFU/g 表示）				检验方法
	n	c	m	M	
菌落总数[②]	5	2	50 000	200 000	GB 4789.2
大肠菌群	5	1	10	100	GB 4789.3 平板计数法
金黄色葡萄球菌	5	2	10	100	GB 4789.10 平板计数法
沙门氏菌	5	0	0/25g	—	GB 4789.4

注：① 样品的分析及处理按 GB 4789.1 和 GB 4789.18 执行。

② 不适用于添加活性菌种（好氧和兼性厌氧益生菌）的产品。

③ 三级采样方案设有 n、c、m 和 M 值。

n：同一批次产品应采集的样品件数。

c：最大可允许超出 m 值的样品数。

m：微生物指标可接受水平的限量值。

M：微生物指标的最高安全限量值。

④ 二级采样方案——n 个样品中允许有小于等于 c 个样品，其相应微生物指标检验值大于 m 值。

⑤ 三级采样方案——n 个样品中允许全部样品中相应微生物指标检验值小于或等于 m 值；允许有小于等于 c 个样品，其相应微生物指标检验值在 m 值和 M 值之间；不允许有样品相应微生物指标检验值大于 M 值。

（四）食品添加剂和营养强化剂

（1）食品添加剂和营养强化剂质量应符合相应的安全标准和有关规定。

（2）食品添加剂和营养强化剂的使用应符合 GB 2760 和 GB 14880 的规定。

任务二　脱脂乳粉的加工

一、工艺流程

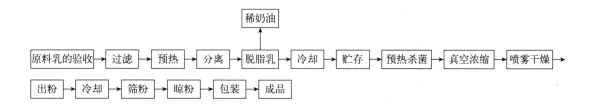

二、操作要点

（一）乳的预热与分离

原料乳经过验收后，经过滤，然后加温到 35～38℃ 即可进行分离。用牛乳分离机经过离心分离可同时获得稀奶油和脱脂乳。控制脱脂乳的含脂率不超过 0.1％。

（二）预热杀菌

脱脂乳中所含乳清蛋白（白蛋白和球蛋白）热稳定性差，在杀菌和浓缩时易引起热变性，使乳粉制品溶解度降低。乳清蛋白中含有巯基，热处理时易使制品产生蒸煮味。为尽量减少产品的蒸煮味，同时又能达到杀菌、灭酶的效果，一般脱脂乳的预热杀菌温度控制在 80℃ 15s 为宜，乳清蛋白质变性程度应控制不超过 5％。

脱脂乳粉的预热杀菌条件可以根据其用途而异。比如生产冰淇淋的原料乳粉要求其溶解性能良好而又没有蒸煮气味，因此在预热杀菌时宜采用高温短时间杀菌法或超高温瞬间杀菌法进行杀菌。用于面包生产的脱脂乳粉，可以采用 85～88℃ 30min 的杀菌条件，使用此种方式灭菌的乳粉添加于面包中，有利于面包体积增大。用于制造脱脂鲜干酪的脱脂乳粉，多要求采用速溶脱脂乳粉。

（三）真空浓缩

为了避免乳清蛋白变性，脱脂乳的蒸发浓缩温度应控制不超过 65.5℃ 为宜，若浓缩温度高于 65.5℃，则乳清蛋白质变性程度会超过 5％。实际生产中多采用真空浓缩，乳温一般不会超过 65.5℃，且由于受热时间很短，因此对乳清蛋白质变性影响不大。此外，浓缩乳的浓度应控制在 15～17 波美度，乳固体含量应达到 36％以上。

（四）喷雾干燥

将脱脂乳进行喷雾干燥，即可得到普通脱脂乳粉。但是，普通脱脂乳粉因其乳糖呈非结晶型的玻璃状态，即 α 乳糖和 β 乳糖的混合物，有很强的吸湿性，极易结块。为克服上述缺点，并提高脱脂乳粉的冲调性，采取速溶乳粉的干燥方法生产速溶脱脂乳粉，可改善乳粉的品质。

（五）出粉、冷却、筛粉、包装

脱脂乳粉的出粉、冷却、筛粉、包装等工艺和全脂乳粉的生产一样。

任务三　婴儿配方乳粉的加工

一、配方

1. 配方设计原则　牛乳被认为是人乳的最好代用品，但牛乳和人乳在感官组织上有一定差别，故需要将牛乳中的各种成分进行调整，使之近似于人乳，并加工成方便食用的粉状乳产品。婴儿乳粉的调制是基于婴儿生长期对各种营养素的需要量，在了解牛乳和人乳的区别的基础上，进行合理的调制婴儿乳粉中的各种营养素，使婴儿乳粉适合婴儿的营养需要。人乳与牛乳基本营养组成见表 6 - 8。

表 6 - 8　人乳与牛乳基本营养组成

项目	蛋白质/%		脂肪/%	乳糖/%	灰分/%	水分/%	热能/（kJ/kg）
	乳清蛋白	酪蛋白					
人乳	0.68	0.42	3.5	7.1	0.2	88.0	251
牛乳	0.69	2.21	3.3	4.5	0.7	88.6	209

计算婴儿调制乳粉成分配比时，应考虑到婴儿对各种营养成分的需要量，使之尽量接近于母乳的成分配比。调制乳粉主要包括调整蛋白质、脂肪、糖分、维生素，此外，再添加微量成分，使之类似人乳。

（1）蛋白质的调整。母乳中蛋白质含量为 1.0%～1.5%，其中酪蛋白为 40%，乳清蛋白为 60%；牛乳中的蛋白质含量为 3.0%～3.7%，其中酪蛋白为 80%，乳清蛋白为 20%。牛乳中酪蛋白含量高，在婴幼儿胃内形成较大的坚硬凝块，不易被消化吸收。为满足婴儿机体对蛋白质的需要，婴儿饮食的蛋白质必须是易于消化吸收的。乳清蛋白和大豆蛋白具有易消化吸收的特点，因此，婴儿配方乳粉宜用乳清蛋白和大豆蛋白取代部分酪蛋白，按照母乳中酪蛋白与乳清蛋白的比例为 1∶1.5 来调整牛乳中蛋白质含量。此外，还可以通过向婴儿配方乳粉中添加乳免疫球蛋白浓缩物来进行牛乳婴儿食品的免疫生物学强化，这对早产儿及初生体重低的婴儿的健康有重要意义。

除考虑蛋白质的数量外，还需要考虑蛋白质的质量，即考虑必需氨基酸的含量和比例。一般规定，婴儿配方食品中蛋白质每单位能量中各种必需氨基酸和条件必需氨基酸的含量必须等同于参照蛋白（即母乳蛋白）中相应氨基酸的含量。

（2）脂肪的调整。牛乳中的脂肪含量平均在 3.3%，与母乳含量大致相同，但质量上差别很大。牛乳脂肪中的饱和脂肪酸含量比较多，而不饱和脂肪酸含量少，且缺乏亚油酸。母乳中不饱和脂肪酸含量比较多，特别是不饱和脂肪酸中的亚油酸、亚麻酸等人体必需脂肪酸含量丰富。

精炼植物油富含不饱和脂肪酸，易被婴儿机体吸收，因此婴儿配方乳粉常使用植物油来提高其不饱和脂肪酸的含量。富含油酸、亚油酸的植物油有橄榄油、玉米油、大豆油、棉籽油、红花油等，调整脂肪时须考虑这些脂肪的稳定性、风味等，以确定混合油脂的比例。其中棕榈油中除含有可利用的油酸外，还含有大量婴儿不易消化的棕榈酸，它会增加婴儿血小板血栓的形成，故应控制其添加量。一般亚油酸的量不宜过多，规定的上限用量：亚油酸不应超过总脂肪量的 2%，长链脂肪酸不得超过总脂肪量的 1%。

不饱和脂肪酸按其双键位可分为 ω-3 系列不饱和脂肪酸和 ω-6 系列不饱和脂肪酸。不饱和脂肪酸中最具代表性的是二十二碳六烯酸（DHA）、二十碳五烯酸（EPA）和 α 亚麻酸。近年来，这些脂肪酸在婴儿配方乳粉中出现，但因其为多不饱和脂肪酸，易被氧化而变质。

（3）糖分的调整。在牛乳和母乳中的糖分主要是乳糖，牛乳中乳糖的含量为 4.5%，母乳中乳糖的含量为 7.0%，且牛乳中糖分主要是 α 型，而人乳中主要是 β 型。显然牛乳中的乳糖远不能满足婴儿机体的需要。为了提高产品中的糖分，调制乳粉中通过加可溶性多糖类，如葡萄糖、麦芽糖、糊精或平衡乳糖等，来调整乳糖和蛋白质之间的比例，平衡 α 型和 β 型乳糖的比例，使其接近于人乳（α 型乳糖：β 型乳糖＝4:6）。一般婴儿乳粉含有 7% 的糖类，其中含 6% 的乳糖，含 1% 的麦芽糊精。

蔗糖不但能造成婴儿龋齿，还易使婴儿养成对甜食喜爱的不良习惯，应注意蔗糖的添加量不能过多。可适量添加功能性低聚糖来取代蔗糖，功能性低聚糖不仅能够提供能量，而且不被人体内的消化液消化，可被肠道有益菌如双歧杆菌等利用，具有增强婴儿免疫力、防止便秘等特殊的生理作用。较高含量的乳糖有利于钙、锌和其他一些营养素的吸收，促进婴儿骨骼、牙齿生长。麦芽糊精可用于保持有利的渗透压，并可改善配方食品的性能。

（4）灰分的调整。由于初生婴儿的肾尚未发育成熟，维持体内环境恒定的功能不如较大婴儿，如果乳粉盐含量过高，将导致婴儿肾负担过大，对婴儿生长发育不利。因此，在婴儿配方乳粉的灰分设计上应注意控制其含量。

由于婴儿配方乳粉中牛乳中盐的质量分数（0.7%）远高于人乳的（0.2%），无机盐量较人乳高 3 倍多，调制乳粉中采用脱盐操作除掉一部分无机盐，所用脱盐乳清粉的脱盐率要大于 90%，其盐的质量分数在 0.8% 以下。但人乳含铁量比牛乳高，所以要根据婴儿需要补充一部分铁。

添加微量元素时应慎重，因为微量元素之间的相互作用，以及微量元素与牛乳中的酶蛋白、豆类中植酸之间的相互作用对食品的营养性也有很大影响。

（5）维生素的调整。维生素虽然需要量很少，但在体内代谢中起着极为重要的作用。调制乳粉中一般添加的维生素有维生素 A、维生素 B_1、维生素 B_6、维生素 B_{12}、维生素 C、维生素 D 和叶酸等。

在添加时一定要注意维生素（也包括灰分）的可耐受最高摄入量，防止因添加过量而对婴儿产生毒副作用。过量摄入水溶性维生素不会引起中毒，因此没有规定水溶性维生素的上限。长时间过量摄入脂溶性维生素 A、维生素 D 会引起中毒，因此须按规定添加。

二、工艺流程

婴儿配方乳粉的生产工艺流程如下。

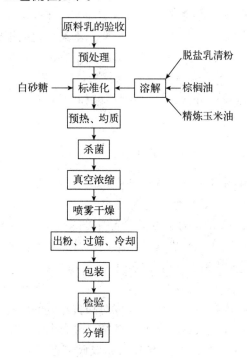

三、操作要点

（一）配料

按比例要求将各种物料混合于配料缸中，开动搅拌器，使物料混匀。

（二）均质、杀菌及真空浓缩

混合料均质压力一般控制在 18MPa；杀菌和浓缩的工艺要求和乳粉生产相同。一般以 135℃ 4s 的杀菌条件为宜；浓缩的条件控制在 67～93kPa 35～45℃。浓缩后的乳浓度控制在 46% 左右。

（三）喷雾干燥

进风温度为 140～160℃，排风温度为 80～88℃，喷雾压力控制在 15 kPa。

（四）过筛

混合物料通过 16 目筛网，除去块状物；而后添加可溶性多糖及维生素等热稳定性差的成分，并混匀；通过 26 目筛网，再次去除块状物。

（五）包装

计量包装，可采取充氮包装，以防止脂类等营养成分的氧化，保证产品质量。

四、加工中的注意事项

（1）原料乳粉应符合特级乳粉要求；大豆蛋白应经 93～96℃ 10～20min 的杀菌后，冷却到 5℃ 备用，取样检验脲酶为阴性方可投入生产。

（2）稀乳油需要加热至 40℃，再加入维生素和微量元素，充分搅拌均匀后与预处理的原料乳混合，并搅拌均匀。

（3）混合料的杀菌温度可采用 62～65℃ 30min，或 80～85℃ 保持 10～15s。植物油的杀菌温度要求在 85℃ 10min，然后冷却到 55～60℃ 备用。

【思与练】

1. 乳粉的种类有哪些，各有什么特点？
2. 在喷雾干燥前为什么要浓缩？
3. 喷雾干燥的原理是什么？其特点有哪些？
4. 简述乳粉的生产工艺过程。

项目七

炼 乳 加 工

【知识目标】

掌握炼乳的概念。

理解甜炼乳、淡炼乳的概念。

掌握甜炼乳、淡炼乳的加工工艺。

了解炼乳加工中常见的质量问题及控制方法。

【技能目标】

学会识别炼乳的种类。

学会加工制作炼乳。

能够解决炼乳加工中常见的质量问题。

【相关知识】

一、炼乳的认识

炼乳是一种浓缩乳制品，它是将新鲜牛乳经过杀菌处理后，蒸发除去其中大部的水分而制得的产品。

炼乳最初是以一种耐贮存乳制品的形式出现的，后来炼乳的适用范围逐渐广泛起来，如作为鲜乳的廉价替代品；用于冲饮红茶或咖啡；在食用水果和一些甜点时，炼乳常作为一种浇蘸用的辅料；作为焙烤制作、糕点和冷饮等食品加工的原料；供直接食用。炼乳具有良好的营养价值。

二、炼乳种类的识别

炼乳的种类很多。在产品中添加有蔗糖者，称为甜炼乳或加糖炼乳；不加糖者称为淡炼乳。加糖炼乳有全脂加糖炼乳及脱脂加糖炼乳。一般称加糖炼乳的即指全脂加糖炼乳，其他类似制品有浓缩加糖乳清和浓缩加糖酪乳。目前我国炼乳的主要品种有甜炼乳和淡炼乳。

　　甜炼乳是在新鲜牛乳中加入约 16％的蔗糖，并浓缩至原体积 40％左右的一种浓缩乳制品。成品中含有 40％～45％的蔗糖。由于添加蔗糖增大了渗透压，抑制了微生物的繁殖，因而增加了制品的保存期。甜炼乳可用全脂乳或脱脂乳粉来进行生产，通常全脂甜炼乳大约含有 8％的脂肪、45％的糖、20％的非脂乳固体和低于 27％的水分。批量使用的工业甜炼乳用大桶保存，在气候炎热的地区用小罐包装零售。

　　淡炼乳是一种经灭菌处理、外观颜色淡似稀奶油的浓缩乳制品。淡炼乳营养较好，且保存性佳，在没有鲜乳的地方，人们大都食用淡炼乳。在淡炼乳中添加维生素 B，可用作母乳代用品。

　　两种炼乳生产过程的第一道工序都是含脂率和固形物含量的精确标准化处理，下一步是热处理，主要是将牛乳中的微生物杀死，使牛乳保持稳定，以避免杀菌牛乳产生凝聚的危险。两种炼乳对原料的要求和初加工的方法完全相同，后期加工的方法则稍有不同。

　　在甜炼乳生产中，经热处理的乳输送到蒸发器进行浓缩，将糖制成糖溶液，在蒸发阶段加入浓缩乳中，浓缩后进行冷却，使乳糖在过饱和溶液中形成非常小的晶体颗粒，糖晶体颗粒的大小以舌头察觉不出为好。在冷却和结晶后，将甜炼乳进行包装并贮存。

　　在淡炼乳生产中，经热处理后的牛乳被输送到蒸发器进行浓缩，均质处理后再进行冷却，在包装前检查牛乳的凝结稳定性。如果需要，还可以通过添加磷酸盐来增加凝结稳定性，然后将产品装罐并在杀菌锅中杀菌，冷却后进行贮存。

【任务实施】

任务一　加糖炼乳的加工

一、工艺流程

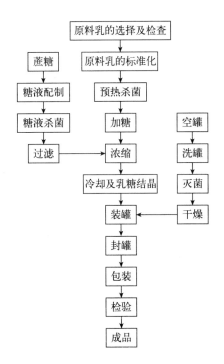

二、操作要点

(一) 原料乳的选择及检查

要生产优质的炼乳，首先要注意原料乳的选择，即选用 70％中性酒精试验呈阴性，风味、酸度、清洁度均合格的新鲜原料乳来生产加糖炼乳。原料检查合格后需及时进行加工。如暂时不能加工时，应立即进行冷却，然后送入贮乳槽或冷藏库中暂时贮存。

生产甜炼乳的原料乳除符合以上乳品生产的一般质量外，在以下两方面具有严格的要求：①控制芽孢数和耐热细菌的数量。因为炼乳生产的真空浓缩过程中乳的实际受热温度为 65～70℃，而 65℃对于芽孢菌和耐热细菌是较适合的生产条件，有可能导致乳的腐败，故严格控制原料乳中的微生物数量，特别是芽孢菌和耐热细菌的数量是非常重要的。②要求乳蛋白热稳定性好，能耐受强热处理，这就要求乳的酸度低于 18°T，70％中性酒精试验呈阴性。

检查原料乳热稳定性的方法是选取 10mL 原料乳，加入 0.6％的磷酸氢二钾 1mL，装入试管，在沸水中浸泡 5min，取出冷却，若无凝块出现，即可高温杀菌；若有凝块出现，就不适宜于高温杀菌。

(二) 原料乳的标准化

为了使产品合乎规格要求，首先需将原料乳进行标准化，也就是使脂肪与无脂干物质之间应有一定的比例。我国国家炼乳质量标准规定这一比例是 8∶20，瑞典规定为 8∶18。当原料乳中含脂率不足时，可以在原料中加入稀奶油以提高含脂率。当原料乳含脂率过高时，可在原料乳中加入脱脂乳以降低含脂率。

原料乳之所以标准化是考虑到：①标准化与甜炼乳的生产量有关，当牛乳的乳脂率为 3％～3.7％时，炼乳的生产量最多；②标准化与甜炼乳的保存性有关，当牛乳的含脂率低时，生产的炼乳保存性也低；③标准化与炼乳生产过程中的操作有关，含脂率低的牛乳在浓缩过程中容易起泡，操作较困难。

现代自动化标准化机可以连续不断精确地对原料乳进行净化和标准化。

(三) 预热杀菌

生产炼乳时，原料乳标准化后，在浓缩前需进行加热，这一步骤称为预热杀菌。

1. 预热杀菌的目的

(1) 杀死从原料乳带来的病原菌，抑制或破坏对产品质量有害的细菌、酵母菌、霉菌及酶等，以保证成品的安全性，提高产品的贮存性。

(2) 抑制酶的活性，以免成品产生脂肪水解、酶促褐变等不良现象。

(3) 满足真空浓缩过程的要求：原料乳吸入真空浓缩锅前的温度必须超过浓缩锅中的温度，这样才能使沸腾不中断，确保蒸发的最大速度。

(4) 控制适宜的预热温度，使乳蛋白适当变性，防止成品出现变稠现象。

(5) 当采用预先加糖方式时，通过预热可使蔗糖容易溶解，以免在真空锅中产生焦化。

(6) 防止浓缩时加热面上焦化结垢。

2. 预热杀菌的温度　预热的温度对产品的质量有很大影响。但预热的温度由于乳的质量、季节、工厂设备等不同而异，故不能固定不变。通常自 63℃ 保持 30min 低温长时间杀菌法到 120℃ 甚至 148℃ 瞬间为止，范围很广。一般为 75℃ 保持 10~20min 及 80℃ 保持 5~10min。如上海乳品二厂认为 79~81℃ 保持 10min 的方法较为理想；美国多采用 81~100℃ 保持 10~30min；日本采用 80℃ 保持 5~10min；瑞典采用 100~120℃ 保持 1~3min，然后冷却到 70℃ 进入浓缩程序。

预热目的不仅是为了杀菌，而且关系到成品的保藏性、黏度和变稠等。因此，必须对乳质的季节性变化和浓缩、冷却等工序条件加以综合考虑。一般应根据所用原料乳的质量情况，经过多次试验，使制品保藏性稳定时，才可以确定预热条件，但仍需按不同季节稍加变动，以保持产品质量。

3. 预热与微生物及酶的关系 在牛乳中出现的白喉、结核、伤寒等致病细菌，一般可以用 63℃ 30min 的巴氏杀菌法完全杀死。其余的乳酸菌、酵母菌及霉菌等也可以在 75℃ 15min 或 80℃ 10min 的杀菌条件下杀死。但这里微生物的残存率随原料乳中细菌数的多少而不同。污染度越高，残存率也就越高，故对原料乳必须严格管理。

此外，牛乳中含有的解脂酶、过氧化物酶及蛋白分解酶等，也可以在 75℃ 15min 或 80℃ 10min 加热处理时破坏。因此，通过正确的预热处理会保证炼乳质量。

4. 预热对变稠的影响 预热温度对炼乳的变稠有重要的影响。必须根据当地原料及设备等情况，合理调整，以保证产品质量。根据一些人的研究，总结了下列几点，可作为参考。

（1）65~75℃ 的预热温度能降低炼乳变稠。65℃ 以下易引起成品稀薄和脂肪分离，例如乳糖结晶不是 10μm 以下的均匀晶粒时，容易产生糖沉淀，这种预热温度不适于制造小罐炼乳。

（2）80~100℃ 的预热温度有使炼乳变稠增加的趋势。但 80℃ 的影响极微，85℃ 有明显影响，95~100℃ 影响最强烈，对炼乳的质量最不利。

（3）沸点以上的温度能降低炼乳变稠程度，110~120℃ 抑制炼乳变稠，高于此温度时炼乳则有变稀的趋势。

（4）100~120℃ 瞬间或 75℃ 10min 的预热杀菌比较适宜。

（5）利用直接蒸汽预热时，因有过热的倾向，易产生部分蛋白质变性和膨润作用，结果使产品不稳定或变稠。

（四）加糖

1. 加糖的目的 为了抑制炼乳中细菌的繁殖，增加制品的保存性，在炼乳中需加入适量的糖。糖的防腐作用是由渗透压所形成。而蔗糖溶液的渗透压与其浓度成比例。如果仅为抑制细菌的繁殖则浓度越高，效率越佳。但炼乳有一定的规格要求，而且也会产生其他的缺陷。一般添加糖的量为原料乳的 15%~16%。

2. 糖的种类 生产炼乳所用的糖以结晶蔗糖和品质优良的甜菜糖为最佳。质量应符合下列指标：干燥洁白而且有光泽，无任何异味与气味。纯糖含量不应少于 99.6%，还原糖含量应不多于 0.1%，使用质量低劣的蔗糖时，因其中含有大量的转化糖，易引起发酵产酸，影响炼乳的质量。

有的国家有时使用一部分葡萄糖（不应超过蔗糖量的 1/4，否则炼乳有变稠趋势）代替蔗糖生产冰淇淋、糕点和糖果用的炼乳。这是由于这种葡萄糖成本低，甜味也比较柔和，同时也不容易结晶。因此对冰淇淋、糕点和糖果的组织有良好的效果。但这种制品容易棕色化，保存中很容易变稠，所以生产直接食用的甜炼乳时还是添加蔗糖为佳。

3. 加糖量　为使细菌的繁殖受到充分抑制并达到预期的目的，必须添加足够的蔗糖。蔗糖比决定了甜炼乳应含蔗糖的浓度，也是向原料乳中添加蔗糖量的计算标准。一般用下式来表示蔗糖比。

$$蔗糖比 = \frac{蔗糖含量（\%）}{1-总乳固体含量（\%）} \times 100\%$$

[例 1] 总乳固体含量为 30%、蔗糖含量为 45% 的甜炼乳，其蔗糖比为多少？

解：根据蔗糖比的计算公式：

$$蔗糖比 = \frac{45\%}{1-30\%} \times 100\% = 64.3\%$$

研究表明，蔗糖必须达到 60% 以上才能达到充分抑菌的效果。从食品安全考虑，最好掌握蔗糖比在 62.5% 以上。在原料乳质量好，且杀菌充分、卫生条件又好的情况下，62.5% 的蔗糖比即可有效防止由细菌造成的产品变质。但若蔗糖比在 65% 以上时，又会出现蔗糖结晶的危险，所以通常把蔗糖比范围规定为 62.5%～64.5%。

由蔗糖比的计算公式，可计算出甜炼乳中的蔗糖含量（%）。

$$甜炼乳中的蔗糖含量 = [1-总乳固体含量（\%）] \times 蔗糖比 \times 100\%$$

[例 2] 总乳固体为 30% 的甜炼乳，当其蔗糖比为 63% 时，其中蔗糖的含量为多少？

解：根据蔗糖含量的计算公式可得：

$$甜炼乳中的蔗糖含量 = (1-30\%) \times 63\% \times 100\%$$
$$= 44.1\%$$

也可以根据浓缩比计算出原料乳中应加入的蔗糖量。

$$浓缩比 = \frac{炼乳中的总乳固体含量（\%）}{原料乳中总乳固体含量（\%）}$$

$$应添加的蔗糖量（kg）= 原料乳的质量（kg）\times \frac{甜炼乳中的蔗糖含量（\%）}{浓缩比}$$

[例 3] 用总乳固体含量为 11.5% 的标准化后的原料乳，生产总乳固体含量为 30%、蔗糖含量为 41% 的甜炼乳，在 100kg 原料乳中应添加多少蔗糖？

解：

$$浓缩比 = \frac{30\%}{11.5\%} = 2.609$$

$$应添加的蔗糖量 = 100kg \times \frac{41\%}{2.609} = 15.71kg$$

即 100kg 原料乳中应加蔗糖 15.71kg。

4. 加糖方法　生产加糖炼乳时，蔗糖的加入方法有下列三种：

（1）第一种加糖方法：将蔗糖直接加入原料乳中，经预热后吸入浓缩罐中。

（2）第二种加糖方法：将原料乳和 65%～75% 的浓糖浆分别经 95℃ 5min 杀菌，冷却至 57℃ 后混合浓缩。此法适于连续浓缩的情况下使用，间歇浓缩时不宜采用。

（3）第三种加糖方法：先将牛乳单独预热并真空浓缩，在浓缩将近结束时把浓度约为 65% 的蔗糖溶液（预先以 87℃ 的温度杀菌）吸入真空浓缩罐中，再进行短时间的浓缩。

牛乳中的酶类及微生物往往由于加糖而增加对热的抵抗力，同时乳蛋白质会由于糖的存在而引起变稠和棕色化。为了杀菌完全和防止出现变稠等现象，采用第三种方法为最好。其次为第二种方法。但一般为了减少蒸发的水分，节省浓缩时间和燃料，也有用第一种方法的。

第三种加糖方法的操作步骤为：将蔗糖溶于85℃以上的热水中，调成约含蔗糖65%的糖浆，经杀菌、过滤之后冷却到65℃左右，在真空浓缩即将完成之前吸入到浓缩乳中进行混合。糖液的杀菌温度要求达到95℃，这是因为溶液中有嗜热性微球菌和耐热的霉菌孢子存在，这种细菌耐热性较强，90℃仍不能杀灭，需达到95℃方能致死。在糖浆的制备中注意不能使糖液高温持续的时间太长，酸度也不能过高。因为蔗糖在高温和酸性条件下会转化成葡萄糖和果糖。这种转化糖存在于产品中，会使产品在贮存期间的变色和变稠速度加快，要减少蔗糖的转化，就要控制蔗糖的酸度在22°T以下，并在保证杀菌的前提下，尽量缩短糖液在高温中的持续时间，这也是蔗糖原料中要求转化糖含量小于0.1%的原因。

（五）浓缩

所谓浓缩，就是用加热的方法使牛乳中的一部分水分汽化，并不断除去，从而使牛乳中的干物质含量提高。浓缩的方法很多，有常压加热浓缩、减压加热浓缩（即真空浓缩）等，现在已发展到不用热能的反渗透及超滤等浓缩技术，现代炼乳生产一般都采用真空浓缩法，它具有蒸发温度低、热能消耗少等优点。

1. 真空浓缩的原理和条件

（1）真空浓缩的原理。在减压状态下，采用间接蒸汽加热方式，对牛乳进行加热，使其在低温条件下沸腾，乳中一部分水分汽化并不断地排除，从而使牛乳中干物质含量由12%提高到50%，达到浓缩的目的。

（2）真空浓缩的条件。

① 不断供给热量。由杀菌器出来的牛乳一般温度为65～85℃，这部分牛乳可带入一部分热量。但要维持牛乳沸腾，使水不断变成蒸汽，必须不断地供给热量，才能使蒸发过程进行下去。这部分热能一般都是由锅炉供给的饱和蒸汽，我们称这部分蒸汽为加热蒸汽，而牛乳的水分汽化后的蒸汽被称为二次蒸汽。

② 必须迅速排除二次蒸汽。牛乳水分形成的二次蒸汽，如不排除，又会凝结成水回到牛乳中。如凝结成水回到乳中的数量等于二次蒸汽的量，蒸发就无法进行。

一般工厂都采用冷凝法除去二次蒸汽。二次蒸汽直接进入冷凝器结成水而排除，不再利用二次蒸汽的蒸发方法称为单效蒸发。将二次蒸汽引入另一效蒸发器作为热源继续使用的蒸发方法，则称为双效蒸发。

2. 真空浓缩的特点

（1）真空浓缩蒸发效率高，使牛乳水分蒸发过程加快，并节省能源。

（2）在真空蒸发器中，牛乳的沸点降低，仅有60℃左右。牛乳中的热敏性物质如蛋白质、维生素等，不致明显地被破坏，牛乳的风味、色泽得以保持，可以保证产品质量。

（3）由于沸点降低，在加热器壁上结焦的现象也大为减少，便于清洗，有利于提高传热效率。

（4）浓缩在密闭容器内进行，避免了外界污染的可能，从而保证了产品的质量。

3. 真空浓缩工艺条件 浓缩牛乳的质量要求达到浓度与温度稳定，黏稠度一致，具有良好的流动性，无蛋白变性，细菌指标符合卫生标准。

为达到蒸发掉大量水分、提高乳固体含量的目的，又能保持牛乳的营养成分及理化性质，浓缩的温度、真空度、时间均应予以严格控制。

（1）使用单效蒸发器时，一般应保持在 17kPa，蒸发温度为 45～60℃，整个浓缩过程需 40min。

（2）使用带热压泵的降膜式双效蒸发器时，第一效压力保持在 31～40kPa，蒸发温度为 70～72℃；第二效压力保持在 15～16.5kPa，蒸发温度为 45～50℃，由于浓缩是连续化进行，受热时间很短。

（3）使用带热压泵降膜式三效蒸发器时，第一效压力为 31.9kPa，蒸发温度 70℃；第二效压力为 17.9kPa；第三效压力为 9.5kPa，蒸发温度为 44℃。

4. 浓缩设备 浓缩设备分为常压蒸发器、减压（真空）蒸发器两种，由于真空蒸发器具有许多优点，各国普遍应用。近年为适应连续化生产需要，并考虑节省能源，蒸发器已由原来的单效、双效向三效至七效发展。单效蒸发器有盘管式、列管式、离心式、板式、刮板式等。双效或多效蒸发器有升膜式、降膜式、板式等。选用浓缩设备时，需根据生产规模、产品品种、经济条件等决定。一般加工量小的，可选用单效蒸发器；加工量大的连续化生产线，可选用双效或多效蒸发器。

5. 影响浓缩有关因素的讨论

（1）影响牛乳热交换的因素。

① 加热器总加热面积的影响。加热器总加热面积就是牛乳受热面积。加热面积越大，牛乳所接受的热量就越大，浓缩速度就越大。

② 加热蒸汽的温度与物料间温度差的影响。温度差越大，蒸发速度就越快。加大浓缩设备的真空度，可以降低牛乳的沸点。加大蒸汽压力，可以提高加热蒸汽的温度，但是压力加大容易出现"焦管"现象。结果影响质量，所以，加热蒸汽的压力一般都控制在 $4.9×10^4～19.6×10^4$ Pa。

③ 牛乳翻动速度的影响。牛乳翻动速度越大，牛乳对流情况越好，加热器给牛乳的热量也越多，牛乳既受热均匀，又不易出现"焦管"现象。另外，由于牛乳翻动速度大，在加热器表面不易形成液膜。由于液膜能够阻碍牛乳的热交换，故牛乳的翻动速度受牛乳与加热器之间的温差、牛乳黏度等因素的影响。

（2）牛乳浓度与黏度对浓缩的影响。在浓缩开始时，由于牛乳浓度低、黏度小，对翻动速度影响不大。随着浓缩的进行，牛乳中的水分不断被汽化排出，牛乳浓度提高，即牛乳中干物质的含量增加、比重加大，牛乳逐渐黏稠，沸腾情况也逐渐减弱，流动性差。提高温度，可以降低黏度，但容易出现"焦管"现象。

（3）加糖对浓度的影响。在生产加糖炼乳时，一般都在浓缩时加糖，由于糖液的加入，必然要增加浓乳的黏度，影响蒸发，延长浓缩时间。同时，由于糖的加入使浓缩液的沸点提高了。为了保持其沸腾状态继续蒸发，必须提高浓缩温度，这样一来就造成一部分凝固，黏度增加，色泽变深。为了防止这种现象的发生，应当把糖液在牛乳浓缩到接近需要的浓度时再加入。

（4）浓缩终点的确定。原料乳全部吸入浓缩罐中时，浓缩已接近结束。继续沸腾 10～20min 后，大致已达到所要求的浓度，通常根据浓缩时间、温度、真空度等来决定浓缩的终点。一般操作熟练而又有经验的工人，从窥视窗观察沸腾牛乳的循环状态、泡沫状态等即能确定浓缩程度，但是最可靠的办法还是从取样口取出一部分炼乳样品，测定其密度来确定。测定密度时一般使用波美计或普通密度计，加糖炼乳用波美计为 $30\sim40$ 波美度的范围，每一刻度为 0.1 波美度，普通密度计则为 $1.250\sim1.350$ 的范围。

（六）冷却及乳糖结晶

1. 冷却的目的　牛乳经浓缩达到要求的浓度时，由于排出了大量的水分，使其中的乳固体物含量提高，在浓缩终了时物料温度在 50℃ 左右，如不及时冷却，会加剧成品在贮存期内变稠和棕色化的倾向，严重的会逐渐成为块状的凝块，所以应将产品迅速冷却到常温或更低的温度。同时，通过冷却可使处于过饱和状态的乳糖形成细微的结晶，保证产品具有细腻的感官特性。

2. 乳糖结晶的原理　控制温度，可以控制乳糖的溶解度，从而达到促进乳糖结晶的目的，加入晶种也可以促进乳糖的结晶。

（1）温度控制。由于乳糖的溶解度较低，甜炼乳中乳糖处于过饱和状态，因此饱和部分的乳糖结晶析出是必然的趋势。但若任其缓慢地自然结晶，则晶体颗粒少而且晶粒大，会影响成品的感官质量。乳糖结晶大小在 $10\mu m$ 以下的舌感细腻，$15\mu m$ 以上的舌感成粉状，超过 $30\mu m$ 的呈明显的砂状，感觉粗糙。而且大的结晶体在贮存过程中会形成沉淀而成为不良的成品。所以冷却结晶过程要求创造适当的条件促使乳糖形成"多而细"的结晶。

结晶温度是个重要条件，温度过高固然不利于迅速结晶，温度过低则黏度增大，也不利于迅速结晶，其最适温度视乳糖浓度而异。在舌上呈柔润滑腻的优良炼乳其每立方毫米约含有 40 万个乳糖结晶。含脂肪 9%、非脂乳固体 22.5%、蔗糖 42.5%、水 26% 和乳糖 12.2% 的甜炼乳，其乳糖结晶的数量和颗粒大小与组织状态的关系见表 7-1。

表 7-1　乳糖结晶数量及大小与甜炼乳组织状态的关系

乳糖结晶数/个	各个结晶的平均体积/mm^3	乳糖晶体长度/μm	舌感	组织状态
40 万	0.177×10^{-6}	9.3	细腻	优
30 万	0.236×10^{-6}	10.3	尚细腻	良
20 万	0.336×10^{-6}	11.7	微糊状	微沉淀
10 万	0.707×10^{-6}	14.8	糊状	微沉淀
5 万	1.414×10^{-6}	18.6	粉状	沉淀
2.5 万	2.838×10^{-6}	23.4	微砂状	沉淀多
1.25 万	5.660×10^{-6}	29.4	砂状	沉淀多
7 500	9.430×10^{-6}	34.9	粗砂状	沉淀多

（2）添加晶种。投入晶种是强制结晶的条件之一，晶体的产生是先形成晶核，晶核进一步成长成晶体。对相同的结晶量来说，若晶核形成速度远大于晶体的形成速度，则晶体多而颗粒小，反之晶体少而颗粒大。

晶种的制备：精制乳糖在 $100\sim105$℃ 的烘箱内烘 $2\sim3h$，用超微粉碎机粉碎后，再烘 $1h$，最后进行一次粉碎。一般进行 $2\sim3$ 次粉碎就可达到 $5\mu m$ 以下的细度，然后装瓶并封蜡贮存。如需长时间贮存，需装罐并进行抽真空充氮。

晶种的添加量：生产中添加的晶种为 α-无水乳糖，实际上仍含有 1% 左右的水。加入量为炼乳成品量的 0.04%，当结晶不理想时，可适当增加晶种的投入量。

3. 冷却结晶的方法　一般可分为间歇式冷却结晶及连续式冷却结晶两类。

（1）间歇式冷却结晶一般采用蛇管冷却结晶器，冷却过程可分为三个阶段：浓缩乳出料后乳温在 50℃ 以上应迅速冷却至 35℃ 左右，这是冷却初期。继续冷却到接近 28℃，此为第二阶段，即强制结晶期，结晶的最适温度就处于这一阶段，此时可投入 0.04% 左右的乳糖晶种，晶种要均匀地边搅拌边加热。没有晶种也可加入 1% 的成品炼乳代替。强制结晶期应保持 0.5h 左右，以充分形成晶核。第三阶段是冷却后期，即把炼乳迅速冷却至 15℃ 左右，从而完成冷却结晶操作。

间歇式冷却结晶还可以采用间歇式的真空冷却方法，浓缩乳进入真空冷却结晶机，在减压状态下冷却，冷却速度快，而且可以减少污染。此外，在真空度高的条件下，炼乳在冷却过程中处于沸腾状态，内部有强烈的摩擦作用，可以获得细微均一的结晶，但是应预先考虑沸腾排出的蒸发水量，防止出现成品水分含量偏低的现象。

（2）利用连续瞬间冷却结晶机可进行炼乳的连续冷却。连续瞬间冷却结晶机具有水平式的夹套圆筒，夹套有冷媒流通，将炼乳由泵泵入内层套筒中，套筒中有带搅拌桨的转轴，转速为 300～699 r/min。在强烈的搅拌作用下，在几十秒到几分钟内即可冷却到 20℃ 以下，不添加晶种即可获得 5μm 以下的细微结晶，而且可以防止褐变和污染，也有利于抑制变稠。

4. 乳糖酶的应用　近年来，随着酶制剂工业的发展，乳糖酶已经开始在乳品工业中应用。用乳糖酶处理乳可使乳糖全部或部分水解，从而可以省略乳糖结晶过程，也不需要乳糖晶种及复杂的设备。在贮存中，乳糖酶的使用可从根本上避免出现乳糖结晶沉淀析出的缺陷，所得甜炼乳即使在冷冻条件下贮存也不会出现结晶沉淀。表 7-2 为炼乳添加乳糖酶后在冷藏过程中乳糖的分解率。

表 7-2　炼乳添加乳糖酶后在冷藏中乳糖的分解率

种类	天数/d						
	1	2	3	4	5	7	11
全脂炼乳	—	17%	—	—	34%	—	—
脱脂炼乳	5%	—	15%	—	25%	32%	47%
脱脂甜炼乳	8%	18%	24%	30%	—	—	—

注：商品酵母乳糖酶添加量为 0.67%（按乳糖质量计），温度 4℃。

利用乳糖酶制造能够冷冻贮存的冷冻炼乳，不会有结晶沉淀的问题。如将含有 35% 固形物的冷冻全脂炼乳，在 -10℃ 条件下贮存，用乳糖酶处理 50% 乳糖分解的样品，6 个月后相当稳定，而对照组很不稳定。但是，对于常温下贮存的这种炼乳，乳糖水解会加剧成品的褐变。

（七）装罐、封罐及包装

1. 装罐、封罐　经冷却后的炼乳，其中含有大量气泡，如果就此装罐，气泡在罐内上升后会影响质量。因此，在采用手工包装的工厂中，冷却后的炼乳普遍需静置 12 h 左右，等气泡上升后再装罐。

在装罐前需将马口铁盒及盒盖用蒸汽杀菌（90℃以上，保持10min），沥去水分或烘干后使用。

炼乳需经检验合格后方准装罐，装罐时务必除去气泡，并装满全罐，封罐后洗去罐外附着的污物或炼乳，再贴上商标。

从原料开始到成品为止，尤其在装罐及封罐过程中，绝对避免用手接触产品。

在大型工厂里多采用自动装罐机。自动装罐机能自动调节流量，罐内装入一定数量的炼乳后，将罐装于旋转盘中，用离心力除去其中的空气，或者用真空封罐机进行封罐。

2. 包装间的卫生 装罐前，包装间需用紫外线灯光杀菌30min以上，并用乳酸熏蒸一次。杀菌设备用的漂白粉水浓度为 $4 \sim 8kg/m^3$，包装室门前杀菌鞋用的漂白粉水浓度为 $12kg/m^3$，包装室墙壁（2m以下的地方）最好用1%的硫酸铜防霉剂粉刷。

（八）成品贮藏

炼乳贮藏于仓库内时，应离墙壁及保暖设备30cm以上。仓库内温度应恒定，不得高于15℃，空气相对湿度不应高于85%。如果贮藏温度经常发生变化，会使乳糖形成大的结晶。贮藏中每月应进行 $1 \sim 2$ 次翻罐，防止乳糖发生沉淀。

三、质量标准

（一）加糖炼乳的成品标准

加糖炼乳的成品标准应符合《食品安全国家标准 炼乳》（GB 13102—2010）的规定。

1. 感官要求 应符合表7-3的规定。

表7-3 加糖炼乳感官要求

项目	要求	检验方法
色泽	呈均匀一致的乳白色或乳黄色，有光泽	取适量试样。置于50mL烧杯中，在自然光下观察色泽和组织状态，闻其气味，用温开水漱口，品尝滋味
滋味、气味	具有乳的香味，甜味纯正	
组织状态	组织细腻，质地均匀，黏度适中	

2. 理化指标 应符合表7-4的要求。

表7-4 加糖炼乳理化指标

项目		指标
蛋白质（g/100g）	≥	非脂乳固体①的34%
脂肪（X）/（g/100g）		7.5≤X<15.0
乳固体②/（g/100g）	≥	28.0
蔗糖/（g/100g）	≤	45.0
水分/%	≤	27.0
酸度/（°T）	≤	48.0

① 非脂乳固体（%）=100%－脂肪（%）－水分（%）－蔗糖（%）。

② 乳固体（%）=100%－水分（%）－蔗糖（%）。

3. 污染物限量 应符合《食品安全国家标准　食品中污染物限量》（GB 2762）的规定。

4. 真菌毒素限量 应符合《食品安全国家标准　食品中真菌毒素限量》（GB 2761）的规定。

5. 微生物要求 微生物限量应符合表7-5的规定。

表7-5　微生物限量

项目	采样方案①及限量（若非指定，均以CFU/g或CFU/mL表示）				检验方法
菌落总数	5	2	30 000	100 000	GB 4789.2
大肠菌群	5	1	10	100	GB 4789.3 平板计数法
金黄色葡萄球菌	5	0	0/25g（mL）	—	GB 4789.10 定性检验
沙门菌	5	0	0/25g（mL）	—	GB 4789.4

① 样品分析及处理按 GB 4789.1 和 GB 4789.18 执行。

（二）国外加糖炼乳的标准组成与成分规格

国外加糖炼乳的标准组成见表7-6，加糖炼乳的成分规格见表7-7。

表7-6　国外加糖炼乳的标准组成

成分	日本		美国		英国	
	全脂加糖炼乳	脱脂加糖炼乳	全脂加糖炼乳	脱脂加糖炼乳	全脂加糖炼乳	脱脂加糖炼乳
水分/%	25.5	29.0	28.0	28.5	26.0	29.0
乳固形物/%	30.5	28.0	28.0	24.0	31.0	26.0
脂肪/%	8.4	0.2	8.5	0.5	9.2	0.5
蛋白质/%	12.3	10.3	7.5	8.8	8.5	9.3
乳糖/%	12.3	15.0	10.5	12.7	12.2	14.0
灰分/%	1.9	2.5	1.5	2.0	1.8	2.2
蔗糖/%	44.0	43.0	44.0	47.5	42.5	45.0
全糖/%	56.3	58.0	54.5	60.2	54.7	59.0
相对密度（15℃）	1.305	1.342				
酸度①/%	0.37	0.44				

① 酸度以乳酸度表示。

表7-7　加糖炼乳的成分规格

成分	日本		美国		英国	
	全乳制品	脱脂制品	全乳制品	脱脂制品	全乳制品	脱脂制品
乳固形物	28.0%以上	25.0%以上	28.0%以上	24.0%以上	31.0%以上	26.0%以上
脂肪	8.0%以上	—	8.5%以上		9.2%以上	
水分	27.0%以下	29.0%以下	—	—	—	—
糖分①	58.0%以下	58.0%以下	—	—	—	—

① 含乳糖。

加糖炼乳的消化率与牛乳的相同。由于维生素 B_1 和维生素 C，尤其是维生素 C 容易受热而被破坏，所以加糖炼乳中维生素 B_1 含量少，维生素 C 仅存微量。

四、加糖炼乳的缺陷及控制措施

(一)发酵产生气体(膨罐)

炼乳在保存期间有发生膨胀的现象,其原因为:①由于酵母的作用使高浓度的蔗糖溶液发酵。②贮藏于温度比较高的处所时,因嫌气性的酪酸菌的繁殖而产生气体。③炼乳中残留乳酸菌繁殖生成的乳酸与锡作用后生成锡氢化合物。

微生物的存在,主要是由于制造过程杀菌不完全或者由于混入不清洁的蔗糖及空气所致。尤其在制成后停留一定时间再进行装罐时,易受酵母污染,当加入含有转化糖的蔗糖时,更易引起发酵。

(二)变稠(浓厚化)

加糖炼乳贮存时,黏度逐渐增加,以致失去流动性,甚至全部凝固,这一过程称为变稠。变稠是炼乳保存中严重的缺陷之一,其原因可分为细菌学和理化学两方面。

1. 细菌学的变稠 细菌学的变稠主要由于芽孢菌、链球菌、葡萄球菌及乳酸杆菌等的作用而产生乳酸、甲酸、醋酸、酪酸、琥珀酸等有机酸以及凝乳酶等,致使炼乳凝固。

为了防止由细菌而产生的变稠,其控制措施为:①注意卫生管理及预热杀菌效果,并将设备彻底清洗杀菌,防止细菌的混入。②保持一定的蔗糖浓度,防止炼乳中的细菌繁殖,蔗糖比必须在 62.5% 以上,但蔗糖比超过 65% 时有蔗糖结晶析出的危险。因此蔗糖比以 62.5%~64.0% 为最适宜。③适宜贮存在低温下(10℃以下)。

2. 理化学的变稠 理化学的变稠是由于蛋白质胶体状态的变化而引起的,这与贮存温度、预热温度、牛乳蛋白质、牛乳的酸度、盐类平衡、脂肪含量、浓缩程度以及浓缩温度等有关。

贮藏温度对产生变稠有很大影响。优质制品在 10℃ 以下保存 4 个月不致产生变稠现象,20℃ 有所增加,30℃ 以上则明显增加。

预热温度对变稠有显著影响,63℃ 30min 预热变稠的倾向较小,但是易引起脂肪分离,同时因产品中留有解脂酶,致使产品脂肪分解,所以不宜采用。80℃的预热温度比较适宜,85~100℃的预热温度能使产品很快变稠,110~120℃的预热温度反而使产品趋于稳定,但由于加热温度过高,影响制品的颜色。

当牛乳的酸度高时,由于酪蛋白产生的不稳定现象,制品容易产生凝固。

关于盐类方面,钙、磷之间有一定的比例关系,无论哪一种过多或过少,都能引起蛋白质的不稳定,这在无糖炼乳方面已有明确的证明。甜炼乳方面虽然还没有完全清楚,但当牛乳中因含钙过多而引起凝固时,若加入磷酸盐,可使制品稳定。对于容易变稠的牛乳,加入柠檬酸钠或磷酸二钠可促进其稳定。最近研究证明,原料乳在浓缩前添加 0.05% EDTA 的四钠盐,对于防止加糖炼乳的凝固有一定的效果。

脂肪含量少的加糖炼乳能加剧炼乳变稠的倾向,脱脂炼乳容易出现变稠现象,这是因为含脂制品的脂肪介于蛋白质粒子间,以防止蛋白质粒子的结合。至于浓缩程度方面,凡浓缩程度高,干物质也就相应增加,黏度也就升高。随着黏度的升高,变稠的倾向也就增加,但变稠的倾向并不与干物质直接成正比例。

浓缩温度比标准温度高，黏度增加，变稠的趋势也增加，尤其浓缩将近结束时，如果温度超过 60℃，则黏度显著增高，贮存中变稠的倾向也随之增大，所以最后浓缩温度应尽量保持在 50℃ 以下，贮存温度对产生变稠现象有很大影响，优质制品在 10℃ 以下保存 4 个月不致产生变稠现象，20℃ 则有所增加，30℃ 以上则明显增加。

（三）纽扣状物的形成

由于霉菌的作用，炼乳中往往产生白色、黄色乃至红褐色形似纽扣状的干酪样凝块，使炼乳具有金属味或干酪味。当霉菌侵入炼乳后，在有空气的条件下，5～10 d 会生成霉菌菌落，2～3 周空气耗尽后菌体死亡，一个月后，纽扣状物初步形成，两个月后完全形成。

控制措施如下：

（1）加强卫生措施，预热后避免霉菌污染。

（2）采取真空封罐或将炼乳罐装满。

（3）贮藏温度应保持在 15℃ 以下。

（四）砂状炼乳

甜炼乳的细腻与否，取决于乳糖结晶的大小。砂状炼乳即由于存在粗大结晶所致。优质炼乳的结晶直径在 $10\mu m$ 以下，超过 $10\mu m$，炼乳将有砂状的感觉。产生砂状炼乳的原因是由于冷却结晶方法不当。此外，砂糖浓度过高（蔗糖比超过 64.5%）时也会出现此种现象。

（五）棕色化

加糖炼乳在贮藏中颜色逐渐变成棕色，这主要是由于糖与蛋白质间的化学反应（也称美拉德反应）所产生。温度与酸度越高，这一反应也就越显著。还原力越强的糖，其反应也越强。如果使用含转化糖多的不纯蔗糖，则棕色化现象更显著。为了避免加糖炼乳棕色化，必须避免高温长时间的热处理，使用优质的牛乳和蔗糖，成品尽量在低温（10℃ 以下）贮藏。

（六）糖沉淀

加糖炼乳填入容器的底部经常出现糖沉淀的现象，其沉淀物主要是乳糖结晶体，炼乳黏度越低，越容易形成糖沉淀。当炼乳黏度相同时，乳糖的结晶越大，越容易形成沉淀。甜炼乳的相对密度虽随组成和其各自相对密度而异，但大致为 1.30（加糖脱脂炼乳为 1.34～1.41），而 α-乳糖水解物在 15.6℃ 时的相对密度为 1.545 3，所以析出的乳糖在贮存中自然逐渐下沉。如果乳糖结晶在 $10\mu m$ 以下，炼乳保持正常的黏度，则一般不致产生沉淀。

（七）脂肪分离

炼乳黏度非常低时，会出现脂肪分离的现象。静置时脂肪的一部分会逐渐上浮，形成明显的淡黄色膏状脂肪层。由于搬运装卸等过程的震荡摇动，一部分脂肪层会重新混合，开罐后呈现斑点状或斑纹状的外观，这种现象会严重影响甜炼乳的质量。控制措施：第一要控制好黏度，也就是要采用合适的预热条件，使炼乳的初黏度不要过低；第二是浓缩时间不应过长，特别是浓缩末期不应过长，而且浓缩温度不要过高，以采用双效降膜真空浓缩装置为佳；第三是采用均质处理，但乳必须先经过净化，并且经过加热将乳中的脂酶完全破坏。

（八）酸败臭及其他异味

酸败臭是由于乳脂肪水解而产生的刺激性气味。造成成品炼乳产生脂肪分解的酸败臭味的原因包括：在原料乳中混入了含脂酶多的初乳或末乳，污染了能生成脂酶的微生物，杀菌中又混入了未经杀菌的生乳；预热温度低于70℃以下而使脂酶残留；原料乳未经加热处理以破坏脂酶就进行均质等。但是一般在短期保藏情况下，不会发生这种现象。乳制品厂车间的卫生管理也很重要，陈旧的镀锡设备、管件和阀门等，由于镀锡层剥离脱落，也容易使炼乳产生氧化现象而具有异臭，如果使用不锈钢设备并注意平时的清洗则可预防。

（九）柠檬酸钙沉淀（小白点）

甜炼乳冲调后，有时在杯底发现白色细小的沉淀，俗称"小白点"。这种沉淀物的主要成分是柠檬酸钙。因为甜炼乳中柠檬酸钙含量为0.5％，折算为每1 000mL甜炼乳中含有柠檬酸钙19g，而在30℃下1 000mL水能溶解柠檬酸钙2.51g，所以柠檬酸钙在甜炼乳中处于过饱和状态，过饱和部分结晶析出是必然的。另外，柠檬酸钙的析出与乳中的盐类平衡、柠檬酸钙存在的状态及晶体大小等因素有关。实践证明，在甜炼乳冷却结晶过程中，添加柠檬酸钙粉剂，特别是添加柠檬酸钙胶体可作为诱导结晶的晶种，可促使柠檬酸钙晶核提前形成，有利于形成细微的柠檬酸钙结晶，可减轻或防止柠檬酸钙沉淀。

学习资源（视频）

炼乳的品质鉴定

任务二　淡炼乳的加工

淡炼乳也称无糖炼乳，是将牛乳浓缩到2/5～1/2后装罐密封，然后再进行灭菌的一种炼乳。淡炼乳的生产工艺过程大致与甜炼乳相同，但因不加糖，缺乏糖的防腐作用，因而这种炼乳封罐后还要进行一次加热灭菌。淡炼乳分为全脂和脱脂两种，一般淡炼乳是指前者，后者称为脱脂淡炼乳。此外，还有添加维生素D的强化淡炼乳，也有添加各种维生素并调整其成分组成，使之近似于母乳，是专供婴儿用的特别调制淡炼乳。

一、工艺流程

淡炼乳的制作方法与甜炼乳的主要差别有四点：第一，不加糖；第二，需进行均质处理；第三，封罐后需进行杀菌；第四，需添加稳定剂。其工艺流程如下：

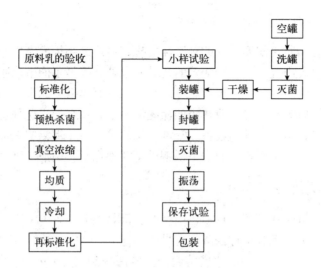

二、操作要点

（一）原料乳的验收与标准化

生产淡炼乳时，对原料乳的要求比甜炼乳严格，因为生产过程中要求进行高压灭菌，对原料乳的热稳定性要求更高。因此，除做一般常规检验、采用72％酒精试验外，还需做磷酸盐试验来测定原料乳中蛋白质的热稳定性，必要时还要做细菌学检查。

磷酸盐试验的方法：取10mL牛乳放入试管中，加磷酸氢二钾1mL（68.1g磷酸氢二钾溶于蒸馏水中，定容至1 000mL）混合，将试管浸于沸水浴中5min，取出冷却，观察有无凝固物出现，若有凝固物出现表示牛乳热稳定性差，不能用作生产淡炼乳的原料。

原料乳的标准化与甜炼乳相同。

（二）预热杀菌

在淡炼乳的生产中，预热杀菌的目的不仅是为了杀菌和破坏酶类，而且由于适当的加热可使酪蛋白的稳定性提高，可防止生产后期灭菌时炼乳凝固，并赋予制品适当的黏度。一般采用95～100℃ 10～15min的杀菌条件，使乳中离子状态的钙成为磷酸三钙，而呈不溶性。若乳的预热温度低于95℃，尤其是80～90℃，则乳的稳定性降低。高温加热会降低钙、镁离子的浓度，相应地减少了与酪蛋白结合的钙。适当高温可使乳清蛋白凝固成微细的粒子，分散在乳浆中，灭菌时不再形成感官可见的凝块。因而随杀菌温度升高，热稳定性也提高，但100℃以上时黏度会降低，所以简单地提高杀菌温度是不适当的。近年来采用高温瞬间杀菌法，进一步提高了淡炼乳的稳定性。如120～140℃ 25s杀菌，乳干物质含量为26％的成品的热稳定性是95℃ 10min杀菌产品的6倍，是95℃ 10min加稳定剂产品的2倍。因此，超高温处理可降低稳定剂的使用量，甚至可不用稳定剂仍能获得稳定的、褐变程度低的产品。

（三）真空浓缩

真空浓缩要求基本与甜炼乳相同，但因预热温度高，浓缩时沸腾剧烈，容易产生气泡和

"焦管"，应注意加热蒸汽的控制。淡炼乳的浓缩比为 2.3～2.5，用波美度表测定浓缩终点。一般 2.1kg 的原料乳（脂肪含量 3.8%，非脂乳固体含量 8.55%）可生产 1kg 淡炼乳（脂肪含量 8%，非脂乳固体含量 18%）。

（四）均质

均质要求的压力为 12.5～25MPa，多采用二段均质，第一段压力为 14.7～16.6MPa，第二段压力为 4.29MPa。第二段均质的作用主要是防止第一段已被粉碎的脂肪球重新集聚，均质温度 50～60℃为宜，均质效果可通过显微镜检查确定。

（五）冷却

均质后的浓缩乳应尽快冷却至 8℃以下，若次日装罐，以 4℃为标准。这是因为淡炼乳没有蔗糖渗透压的防腐能力。另外，冷却温度对浓缩乳稳定性有影响，冷却温度高的，稳定性低，所以要严格掌握冷却温度。淡炼乳生产中冷却目的单一，这与甜炼乳冷却是为了乳糖结晶不同，因此应迅速冷却，并注意不要使冷媒（特别是采用盐水做冷媒）进入浓缩乳中，影响稳定性。

在淡炼乳生产中，为了延长保质期，装罐后还有一个二次杀菌过程。为了提高淡炼乳的热稳定性，常在此工序添加稳定剂。一般添加磷酸氢二钠和磷酸三钠，添加量是由二次杀菌温度所决定的，同时也常根据小样试验决定。添加磷酸盐的目的主要是使浓缩乳的盐类达到平衡。

（六）再标准化

因原料乳已经进行过标准化，所以浓缩后的标准化称为再标准化。再标准化的目的是调整乳干物质浓度，使其合乎要求，因此也称浓度标准化。一般淡炼乳生产中浓度难于正确控制，往往都是浓缩到比标准略高的浓度，然后加蒸馏水进行调整，一般此步骤被称为加水。加水量按照下式计算：

$$加水量 = \frac{A}{F_1} - \frac{A}{F_2}$$

式中：A——标准化乳的脂肪质量，kg；

F_1——成品的脂肪质量，kg；

F_2——浓缩乳的脂肪质量，kg（可用脂肪测定仪或盖勃氏法测定）。

（七）小样试验

1. 试验目的　为防止不能预计的变化而造成的大量损失，灭菌前先按照不同剂量添加稳定剂，试封几罐进行灭菌，然后开罐检查以决定添加稳定剂的数量、灭菌温度和时间。

2. 样品的准备　由贮乳槽中取浓缩乳小样，通常以每千克原料乳取 0.25 g 为限。调制成含有各种剂量稳定剂的样品，分别装罐、封罐，供试验使用。稳定剂可配成饱和溶液，一般用 1mL 刻度吸管添加。

3. 灭菌试验　把样品罐放入小试用的灭菌机中，按照一般灭菌公式为：15min—20min—15min/116℃进行。冷却后取出小样检查。

4. 开罐检查 检查顺序是先检查有无凝固物，然后检查黏度、色泽、风味。

（八）装罐、封罐、灭菌

按照小试结果添加稳定剂后，立即进行装罐（不要装过满，以防灭菌时膨胀变形），真空封罐后进行灭菌。

1. 灭菌的目的 彻底杀灭微生物，使酶类失活，使成品经久耐藏。另外，适当高温处理可提高成品黏度，有利于防止脂肪上浮，并可赋予炼乳特有的芳香味。淡炼乳的第二次杀菌会引起美拉德反应，造成产品有轻微的棕色变化。

2. 灭菌的方法

（1）保持式灭菌法。批量不大的生产可用回转式灭菌器进行保持式灭菌。一般按小试法控制温度和升温时间，要求在 15min 内使温度升至 116～117℃，一般灭菌公式为：15min—20min—15min/116℃。

（2）连续式灭菌法。大规模生产多采用连续式灭菌机，灭菌机由预热区、灭菌区和冷却区三部分组成，封罐后的罐内温度在 18℃ 以下，进入预热区被加热到 93～99℃，然后进入灭菌区，升温至 114～119℃，经一段时间运输进入冷却区冷却至室温。

（3）UHT 杀菌处理。将浓缩乳进行 UHT 杀菌（140℃，保持 3s），然后用无菌纸盒包装。

（4）使用乳酸链球菌素改进灭菌法。乳酸链球菌素是一种安全性较高的国际上允许使用的食品添加剂，人体每日允许摄入量为每千克体重 0.330 00μg。淡炼乳生产中必须采用强的杀菌强度，但长时间的高温处理，会使成品质量不理想，而且必须使用热稳定性高的原料乳。添加乳酸链球菌素，可减轻灭菌负担，且能保证淡炼乳的品质，并为利用热稳定性较差的原料乳提供了可能性。如 1g 淡炼乳中加入 100 单位乳酸链球菌素，以 115℃ 10min 的杀菌条件与对照组 118℃ 20min 杀菌条件相比较，效果更好。

（九）振荡

如果灭菌操作不当，或使用热稳定性较差的原料乳，淡炼乳往往出现软的凝块。振荡可使凝块分散复原成均质的流体。使用振荡机进行振荡，应在灭菌后 2～3d 内进行，每次振荡 1～2min。

（十）保存试验

淡炼乳出厂前一般还要经过保存试验，即将成品在 25～30℃ 条件下保温贮藏 3～4 周，观察有无胀罐，并开罐检查有无缺陷，必要时可抽取一定数量样品于 37℃ 保存 6～10d 加以观察及检查，合格者方可出厂。

三、质量标准

我国淡炼乳的质量指标，按照《食品安全国家标准　炼乳》（GB 13102—2010）规定。

（一）感官要求

感官要求应符合表 7-8 的规定。

表7-8　淡炼乳的感官要求

项目	要求	检验方法
色泽	呈均匀一致的乳白色或乳黄色，有光泽	取适量试样，置于50mL烧杯中，在自然光下观察其色泽和组织状态。闻其气味，用温开水漱口，品尝滋味
滋味、气味	具有乳的滋味和气味	
组织状态	组织细腻，质地均匀，黏度适中	

（二）理化指标

理化指标应符合表7-9的规定。

表7-9　淡炼乳的理化指标

项目		指标
蛋白质/（g/100g）	≥	非脂乳固体①的34％
脂肪（X）/（g/100g）		$7.5 \leqslant X < 15.0$
乳固体②/（g/100g）	≥	25.0
酸度/°T	≤	48.0

① 非脂乳固体（％）＝100％－脂肪（％）－水分（％）－蔗糖（％）。

② 乳固体（％）＝100％－水分（％）－蔗糖（％）。

（三）污染物限量

污染物限量应符合GB 2762的规定。

（四）真菌毒素限量

真菌毒素限量应符合GB 2761的规定。

（五）微生物要求

淡炼乳应符合商业无菌的要求，按GB/T 4789.26规定的方法检验。

淡炼乳是将杀菌的浓缩乳装罐，封罐后又经过高压灭菌，使其中的微生物及酶类等都被完全杀死或破坏，所以如果在制造工艺操作过程中控制严格，淡炼乳是可以在室温下长期保藏的。凡是不易获得新鲜乳的地方可以用淡炼乳来代替。淡炼乳是经过高温加热而形成的软凝块，因而容易被消化吸收。脂肪因为经过均质处理，故比普通乳容易消化，适合于喂养婴儿。但淡炼乳经过了高温灭菌，降低了乳的芳香气味，维生素特别是维生素 B_1 及维生素 C的损失程度较大，而且开罐后不能久存，必须在1～2d内用完。淡炼乳如果复原为与普通杀菌乳一样的浓度，其维生素含量，特别是维生素 B_1、维生素 C 及维生素 D 不足，故长期饮用需及时补充维生素。另外，淡炼乳具有消化性良好、不会引起过敏等优点，所以添加必要的维生素后非常适宜于婴儿及病弱者饮用。此外，淡炼乳被大量用作制造冰淇淋和糕点的原料，也可在喝咖啡或红茶时添加作为调味辅料。

四、质量控制

(一) 脂肪上浮

脂肪上浮是淡炼乳常见的缺陷,这是由于淡炼乳黏度下降,或者均质不完全而产生的。控制适当的热处理条件,使淡炼乳保持适当的黏度,并注意均质操作,使脂肪球直径基本上都在 2 μm 以下,可防止脂肪上浮。

(二) 胀罐 (胖听)

淡炼乳的胀罐分为细菌性胀罐、化学性胀罐及物理性胀罐三种类型。细菌活动产气会造成细菌性胀罐,这是因为污染严重或灭菌不彻底,特别是被耐热性芽孢杆菌污染所致,应防止污染、加强灭菌。如果淡炼乳酸度偏高并贮存过久,乳中的酸性物质与罐壁的锡、铁等发生化学反应产生氢气,可导致化学性胀罐。此外,如果淡炼乳装罐过满或运到高原、高空、高海拔或气压低的场所,则可能出现物理性胀罐,即所谓的假胖听。

(三) 褐变

淡炼乳经高温灭菌,颜色变深,呈黄褐色,灭菌温度越高,保温时间及贮藏时间越长,褐变现象就越严重,这是美拉德反应造成的。为防止褐变,要求:①在达到无菌的前提下,避免过度的长时间高温加热处理;在 5℃ 以下保存;②稳定剂用量不要过多;③不宜使用碳酸钠,因其对褐变有促进作用,可用磷酸氢二钠代替碳酸钠。

(四) 黏度降低

淡炼乳贮存期间一般会出现黏度降低的现象,如果黏度显著降低,会出现脂肪上浮和部分成分的沉淀。影响黏度的主要因素是热处理,低温贮存可减轻黏度下降的趋势,贮存温度越高,黏度下降越快,在 −5℃ 贮存可避免黏度降低,但在 0℃ 以下贮存淡炼乳容易导致蛋白质不稳定。

(五) 凝固

凝固产生的原因可分为细菌性凝固和理化性凝固两类。

1. 细菌性凝固 受耐热性芽孢杆菌严重污染或灭菌不彻底、封口不严密的淡炼乳,因微生物产生乳酸或凝乳酶,可使淡炼乳产生凝固现象,这时大都伴有苦味、酸味、腐败味。防止污染、严密封罐及严格灭菌可避免这种情况的发生。

2. 理化性凝固 若使用稳定性差的原料乳或生产过程中浓缩过度、灭菌过度、干物质量过度、均质压力过高(超过 25MPa)均可能出现凝固现象。原料乳热稳定性差主要是酸度高、乳清蛋白含量高或盐类平衡失调造成的,严格控制热稳定性试验即可。盐类不平衡可通过离子交换树脂处理或适当添加稳定剂。此外,正确地进行浓缩操作和灭菌处理,避免过高的均质压力等操作规程可以避免理化性凝固。

【思与练】

1. 生产甜炼乳的原料乳应符合哪些要求?
2. 生产甜炼乳时预热杀菌的目的是什么? 适宜的杀菌温度是多少?
3. 简述甜炼乳的加工工艺。
4. 甜炼乳与淡炼乳有什么区别?
5. 简述淡炼乳的加工工艺。

奶 油 加 工

【知识目标】

掌握奶油的概念。

理解奶油的种类及加工过程。

掌握原料稀奶油的制备。

了解奶油加工过程中存在的质量缺陷及解决办法。

了解奶油的质量标准。

【技能目标】

学会识别奶油的种类。

学会奶油的加工制作。

能够解决奶油加工中常见的质量问题。

【相关知识】

一、奶油的概念及种类

1. 稀奶油（cream） 以乳为原料，分离出的含脂肪的部分，添加（或不添加）其他原料、食品添加剂和营强化剂，经加工制成的脂肪含量为 10％～80％的产品。

2. 奶油（黄油，butter） 以乳和（或）稀奶油（经发酵或不发酵）为原料，添加（或不添加）其他原料、食品添加剂或营养强化剂，经加工制成的脂肪含量不小于 80％的产品。

3. 无水奶油（无水黄油，anhydrous milkfat） 以乳和（或）奶油或稀奶油（经发酵或不发酵）为原料，添加（或不添加）食品添加剂或营养强化剂，经加工制成的脂肪含量不小于 99.8％的产品。

奶油除以上主要种类外，还有各种花色奶油，如巧克力奶油、含糖奶油、含蜜奶油、果汁奶油，以及含乳脂肪 30％～50％的发泡奶油、掼奶油（搅打奶油），加糖和加色的各种稠液状稀奶油，还有我国少数民族地区特制的"奶皮子""乳扇子"等独特品种。

二、奶油的组成

奶油的主要成分为脂肪、水分、蛋白质、食盐（加盐奶油）。此外，还含有微量的灰分、乳糖、磷脂、维生素、酶等，一般奶油的组成如表8-1所示。

表8-1　奶油的组成

项目		无盐奶油	加盐奶油	重制奶油
水分/%	≤	16	16	1
脂肪/%	≥	82.5	80	98
盐/%		—	2.5	—
酸度[①]/°T	≤	20	20	—

① 酸性奶油的酸度不做规定。

三、影响奶油品质的因素

奶油中主要是脂肪，因此脂肪的性质可直接决定奶油的性状。

1. 脂肪性质与乳牛品种、泌乳期及季节的关系　有些乳牛（如荷兰牛、爱尔夏牛）的乳脂肪中由于油酸含量高，因此制成的奶油比较软，而娟姗牛的乳脂肪由于油酸含量比较低，制成的奶油比较硬。在泌乳初期挥发性脂肪酸多，而油酸比较少，随着泌乳时间的延长，这种性质变得相反。至于季节的影响，春夏季由于青饲料多，因此油酸的含量高，奶油也比较软，熔点也比较低。夏季的奶油很容易变软。为了得到较硬的奶油，在稀奶油成熟、搅拌、水洗及压炼过程中应尽可能降低温度。

2. 奶油的色泽　奶油的颜色从白色到淡黄色，深浅各有不同，颜色主要是由于其中含有类胡萝卜素的关系。而类胡萝卜素存在于牧草和青饲料中，冬季因缺乏青饲料，通常冬季的奶油为白色。为了使奶油的颜色全年一致，秋冬之际往往在奶油中加入色素以增加其颜色。奶油长期暴晒于日光下时，自行褪色。

3. 奶油的芳香味　奶油有一种特殊的芳香味，这种芳香味的化学物质产生的主要因素包括以下几方面：

（1）当加热或发生轻微的氧化作用时，乳脂肪本身的短链脂肪酸或者内酯、酮和其他化学物质产生了奶油的独特风味。

（2）乳脂肪球膜上的磷脂。

（3）稀奶油加工过程中所使用的微生物发酵剂的作用结果，如产生乳酸和丁二酮。因此，酸性奶油比新鲜奶油芳香味更浓。

4. 奶油的物理结构　奶油是油包水（O/W）型乳浊液，具有连续的脂肪相。脂肪中分散有游离脂肪球（脂肪球膜未破坏的一部分脂肪球）与细微水滴，此外还含有气泡。奶油中大部分水滴的直径为 $10\sim15\mu m$，从而使奶油外观干燥。水滴中溶有乳中除脂肪以外的其他物质及食盐，因此也称为乳浆小滴。奶油中的脂肪实际是由结晶（固态）脂肪和液态脂肪组成的一个很复杂的分散相，$15\sim18℃$时固态脂肪含量将达到45%以下，涂抹性能最好。

【任务实施】

任务一　奶油的加工

一、工艺流程

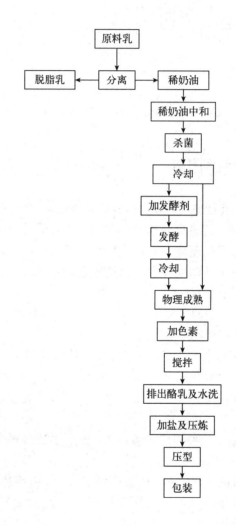

二、操作要点

（一）原料乳的验收及质量要求

制造奶油用的原料乳必须从健康牛身上挤下，而且在滋味、气味、组织状态、脂肪含量及密度等方面都是正常的乳。含抗生素或消毒剂的稀奶油不能用来生产酸性奶油。当牛乳质量略差而不适用于制造乳粉、炼乳时，可用作制造奶油的原料，但这并不是说制造奶油可用质量差的原料乳，初乳由于含乳清蛋白较多、末乳由于脂肪过小都不宜采用。

用于生产奶油的原料乳要过滤、净化，然后冷藏。

有些嗜冷菌菌种产生脂肪分解酶能分解脂肪，并能经受100℃以上的温度，所以防止嗜冷菌的生长是极其重要的。因此，原料乳在送达乳品厂后立即冷却到2～4℃，并在此温度下贮存。

（二）稀奶油的分离及标准化

1. 稀奶油的分离 加工奶油时，需先把乳脂肪从牛乳中分离出来。将乳分离成稀奶油和脱脂乳的过程称为奶油分离。现代化的乳品场多用奶油分离机分离奶油，目前使用的奶油分离机有开放式、半封闭式和封闭式三种。其分离原理和基本构造大致相同，包括传动部分、分离钵、容乳器、机座四部分，具有分离速度快、卫生条件好的优点。分离的原理是根据乳脂肪和脱脂乳密度的不同，在6 000～8 000r/min的高速旋转离心作用下，脱脂乳与稀奶油分开，各自沿分离机的不同出口流出。

奶油分离机使用要点：

（1）分离机必须安装在水平面牢固的地面上。

（2）分离前牛乳必须加热到32～35℃，经纱布过滤倾入分离机受乳器内。

（3）开动分离机时，最初要缓慢，逐渐加快，待达到正常转速后，再打开进乳口进行分离。

正常分离3～5min后，测定稀奶油和脱脂乳在同一时间流出的比例（通常以1∶10的比例较适宜），大致确定稀奶油的含脂率。每100L含脂率不同的原料乳，在不同的分离比例下，稀奶油的含脂率见表8-2。

表8-2 不同分离比例下稀奶油的含脂率

原料乳中脂肪含量 / （g/100mL）	稀奶油的含脂率/%			
	10 L	12 L	14 L	16 L
3.2	31.5	26.5	22.5	20.0
3.4	33.5	28.0	24.0	21.0
3.6	36.5	29.6	25.4	22.2
3.8	37.5	31.5	26.8	23.5
4.0	39.5	32.9	28.2	24.7
4.2	41.5	34.6	29.7	26.6

不同加工目的，对稀奶油的要求也不同。一般供制作奶油的稀奶油，其含脂率要求为32%～40%，供作酸性奶油用的为30%，供制冰淇淋用的为22%～25%。稀奶油含脂率可通过分离机上的调节栓控制，达到要求的含脂率。

分离结束后，可用部分脱脂乳倒入分离钵内，将稀奶油全部冲出，然后用0.5%碱水和热水冲洗干净。

2. 稀奶油的标准化 稀奶油的含脂率直接影响奶油的质量及产量。含脂率低时，可以获得香气较浓的奶油，因为这种稀奶油较适于乳酸菌的发育。当稀奶油过浓时，容易堵塞分离机，乳脂的损失量多。为了在加工时减少乳脂的损失和保证产品的质量，在加工前必须将稀奶油进行标准化。标准化的方法与原料乳的标准化方法一致。

在生产上，通常用比较简便的皮尔逊方块法进行计算，其原理是设原料乳的含脂率为 F，脱脂乳或稀奶油的含脂率为 q，标准化后乳的含脂率为 F_1，原料乳的质量为 X，脱脂乳或稀奶油的质量为 Y 时，对脂肪进行物料计算，则形成下列关系式，即原料乳和稀奶油（或脱脂乳）的脂肪总量等于混合乳的脂肪总量。

$$FX+qY=F_1\times(X+Y)$$

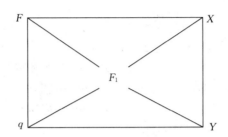

（三）稀奶油的中和

稀奶油的酸度直接影响奶油的保藏性和质量。生产甜性奶油，稀奶油水分中的 pH 应保持在近中性，以 pH6.4～6.8 或稀奶油的酸度在 16°T 左右为宜；生产酸性奶油时 pH 可略高，稀奶油酸度可达 20～22°T。

1. 中和的目的

（1）稀奶油酸度过高时，杀菌会导致稀奶油中酪蛋白的凝固，部分脂肪被包围在凝块中，搅拌时则流失在酪乳中，影响奶油产量。

（2）稀奶油经中和后可以改善奶油的香味。

（3）制成的奶油酸度过高时，即使杀菌后微生物已全部消灭，但贮藏中仍易水解并氧化。这在加盐奶油中特别显著。

2. 中和程度

（1）稀奶油的酸度在 0.5%（55°T）以下时可中和至 0.15%（16°T）。

（2）将高酸度的稀奶油极速变成低酸度，容易产生特殊气味，而且稀奶油变成浓厚状态。所以，中和的限度以 0.15%～0.25% 为宜。

3. 中和剂的选择

（1）中和剂的种类及利弊。一般使用的中和剂为石灰或碳酸钠。石灰价格低廉，同时由于钙残留于奶油中可提高其营养价值。但生石灰难溶于水，必须调成乳剂。然后边搅拌边加入，不然很难达到中和的目的。碳酸钠易溶于水，中和可以很快进行，同时不易使酪蛋白凝固，但中和时很快产生二氧化碳，有使稀奶油溢出的危险。

（2）中和的方法。加石灰中和时需先将其调成 20% 的乳剂，即按照计算的数量将适量的水徐徐加入。稀奶油中的酸主要为乳酸，石灰与乳酸的反应如下：

$$Ca(OH)_2+2CH_3CH(OH)COOH \longrightarrow Ca(C_3H_5O_3)_2+2H_2O$$
$$74 \qquad 2\times90$$

按照上面的反应式计算，综合 90 份乳酸，需用 37 份的石灰。

[例] 今有 100 kg 稀奶油，酸度为 0.6%，欲将酸度综合至 0.25%，需加多少石灰？

解：需要中和的乳酸量为：

$$100\text{kg}\times(0.6\%-0.25\%)=100\text{kg}\times0.35\%=350\text{g}$$

中和 350g 乳酸所需要的 Ca(OH)$_2$ 量为：

$$350\text{g}\times\frac{37}{90}=144\text{g}$$

将 144g 石灰加水配制成 20% 的石灰乳，加入稀奶油中即可。

（四）稀奶油的杀菌

1. 稀奶油杀菌的目的

（1）消灭病原菌、腐败菌以及其他杂菌和酵母等，即消灭能使奶油变质及危害人体健康的微生物。

（2）破坏各种酶，增加奶油的保存性，并增加风味。

（3）稀奶油中存在各种挥发性物质，使奶油产生特殊的气味。由于加热杀菌可以除去特异的挥发性物质，故杀菌可以改善奶油的香味。

2. 杀菌及冷却　杀菌温度直接影响奶油的风味。应根据奶油种类及设备条件来决定杀菌温度。由于脂肪的导热性很低，能阻碍温度对微生物的作用，同时为了使酶完全破坏，有必要进行高温巴氏杀菌。一般可采用 85~90℃ 的巴氏杀菌。但是还应注意稀奶油的质量。例如稀奶油含有金属气味时，就应该将温度降低到 75℃ 10min 杀菌，以降低它在奶油中的显著程度。如果有特异气味时，应将温度提高到 93~95℃，以减少其缺陷。

杀菌的方法可分为间歇式和连续式两种，小型工厂可用间歇式杀菌，最简单的方法为，将稀奶油置于预先彻底清洗消毒过的乳桶中，然后将桶放到热水槽内，并向热水槽通入蒸汽以加热稀奶油，使其达到杀菌温度。大型工厂多用连续式巴氏杀菌器进行杀菌。

稀奶油经杀菌后应迅速进行冷却。迅速冷却对奶油质量有很大的提高作用，既利于物理成熟，又能保证无菌，并能制止芳香物质的挥发。

在片式杀菌器中进行杀菌时，可以进行连续冷却。在其他杀菌器中进行杀菌时，可将蒸汽部分换为冷水或冷盐水进行冷却。用表面冷却器进行冷却时，对稀奶油的脱臭有很大效果。因此，可以改良风味。但实际上大型工厂多采用成熟槽进行冷却。至于冷却温度，制造新鲜奶油时可冷却至 5℃ 以下，酸性奶油则冷却至稀奶油的发酵温度。

（五）稀奶油的发酵

生产甜性奶油不经过发酵过程，在稀奶油杀菌后立即进行冷却和物理成熟。生产酸性奶油时，须经发酵过程，有些厂先进行物理成熟，然后再进行发酵。但是一般都是先进行发酵，然后再进行物理成熟。

1. 发酵的目的

（1）加入专门的乳酸菌发酵剂可产生乳酸，在某种程度上起到抑制腐败性细菌繁殖的作用，因此可提高奶油的稳定性。

（2）专门发酵剂中含有产生乳香味的嗜柠檬酸链球菌和丁二酮乳链球菌，故发酵法生产的酸性奶油比甜性奶油具有更浓的芳香风味。

发酵的酸性奶油虽有上述优点，但因人们的爱好不同，有些地区的人们不太喜欢酸性奶油。

2. 发酵用菌种 生产酸性奶油用的纯发酵剂是产生乳酸的菌类和产生芳香风味的混合菌种。一般选用的菌种有下列几种：乳酸链球菌、乳脂链球菌、嗜柠檬酸链球菌、副嗜柠檬酸链球菌、丁二酮乳链球菌（弱还原型）、丁二酮乳链球菌（强还原型）。奶油发酵剂乳酸菌的形态、生理、生化性质如表8-3所示。

表8-3 奶油发酵剂乳酸菌形态、生理、生化性质

项目		乳酸链球菌	乳脂链球菌	嗜柠檬酸链球菌	副嗜柠檬酸链球菌	丁二酮乳链球菌（弱还原型）	丁二酮乳链球菌（强还原型）
显微镜下细胞形态		双球	各种不同的链球	各种不同的链球，有时单球或双球	各种不同的链球，有时单球或双球	各种不同的链球，有时单球或双球	各种不同的链球，有时单球或双球
菌落的形态与大小		白色，平滑有光泽，直径1～2mm					
最适发育温度/℃		30	25～30	25～30	25～30	25～30	25～30
在最适温度下牛乳凝固时间/h		12	14	不凝	48～72	18～48	<16
最高酸度/°T		120	110～115		70～80	100～105	100～105
凝块性状		均匀稠密	均匀稠密		均匀	均匀	均匀
味		酸	酸		酸	酸	酸
生成挥发酸的量/(mg/L)		0.5～0.8	0.5～0.7		2.1～2.3	1.7～1.9	1.7
生成丁二酮量/(mg/L)		0	0		0	15～30	痕量
生成羟丁酮量/(mg/L)		痕量	137		0～10	140	180
是否对糖类发酵	葡萄糖	发酵	发酵	发酵	发酵	发酵	发酵
	乳糖	发酵	发酵	发酵	发酵	发酵	发酵
	麦芽糖	发酵	不发酵	不发酵	不发酵	不发酵	不发酵
	蔗糖	不发酵	不发酵	不发酵	不发酵	不发酵	不发酵
	糊精	发酵	不发酵	不发酵	发酵	发酵	不发酵
	阿拉伯树胶糖	不发酵	不发酵	不发酵	不发酵	不发酵	不发酵
是否对石蕊牛乳还原		还原	还原	不还原	还原	还原	不还原
是否在含有0.3%亚甲蓝培养基中生长		生长	不生长	不生长	不生长	不生长	不生长
是否在含有4%食盐培养基中生长		生长	不生长	不生长	不生长	不生长	不生长
是否在蛋白胨培养基中产氮		产	不产	不产	不产	不产	不产
是否在40℃下生长		生长	不生长	不生长	不生长	不生长	不生长

3. 发酵剂的制备 工厂最初制造酸性奶油时，纯培养的发酵剂原菌种可向科研机构索取。这种原菌一般都是纯培养的粉末状干燥菌。制备发酵剂时，首先了解发酵剂原菌中菌种的组成，并根据其特性加以培养，活化后可制备母发酵剂和工作发酵剂。

（1）菌种的活化。发酵剂原菌在使用时必须进行活化，尤其是保存日期长而活力弱的菌种更要充分活化。活化的方法：一般用脱脂乳培养基或水解脱脂乳培养基，添加适当的微量成分后，在试管内接种原菌种，置25～30℃恒温培养箱内培养12～24h，取出后接种于新的试管中培养。如此继续进行3～4代后即可充分发挥其活性，最后的试管置于－4℃冰箱内贮存备用。

一般保藏纯粹的奶油发酵剂原菌，可采用脱脂乳试管或用明胶穿刺培养放在冰箱中保藏，但每经一个月左右必须用新的试管转接一次。

（2）母发酵剂和二次发酵剂制备。在500mL锥形瓶中注入脱脂乳200mL，90℃保持10min后冷却，再添加相当于脱脂乳量3％的已活化好的试管原菌，28～30℃培养12h，经1h及6h各搅拌一次，待温度达80～85℃、凝块均匀稠密时，可贮存于40℃以下的冰箱中，此为母发酵剂，备作二次发酵剂用。

二次发酵剂是在1 000mL锥形瓶中注入脱脂乳500mL，保持95℃ 30min后冷却添加脱脂乳量7％的母发酵剂，充分搅拌混合。在21～30℃培养12h，经1h及6h各搅拌一次，酸度达90～100°T，凝块均匀稠密时，4℃以下冰箱存放备用。以上这种方法几次转接之后，取样分析羟丁酮与丁二酮含量。

（3）工作发酵剂的制备。工作发酵剂是用于生产的发酵剂，工作发酵剂的制备数量按准备发酵或成熟稀奶油的6％计算。根据工厂每日处理稀奶油的数量来定。工作发酵剂的培养基及接种量、培养条件、培养程度均与二次发酵剂相同。制备好的工作发酵剂应马上使用，存放时间不能超过24h。

良好的发酵剂应具有以下特征：发酵时间10～12h即可达到要求的酸度；有令人愉快的香气，凝块均匀稠密，无乳清分离，经搅拌成稀奶油状；酸度90～100°T；显微镜观察有双球菌和链球菌，无酵母菌及杆菌等，丁二酮含量不低于10mg/L。

4. 稀奶油发酵　经过杀菌、冷却的稀奶油打到发酵成熟槽内，温度调到18～20℃后添加相当于稀奶油5％的工作发酵剂，添加时进行搅拌，徐徐添加，使其均匀混合。发酵温度保持在18～20℃，每隔1h搅拌5min。控制稀奶油酸度最后达到表8-4中规定程度时，停止发酵，转入物理成熟。

表8-4　稀奶油发酵的最终酸度

稀奶油中脂肪含量/%	最终酸度/°T	
	加盐奶油	不加盐奶油
24	30.0	38.0
26	29.0	37.0
28	28.0	36.0
30	28.0	35.0
32	27.0	34.0
34	26.0	33.0
36	26.0	32.0
38	25.0	31.0
40	24.0	30.1

（六）稀奶油的物理成熟

稀奶油中的脂肪经加热杀菌融化后，为了使后续搅拌操作能顺利进行，保证奶油质量（不致过软及含水量过多）以及防止乳脂肪损失，需要冷却至奶油脂肪的凝固点，以使部分脂肪变为固体结晶状态，这一过程称为稀奶油的物理成熟。制造新鲜奶油时，在稀奶油冷却后，立即进行成熟；制造酸性奶油时，则在发酵前或发酵后，或与发酵同时进行成熟。稀奶油成熟时间与冷却温度的关系如表 8-5 所示。

表 8-5 稀奶油成熟时间与冷却温度的关系

温度/℃	物理成熟应保持的时间/h
2	2～4
4	4～6
6	6～8
8	8～12

脂肪变硬的程度决定于物理成熟的温度和时间，随着成熟温度的降低和保持时间的延长，大量脂肪变成结晶状态（固化）。成熟温度应与脂肪的最大可能变成固体状态的程度相适应。夏季 3℃时脂肪最大可能的硬化程度为 $60\%\sim70\%$；而 6℃时为 $45\%\sim55\%$。在某种温度下脂肪组织的硬化程度达到最大可能时称为平衡状态。通过观察证实，在低温下成熟时发生的平衡状态要早于高温下的。例如，在 3℃时经过 3～5h 即可达到平衡状态，6℃时要经过 6～8h，而在 8℃时要经过 8～12h。在规定温度及时间内达到平衡状态是因为部分脂肪处于过冷状态，在稀奶油搅拌时会发生变硬现象。实践证明，在 13～16℃时，即使保持很长时间也不会使脂肪发生明显变硬现象，这个温度范围称为临界温度。

稀奶油在过低温度下进行成熟会造成不良结果，会使奶油的搅拌时间延长，获得的奶油团粒过硬，有油污，而且保水性差，组织状态不良。奶油的成熟条件，对以后的全部工艺过程有很大影响，成熟的程度不足会缩短稀奶油的搅拌时间，获得的奶油团粒松软，油脂损失于酪乳中的数量显著增加，并在奶油压炼时会给水的分散造成很大的困难。

在夏季，当乳脂肪中易于溶解的甘油酯含量增加时，要求稀奶油的物理成熟更为透彻。

（七）添加色素

为了使奶油颜色在全年一致，当奶油颜色太淡时，需添加色素。常用的一种色素为安那妥（Annatto），它是天然的植物性色素。安那妥的 3‰ 溶液（溶于食用植物油中）称为奶油黄。通常奶油黄的用量为稀奶油的 $0.01\%\sim0.05\%$。在夏季，因奶油原有的色素比较浓，所以不需要再加色素；入冬以后，色素的添加量逐渐增加。为了使奶油的颜色全年一致，可以对照"标准奶油色"的标本，调整色素的加入量。

奶油色素，除了使用安那妥之外，有些地方还使用合成色素。但使用合成色素时，必须符合卫生标准的规定，不得任意使用。

色素通常在搅拌前直接加入搅拌器中。

（八）稀奶油的搅拌

将稀奶油置于搅拌器中，利用机械的冲击力使脂肪球膜破坏，形成脂肪团粒，这一过程称为搅拌。搅拌时分离出来的液体称为酪乳。

1. 搅拌的目的和条件　搅拌的目的是使脂肪球互相聚集而形成奶油粒，同时排出酪乳。当稀奶油进行搅拌时往往形成奶油粒，有时形成迅速，有时迟缓；有时脂肪损失多，有时脂肪损失少。为了能使搅拌顺利进行，使脂肪损失减少（酪乳中脂肪含量不应超过 0.3%），并使制成的奶油粒具有弹性、清洁完整、大小整齐（2～4mm），必须注意下列条件：

（1）稀奶油的脂肪含量。稀奶油含脂率的高低决定脂肪球间的距离。稀奶油含脂率越高，脂肪球间距离越近，形成奶油粒也越快。但若稀奶油含脂率过高，搅拌时形成奶油粒过快，小的脂肪球来不及形成脂肪粒，会使排出的酪乳中的脂肪含量增高。一般稀奶油达到搅拌的适宜含脂率为 30%～40%。

（2）物理成熟的程度。成熟良好的稀奶油在搅拌时产生很多的泡沫，有利于奶油粒的形成，奶油粒是指在搅拌器中搅拌奶油所形成的脂肪团粒。中等含脂率的稀奶油粒直径为 3～4mm，含脂率低的为 2～4mm，含脂率高的为 5mm，颗粒的大小随着搅拌最终温度的提高而增大。良好的颗粒应该结实而且富有弹性。

（3）搅拌的最初温度。实践证明，稀奶油搅拌时适宜的最初温度：夏季 8～10℃，冬季 11～14℃。搅拌的最初温度比实际温度过高或过低，均会延长搅拌时间，且脂肪的损失增多。稀奶油搅拌时温度在 30℃ 以上或 5℃ 以下时，不能形成奶油粒，必须调整到适宜的温度进行搅拌才能形成奶油粒。

（4）搅拌机中稀奶油的添加量。搅拌时，搅拌机中装的量过多或过少均会延长搅拌时间，小型手摇搅拌机要装入其体积的 30%～36% 为宜，大型电动搅拌机装入其体积的 50% 为适宜。稀奶油装得过多，会因形成泡沫困难而延长搅拌时间，但最少添加量不得低于搅拌机体积的 20%。

（5）搅拌的转速。稀奶油在非连续操作的滚筒式搅拌机中进行搅拌时，一般采取 420r/min 左右的转速。转速过快或过慢，均会延长搅拌时间（连续操作的奶油制造机除外）。

2. 搅拌的方法　搅拌前需先将搅拌器进行清洗，以免污染使奶油变质。尤其是木制的搅拌器，更需要注意清洗，制造器用后先用温水（约 50℃）强力冲洗 2～3 次以除去奶油的固形物，然后用 83℃ 以上的热水旋转 15～20min，热水排出后加盖密封，每星期用含氯 0.01%～0.02% 的溶液（或 2% 的石灰水）消毒 2 次，并用 1% 的碱溶液彻底洗涤一次。使用新搅拌器时，先用冷水浸泡一昼夜，使间隙充分浸透，并使木质气味完全除去后才能开始应用，用前还需再进行清洗杀菌。

搅拌时，先将稀奶油用筛或过滤器进行过滤，以除去不溶性的固形物。将物理成熟后的稀奶油装入搅拌器容桶内，装入量为容桶体积的 1/3～1/2，加盖密闭开始旋转，旋转 3～5min，停机打开排气孔，放出内部的气体，反复进行 2～3 次，然后关闭排气孔继续旋转，形成像豆粒大小的奶油粒时，搅拌结束。搅拌时转速要均匀，按各型号规定转速进行，转速太快，会使很多脂肪遗留在酪乳中；转速太慢，又会使搅拌时间延长。一般控制转速在 20～25r/min，历时 45～60min。当奶油颗粒形成直径为 2～5mm 大小时，即可停止搅拌。奶油颗粒形成情况可从搅拌器上的窥视镜中观察。

3. 奶油颗粒的形成 成熟的稀奶油中,脂肪球既含有结晶的脂肪,又含有液态的脂肪。脂肪结晶在某种程度上已变成有结构的了。这样它们便在接近脂肪球膜处形成了一层外壳。

稀奶油从成熟罐通过一台将其温度提高到所需温度的板式热交换器,泵入奶油搅拌机或连续式奶油制造机。当稀奶油被剧烈搅拌时,形成了蛋白质泡沫层。因为表面活性作用,脂肪球的膜被吸到气水界面。脂肪球被集中到泡沫中。继续搅拌时,蛋白质脱水,泡沫变小,使得泡沫更为紧凑,因此对脂肪球施加压力,这样引起一定比例的液体脂肪从脂肪球中被压出,并使某些膜破裂。液体脂肪也含有脂肪结晶,以一薄层分散在泡沫的表面和脂肪球上。当泡沫变得相当稠密时,更多的液体脂肪被压出,这种泡沫因不稳定而破裂,脂肪球凝结进入奶油的晶粒中。开始时这些是肉眼看不见的,但随着继续搅拌,它们变得越来越大,脂肪球聚合成奶油粒,使剩余在液体(即酪乳)中的脂肪含量减少。

(九) 奶油粒的水洗

水洗的目的是为了除去奶油粒表面的酪乳、调整奶油的硬度,但水洗会减少奶油粒的数量。

1. 水温 水洗用的水温在 3~10℃,可按奶油粒的软硬、气候及室温等采用适当的温度。一般夏季水温宜低,冬季水温宜稍高,水洗次数通常为 2~3 次。稀奶油的风味不良或发酵过度时可洗 3 次,通常 2 次即可。奶油太软需要增加硬度时,第一次的水温应较奶油粒的温度低 1~2℃,第二次、第三次各降低 2~3℃。水温降低过急时,容易出现奶油色泽不均匀的现象,每次的水量以与酪乳等量为原则。

2. 水质 奶油洗涤后,有一部分水残留在奶油中,所以洗涤水应质量良好,符合饮用水的卫生要求。受细菌污染的水应事先煮沸再冷却。含铁量高的水,易促进奶油脂肪氧化,需注意。用活性氯处理洗涤水时,有效氯的含量不应高于 200mg/kg。

(十) 奶油的加盐

1. 加盐的目的 加盐的目的是为了增加风味,抑制微生物繁殖,提高奶油保藏性。但酸性奶油一般不加盐。通常食盐的浓度在 10% 以上时,大部分的微生物(尤其是细菌类)就不容易繁殖。奶油中约含 16% 的水分,成品奶油中含盐量以 2% 为标准,此时奶油水分中的食盐含量为 12.5%。因此,加盐在一定程度上能达到防腐的目的。由于在压炼时有部分食盐流失,因此在添加时按 2.5%~3% 加入。

2. 食盐的质量 不纯的食盐中有很多夹杂物,如硫酸钾、氯化钾、氯化钙、氯化镁等,同时也有微生物。因此,食盐的纯度必须是符合国家标准的特级品或一级品。

3. 食盐用量及加盐方法 加盐时,先将盐在 120~130℃ 的干燥箱中焙烤 3~5min,然后过筛使用。待奶油搅拌机中排除洗涤水后,将烘干过筛的盐均匀撒在奶油表面,静置 5~10min 后旋转奶油搅拌机 3~5 圈,再静置 10~20min 即可进行压炼。

加入的盐粒较大时,盐粒在奶油中溶解不彻底,会使产品产生粗糙感。用连续式奶油制造机生产奶油时,需加盐水。盐粒的大小不宜超过 50μm。盐的溶解性与温度关系不大,溶解度为 26% 左右时达到饱和,因此加入盐水会提高奶油的含水量。为了减少含水量,在加入盐水前要保证奶油粒中的含水率为 13.2%。

（十一）奶油的压炼

将奶油粒压成奶油层的过程称为压炼。小规模加工奶油时，可在压炼台上手工压炼。一般工厂均在奶油制造器中进行压炼。

1. 压炼的目的　压炼的目的是为使奶油粒变为组织致密的奶油层，使水滴分布均匀，使食盐全部溶解并均匀分布于奶油中，同时调节水分含量，即在水分过多时排除多余的水分，水分不足时加入适当的水分并使其均匀吸收。

2. 压炼的方法、压炼程度及水分调节　新鲜奶油在洗涤后应立即进行压炼，尽可能完全地除去洗涤水，然后关上旋塞和奶油制造器的孔盖，并在慢慢旋转搅桶的同时开动压榨轧辊。

奶油压炼一般分为三个阶段。压炼的第一阶段，被压榨的颗粒形成奶油层，同时，表面水分被压榨出来。此时，奶油中水分含量显著降低。当水分含量达到最低限度时，水分又开始向奶油中渗透。奶油中水分含量最低的状态称为压炼的临界时期，压炼的第一阶段到此结束。

压炼的第二阶段，奶油水分含量逐渐增加。此阶段水分的压出与进入是同时发生。第二阶段开始时，这两个过程进行速度大致相等。但是，第二阶段末期从奶油中排出水的过程几乎停止，而向奶油中渗入水分的程度加强。这样就使奶油中的水分增加。

压炼第三阶段的特点是奶油的水分显著增高，而且水分的分散加剧。根据奶油压炼时水分所发生的变化，使水分含量达到标准化，每个工厂应通过实验来确定在正常压炼条件下调节奶油中水分的曲线图。为此，在压炼中每通过压榨轧辊3～4次，必须测定一次含水量。

根据压炼条件，开始时要碾压5～10次，以便将颗粒汇集成奶油层，并将表面水分压出。然后稍微打开旋塞和桶孔盖，再旋转2～3转，随后使桶口向下排出游离水，并从奶油层的不同地方取出平均样品以测定含水量。在这种情况下，奶油中含水量如果低于许可标准，可以按以下公式计算不足的水量。

$$X = M \times (A - B)$$

式中：X——不足的水质量，kg；

　　　M——理论上奶油的质量，kg；

　　　A——奶油中允许的标准水分含量，%；

　　　B——奶油中含有的水分含量，%。

将不足的水量加到奶油制造器内，关闭旋塞而后继续压炼，不让水流出，直到全部水分被吸收为止。压炼结束之前，检查一次奶油的水分，如果已达到了标准，再压榨几次，使其分散均匀。

在制成的奶油中，水分应成为微细的小滴均匀分散。当用铲子挤压奶油块时，不允许有水珠从奶油块内流出。

在正常压炼的情况下，奶油中直径小于15μm的水滴要占全部水分的50%，直径达1mm的水滴占30%，直径大于1mm的大水滴占5%，奶油压炼过程会使奶油含有大量空气，致使奶油的物理化学性质发生变化。正确压炼的新鲜奶油、加盐奶油和无盐奶油，水分含量都不应超过16%。

（十二）奶油的包装

奶油一般根据其用途可分为餐桌用奶油、烹调用奶油和食品工业用奶油。餐桌用奶油是直接涂抹面包食用的（也称涂抹奶油），故必须是优质的，都要小包装。一般用硫酸纸、塑料夹层纸、锡箔纸等包装材料，也有用小型马口铁罐真空密封包装或塑料盒包装，烹调或食品加工用奶油一般都用较大型的马口铁罐、木桶或纸箱包装。小包装用的包装材料应具有下列条件：①韧性好并柔软；②不透气、不透水、具有防潮性；③不透油；④无味、无臭、无毒；⑤能遮蔽光线；⑥不受细菌的污染。

一般用半机械压型手工包装或自动压型包装机包装。包装规格有 100g、250g、500g 多种。

传统的包装多以木桶（50kg 装）或木箱（25kg 装）灌装。装前先将木桶或木箱用蒸汽加热灭菌，然后加以干燥，趁热再喷以 115～120℃的石蜡，使其浸入木质中。箱子冷却后用灭菌硫酸纸衬于箱内，然后装入奶油。

无论什么包装规格，都应特别注意：①保持卫生，切勿以手接触奶油，要使用已消毒的专用工具。②包装时切勿留有空隙，以防产生霉斑或氧化等变质。

（十三）奶油的贮藏和运输

成品奶油包装后须立即送入冷库内冷冻贮藏，冷冻速度越快越好。一般在－15℃以下冷冻和贮藏，如需较长期保藏，需在－23℃以下。奶油出冷库后在常温下放置，时间越短越好，在 10℃左右放置不得超过 10d。

奶油的另一个特点是较易吸收外界气味，所以贮藏时应注意不得与有异味的物质贮放在一起，以免影响奶油的质量。

奶油运输时应注意保持低温，用冷藏汽车或冷藏火车运输为好。若在常温运输，成品奶油到达用货部门时的温度不得超过 12℃。

三、奶油常见的缺陷

奶油除了理化指标和微生物指标必须符合国家标准以外，还应具备良好的风味、正常的组织状态和色泽。但往往因原料、加工和贮藏等因素造成奶油存在一些缺陷。现就常见的缺陷及其产生的原因概述如下。

（一）风味缺陷

正常的奶油应该具有乳脂肪的特有香味和乳酸菌发酵的芳香味（酸性奶油），但有时奶油会有下列异味：

1. 鱼腥味 鱼腥味奶油贮藏时很容易出现的异味，这是由于卵磷脂水解，生成三甲胺造成的。如果脂肪发生氧化，这种缺陷更易发生，这时应提前结束贮存。生产中应加强杀菌和卫生措施。

2. 脂肪氧化味与酸败味 脂肪氧化味是空气中氧气和不饱和脂肪酸反应造成的。而酸败味是脂肪在解脂酶的作用下生成低分子游离脂肪酸造成的。奶油在贮藏中往往首先出现氧化味，接着便会产生酸败。生产时应该提高杀菌温度，既要杀死有害微生物，又要破坏解脂酶。在贮藏中应该防止奶油长霉，霉菌不仅能使奶油产生土腥味，也能产生酸败味。

3. 干酪味 奶油呈干酪味，是生产卫生条件差、霉菌污染或原料稀奶油的细菌污染导致蛋白质分解造成的。生产时应加强稀奶油杀菌以及设备和生产环境的消毒工作。

4. 肥皂味 稀奶油中和过度或者中和操作过快，局部皂化会产生肥皂味。生产时应控制碱的用量或改进操作。

5. 金属味 奶油接触铁、铜设备会产生金属味。应该防止奶油接触生锈的铁器或铜制阀门。

6. 苦味 苦味产生的原因是使用泌乳末期的牛乳，或奶油被酵母污染。

（二）组织状态缺陷

1. 软膏状或黏胶状 产生的原因是压炼过度、洗涤水温度过高、稀奶油酸度过低和成熟不足等。当液态油较多，脂肪结晶少时会形成黏性奶油。

2. 奶油组织松散 压炼不足、搅拌温度低等造成液态油过少时，出现松散状奶油。

3. 砂状奶油 此缺陷出现于加盐奶油中，因盐粒粗大，未能溶解所致。有时奶油出现粉状，并无盐粒存在，乃是由于中和时蛋白凝固，混合于奶油中所致。

（三）色泽缺陷

1. 条纹状 此缺陷容易出现在干法加盐的奶油中，是由于盐加得不均匀、压炼不足等所致。

2. 色暗而无光泽 由于压炼过度或稀奶油不新鲜所致。

3. 色淡 此缺陷经常出现在冬季生产的奶油中，由于奶油中胡萝卜素含量太少，致使奶油色淡，甚至白色。可以通过添加胡萝卜素加以调整。

4. 表面褪色 由于奶油暴露在阳光下，发生光氧化造成的。

四、质量标准

1. 感官要求 应符合《国家标准 稀奶油、奶油和无水奶油》（GB 19646—2010）的规定，见表 8-6。

表 8-6 感官要求

项目	要求	检验方法
色泽	呈均匀一致的乳白色、乳黄色或相应辅料应有的色泽	取适量试样置于 50mL 烧杯中，在自然光下观察色泽和组织状态。闻其气味，用温开水漱口，品尝滋味
滋味、气味	具有稀奶油、奶油、无水奶油或相应辅料应有的滋味和气味，无异味	
组织状态	均匀一致，允许有相应辅料的沉淀物，无正常视力可见异物	

2. 理化指标 应符合《国家标准 稀奶油、奶油和无水奶油》（GB 19646—2010）的规定，见表 8-7。

表 8-7 理化指标

项目		指标			检验方法
		稀奶油	奶油	无水奶油	
水分/%	≤	—	16.0	0.1	奶油按 GB 5009.3 的方法测定；无水奶油按 GB 5009.3 中的卡尔·费休法测定
脂肪/%	≥	10.0	80.0	99.8	GB 5413.3①
酸度②/°T	≤	30.0	20.0	—	GB 5413.34
非脂乳固体③/%	≤	—	2.0	—	

① 无水奶油的脂肪（%）＝100%—水分（%）。

② 不适用于以发酵稀奶油为原料的产品。

③ 非脂乳固体（%）＝100%—水分（%）（含盐奶油还应减去食盐含量）。

3. 污染物限量 应符合 GB 2762 的规定。

4. 真菌毒素限量 应符合 GB 2761 的规定。

5. 微生物限量

（1）以罐头工艺或超高温瞬时灭菌工艺加工的稀奶油应符合商业无菌的要求，按 GB/T 4789.26 规定的方法检验。

（2）其他产品应符合表 8-8 的规定。

表 8-8 微生物限量

项目	采样方案①及限量（若非指定，均以 CFU/g 或 CFU/mL 表示）				检验方法
	n	c	m	M	
菌落总数②	5	2	50 000	200 000	GB 4789.2
大肠菌群	5	1	10	100	GB 4789.3 平板计数法
金黄色葡萄球菌	5	2	10	100	GB 4789.10 平板计数法
沙门氏菌	5	0	0/25g	—	GB 4789.4
霉菌 ≤			90		GB 4789.15

① 样品的分析及处理按 GB 4789.1 和 GB 4789.18 执行。

② 不适用于以发酵稀奶油为原料的产品。

学习资源（视频）

奶油的打发

任务二　无水奶油的加工

无水奶油（anhydrous milkfat）简称 AMF，是一种几乎完全由乳脂肪构成的产品。无水奶油保存期长，如果采用半透明不透气包装，即使在热带气候，无水奶油也能在室温下贮藏数月。在冷藏条件下，其贮存期长达一年。该产品适用于牛乳的重置和还原，同时还广泛用于冰淇淋和巧克力工业中，在婴儿食品和方便食品的生产中，无水奶油也得到日益广泛的使用。

一、生产原理及工艺流程

无水奶油的生产主要根据两种方法来进行，一种方法是直接用稀奶油（乳）来生产；另一种方法是通过奶油来生产，其生产基本原理见图 8-1。

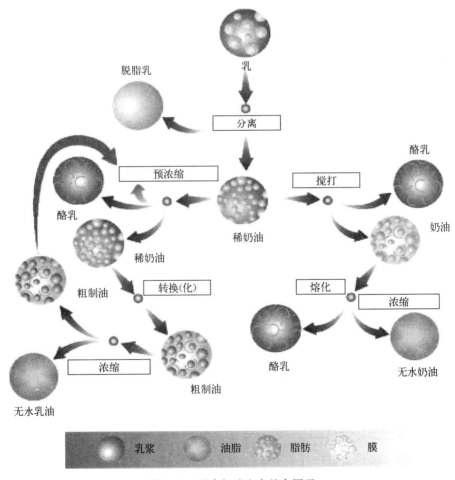

图 8-1　无水奶油生产基本原理

无水奶油的生产工艺流程见图 8-2。

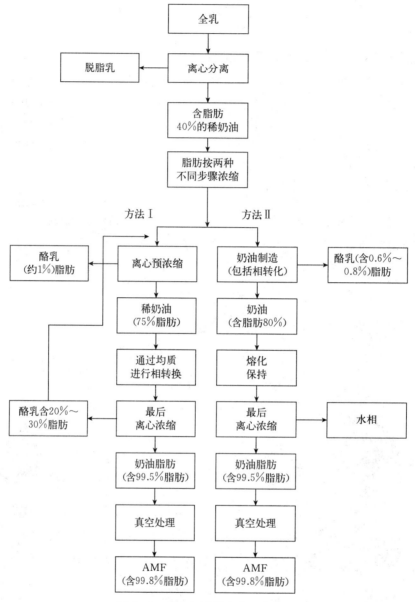

图 8-2　无水奶油的生产工艺流程

二、用稀奶油生产无水奶油

用稀奶油生产无水奶油的生产线如图 8-3 所示。巴氏杀菌的或没有经过巴氏杀菌的含脂肪 35%～40% 的稀奶油由平衡槽 1 进入无水奶油加工线，然后通过板式热交换器 2 调整温度或巴氏杀菌后再被排到离心机 4 进行预浓缩提纯，使脂肪含量达到约 75%（在预浓缩和到板式热交换器时的温度保持在 60℃ 左右，"轻"相被搜集到缓冲罐 6，待进一步加工。同时"重"相即酪乳部分可以通过分离机 5 重新脱脂，脱出的脂肪与稀奶油在平衡槽 3 中混合，脱脂乳再回到板式热交换器 2 进行热回收后到一个贮存罐。经在缓冲罐 6 中贮存后，浓缩稀奶油输送到均质机 7 进行相转换，然后被输送到最终浓缩器 9 中。由于均质机工作能力比最终浓缩器高，所以多出来的浓缩物要回流到缓冲罐 6 中。均质过程中部分机械能转化成热能，为避免干扰生产线的温度平衡，这部分过剩的热量要在冷却器 8 中去除。最后含脂肪99.8％的乳脂肪在板式热交换器 11 中再被加热到 95～98℃，排到真空干燥器 12 中，使水分含量不超过 0.1％，然后将干燥后的乳油经冷却板式热交换器 11 冷却到 35～40℃，此温度也是常用的包装温度。

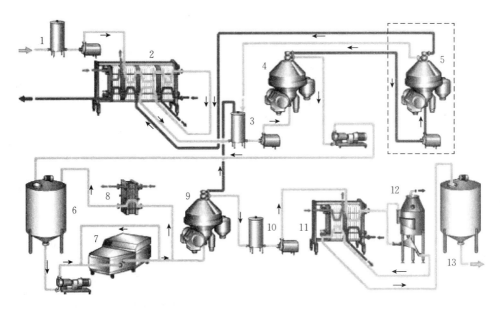

图 8-3 用稀奶油生产无水奶油的生产线流程

1. 平衡槽 2. 板式热交换器（加热或巴氏杀菌用） 3. 平衡槽 4. 离心机（预浓缩用）
5. 分离机（备用的），为了来自分离机 4 的"酪乳"用 6. 缓冲罐 7. 均质机 8. 冷却器
9. 最终浓缩器 10. 平衡槽 11. 加热/冷却的板式热交换器 12. 真空干燥器 13. 贮存罐

用于处理鲜奶油的无水奶油加工线上的关键设备是用于脂肪浓缩的分离机和用于相转换的均质机。

三、用奶油生产无水奶油

无水奶油也经常用奶油来生产，尤其是那些预计在一定时间内消化不了的奶油。实验证明，当使用新生产的奶油作为原材料时，通过最终浓缩要获得鲜亮的奶油有一些困难，奶油会产生轻微混浊现象。当用贮存 2 周或更长时间的奶油生产时，这种现象则不会产生。

产生这种现象的原因还不十分清楚，但搅打奶油需要一定的时间，奶油状态才会稳定，并且加热奶油样品时新鲜奶油的乳浊液比贮存一段时期的奶油的乳浊液难于破坏，而且看起来也不那么鲜亮。

不加盐的甜性稀奶油常被用作无水奶油的原料，但酸性稀奶油和加盐奶油也可以作为原料。图 8-4 是用奶油生产无水奶油的标准生产线，贮存过一段时间每盒 25kg 的奶油是该生产线的主要原料，另外主要原料也可以是在—25℃条件下贮存过的冻结奶油。盒子被去掉后，奶油在不同设备中被直接加热熔化，在最后浓缩开始之前，熔化的奶油温度应达到60℃。

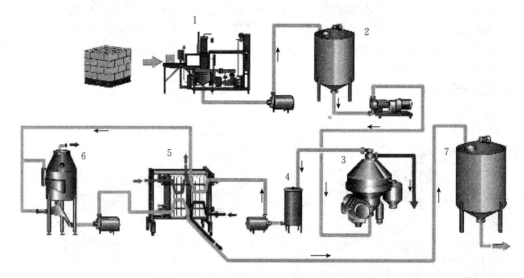

图8-4 用奶油制作无水奶油的生产线流程

1. 奶油熔化和加热器 2. 贮存罐 3. 浓缩器 4. 平衡槽
5. 加热/冷却用板式热交换器 6. 真空干燥器 7. 贮藏罐

直接加热（蒸汽喷射）总会导致含有小气泡分散相的新的乳浊液形成，这些小气泡的分离十分困难，在连续的浓缩过程中，此相和奶油浓缩到一起而引起混浊。

熔化和加热后，热产品被输送到贮存罐2，在此可以贮存一定的时间（20～30min），主要是确保完全熔化，也是为了使蛋白质絮凝。产品从贮存罐2被输送到浓缩器3，浓缩后上层轻相含有99.5%的脂肪，转到板式热交换器5，加热到90～95℃，再到真空干燥器6，最后再回到板式热交换器5，冷却到包装温度35～40℃。重相可以被输送到酪乳罐或废物收集罐中，这要根据它们是否是纯净无杂质的或是否有中和剂污染来决定。

如果所用奶油直接来自连续的奶油生产机，会出现云状油层上浮的现象。然而，使用密封设计的最终浓缩器（分离机）通过调整机器内的液位，就可能得到体积稍微少点的含脂肪99.5%的清亮油相。同时，重相脂肪含量高一些，大约含脂肪7%，体积略微多一点。因此，重相应再分离，所得稀奶油和用于制造奶油的稀奶油原料混合，再循环输送到连续奶油生产机中。

四、无水奶油的精制

对无水奶油精致有各种不同的目的和用途，精制方法举例如下：

（一）磨光

磨光包括用水洗涤，从而获得清洁、有光泽的产品。其方法是在最终浓缩后的油中加入20%～30%的水，所加水的温度应该和油的温度相同，保持一段时间后，水和水溶性物质（主要是蛋白质）一起又被分离出来。

（二）中和

通过中和可以减少油中游离脂肪酸（FFA）的含量，高含量的游离脂肪酸会引起奶油及其制品产生臭味。将浓度为8%～10%的碱加入奶油中，其加入量和油中游离脂肪酸的含量要相当，大约保持10s后再加入水，加水比例和洗涤相同，最后皂化的游离脂肪酸和水相一起被分离出来，油应和碱液充分混合，但混合必须柔和，避免脂肪的再乳化，这一点是很重要的。

（三）分级

分级是将油分离成为高熔点脂肪和低熔点脂肪的过程，这些分馏物有不同的特点，可用于不同产品的生产。有几种分级脂肪的方法，但常用的方法是不使用添加剂，其过程被简单地描述如下：将无水奶油熔化，再慢慢冷却到适当温度，在此温度下，高熔点的分馏物结晶析出，同时低熔点的分馏物仍保持液态，经特殊过滤就可以获得一部分晶粒，可以一次次分级，得到不同熔点的制品。

（四）分离胆固醇

分离胆固醇是将胆固醇从无水奶油中除去的过程。分离胆固醇经常用的方法是将改性淀粉或β-环状糊精（β-CD）和奶油混合，β-环状糊精分子包裹胆固醇，形成沉淀物，此沉淀物可以通过离心分离的方法除去。

（五）包装

无水奶油可以装入大小不同的容器。比如对家庭或饭店来说，1～19.5kg的包装盒比较方便；而对工业生产来说，用最少能装185kg的桶比较合适。通常先在容器中注入惰性气体氮气（N_2），因为氮气比空气重，装入容器后下沉到底部，又因为无水奶油比氮气重，当往容器中注无水奶油时，无水奶油渐渐沉到氮气下面，氮气被排到上层，形成一个"严密的气盖"保护无水奶油，防止无水奶油因接触空气而氧化。

五、质量要求

1. 感官要求　应符合《国家标准　稀奶油、奶油和无水奶油》（GB 19646—2010）的规定，见表8-9。

表8-9　感官要求

项目	要求	检验方法
色泽	呈均匀一致的乳白色、乳黄色或相应辅料应有的色泽	取适量试样置于50mL烧杯中，在自然光下观察其色泽和组织状态。闻其气味，用温开水漱口，品尝滋味
滋味、气味	具有稀奶油、奶油、无水奶油或相应辅料应有的滋味和气味，无异味	
组织状态	均匀一致，允许有相应辅料的沉淀物，无正常视力可见异物	

2. 理化指标　应符合《国家标准　稀奶油、奶油和无水奶油》（GB 19646—2010）的规定，见表 8-10。

表 8-10　理化指标

项目		指标			检验方法
		稀奶油	奶油	无水奶油	
水分/%	≤	—	16.0	0.1	奶油按 GB 5009.3 的方法测定；无水奶油按 GB 5009.3 中的卡尔·费休法测定
脂肪/%	≥	10.0	80.0	99.8	GB 5413.3①
酸度②/°T	≤	30.0	20.0	—	GB 5413.34
非脂乳固体③/%	≤	—	2.0		

① 无水奶油的脂肪（%）=100%-水分（%）。

② 不适用于以发酵稀奶油为原料的产品。

③ 非脂乳固体（%）=100%-水分（%）（含盐奶油还应减去食盐含量）。

3. 污染物限量　应符合 GB 2762 的规定。

4. 真菌毒素限量　应符合 GB 2761 的规定。

5. 微生物限量

（1）以罐头工艺或超高温瞬时灭菌工艺加工的稀奶油的微生物限量应符合商业无菌的要求，按 GB/T 4789.26 规定的方法检验。

（2）其他产品应符表 8-11 的规定。

表 8-11　微生物限量

项　目	采样方案①及限量（若非指定，均以 CFU/g 或 CFU/mL 表示）				检验方法
	n	c	m	M	
菌落总数②	5	2	50 000	200 000	GB 4789.2
大肠菌群	5	1	10	100	GB 4789.3 平板计数法
金黄色葡萄球菌	5	2	10	100	GB 4789.10 平板计数法
沙门氏菌	5	0	0/25g	—	GB 4789.4
霉菌 ≤			90		GB 4789.15

注：① 样品的分析及按处理按 GB 4789.1 和 GB 4789.18 执行。

② 不适用于以发酵稀奶油为原料的产品。

③ 三级采样方案设有 n、c、m 和 M 值。

n：同一批次产品应采集的样品件数。

c：最大可允许超出 m 值的样品数。

m：微生物指标可接受水平的限量值。

M：微生物指标的最高安全限量值。

④ 二级采样方案——n 个样品中允许有小于或等于 c 个样品，其相应微生物指标检验值大于 m 值。

⑤ 三级采样方案——n 个样品中允许全部样品中相应微生物指标检验值小于或等于 m 值；允许有小于或等于 c 个样品，其相应微生物指标检验值在 m 值和 M 值之间；不允许有样品相应微生物指标检验值大于 M 值。

【思与练】

1. 简述奶油的概念。
2. 影响奶油品质的因素有哪些?
3. 简述奶油的加工工艺。
4. 简述奶油分离机的使用要求。
5. 说明无水奶油的生产原理。
6. 简述无水奶油生产的工艺流程。

干 酪 加 工

【知识目标】

了解干酪的概念、种类及营养价值。

熟悉发酵剂的原理、制备方法及替代品的种类特征。

掌握天然干酪和融化干酪的生产原理和工艺操作要求。

【技能目标】

掌握风味干酪的发酵和压榨生产过程。

能够解决干酪加工中常见的质量问题。

【相关知识】

一、干酪的认识

《食品安全国家标准 干酪》（GB 5420—2010）将干酪（cheese）定义为成熟或未成熟的软质、半硬质、硬质或特硬质、可有涂层的乳制品，其中乳清蛋白/酪蛋白的比例不超过牛乳中的相应比例。

干酪由下述方法获得：

（1）在凝乳酶或其他适当的凝乳剂的作用下，使乳、脱脂乳、部分脱脂乳、稀奶油、乳清稀奶油、酪乳中一种或几种原料的蛋白质凝固或部分凝固，排出凝块中的部分乳清而得到。这个过程是乳蛋白质（特别是酪蛋白部分）的浓缩过程，即干酪中蛋白质的含量显著高于所用原料中蛋白质的含量。

（2）加工工艺中包含乳和（或）乳制品中蛋白质的凝固过程，并赋予成品与（1）所描述产品类似的物理、化学和感官特性。

干酪源自西亚，是一种自古流传下来的美食，然而，干酪的风味却是在欧洲真正开始酝酿。到了公元前3世纪，干酪的制作已经相当成熟。事实上，人们在古希腊时已奉上干酪敬拜诸神，芝士蛋糕就源于古希腊。而在古罗马时期，干酪更成为一种表达赞美及爱意的礼物。罗马人将芝士蛋糕从希腊传播到整个欧洲。干酪也是中国西北的蒙古族、哈萨克族等游牧民族的传统食品，在内蒙古称为奶豆腐，在新疆俗称乳饼，完全干透的干酪又称为奶疙瘩。

干酪的性质与常见的酸牛乳有相似之处，都是通过发酵过程来制作的，也都含有可以保健的乳酸菌，但是干酪的浓度比酸乳更高，近似固体食物，营养价值也因此更加丰富。就工艺而言，干酪是发酵的牛乳；就营养而言，干酪是浓缩的牛乳。每千克干酪制品都是由10kg的牛乳浓缩而成，它基本上排除了牛乳中的水分，保留了其中营养价值极高的精华部分，被誉为"奶黄金"。干酪含有优质而丰富的蛋白质、脂肪、钙、磷和维生素等人体所需的营养成分，是纯天然的食品。

干酪中的蛋白质含量一般为3%～40%，每100g软干酪可提供一个成年人每日蛋白质需求量的35%～40%，而每100 g硬干酪可提供蛋白质需求量的50%～60%。由于干酪制作中需去除乳清（乳清中含有较高生理效价的乳清蛋白），因此，干酪的生物学价值要低于全乳蛋白质，但比纯酪蛋白高。一些新工艺如超滤技术生产干酪，可以不排出乳清，这样提高了干酪的蛋白营养价值。另外，干酪生产中不发生美拉得德反应，因此，干酪的必需氨基酸可保持到原乳含量的91%～97%。制作干酪需经过微生物的发酵作用，在凝乳酶及微生物中蛋白酶的分解作用下，蛋白质形成胨、肽、氨基酸等小分子物质，因此很容易消化，其蛋白质消化率达96%～98%。另有人报道，在干酪的成熟期，牛乳中的酪蛋白逐渐降解成肽和氨基酸。一些氨基酸在细菌脱羧酶的催化下，可进一步发生降解反应。γ-氨基丁酸（GABA）就是由谷氨酸脱羧而来，因此很多干酪中都含有γ-氨基丁酸。γ-氨基丁酸是一种具有降血压、抗惊厥、镇痛、改善脑机能、安定精神、促进长期记忆、促进肾功能活化、促进肝功能活化等作用的功能因子。

脂肪不仅赋予干酪良好的风味和细腻的口感，还可提供人体所需的一部分能量，在体内的消化率为88%～94%。另外，与脂肪含量有关的胆固醇含量在干酪中也较低，通常为0～100mg/100 kg。干酪中的胆固醇含量比较低，对心血管健康有利，其中不饱和酸可降低人体的血清胆固醇，对预防心血管疾病十分有益，并且食用后不必担心发胖。

在干酪生产中，大多数乳糖随着乳清排出，余下的乳糖也都通过发酵作用生成了乳酸，因此干酪是乳糖不耐症和糖尿病患者可选的营养食品之一。

干酪中含有钙、磷、镁、钠等人体必需的矿物质。由于干酪加工工艺的需要，会添加钙离子，使钙的含量增加，易被人体吸收。每100 g软干酪可满足人每日钙需求量的30%～40%、每日磷需求量的12%～20%。每100 g硬干酪可完全满足人每日的钙需求量，每日磷需求量的40%～50%。乳制品是食物补钙的最佳选择，干酪正是含钙最多的乳制品，而且这些钙很容易吸收，有利于儿童骨骼生长和强壮，防止老年人骨质疏松。就钙的含量而言，250mL牛乳的含钙量=200mL酸乳的含钙量=40g干酪的含钙量。

在制作干酪的过程中，牛乳的酪蛋白被凝结，而乳清被排出，因此干酪中含有较多的脂溶性维生素，而水溶性维生素大部分随乳清排出；在干酪的成熟过程中，由于各种酶及微生物的作用，可以合成B族维生素、烟酸、叶酸、生物素等。干酪中的B族维生素含量丰富，可以增进代谢，加强活力，美化皮肤。

干酪中的乳酸菌及其代谢产物有利于维持人体肠道内正常菌群的稳定和平衡，可防治便秘和腹泻，对于提高人体免疫力有极大的帮助。

二、干酪种类的识别

目前流通在世界各市场上的干酪绝大多数都是由欧盟出产的，据美国农业部统计，世界上已命名的干酪种类多达 800 余种，其中 400 余种比较著名，大多数产自法国。

干酪大体上可以归纳成三大类，即天然干酪、再制干酪和干酪食品。这三类干酪的区别如表 9-1 所示。

表 9-1　天然干酪、再制干酪和干酪食品的区别

名称	规格
天然干酪	以乳、稀奶油、部分脱脂乳、酪乳或混合乳为原料，经凝固后，排出乳清而获得的新鲜或成熟的产品，允许添加天然香辛料以增加香味和滋味
再制干酪	用一种或一种以上的天然干酪（比例大于 15%）为主要原料，添加食品卫生标准所允许的添加剂（或不添加），经粉碎、混合、加热融化、乳化后而制得的产品，含乳固体 40% 以上。此外还规定： （1）允许添加稀奶油、奶油或乳脂以调整脂肪含量。 （2）为了增加香味和滋味，添加香料、调味料及其他食品时，必须控制在乳固体的 1/6 以内，但不得添加脱脂乳粉、全脂乳粉、乳酪、干酪素以及不是来自乳中的脂肪、蛋白质及糖类
干酪食品	用一种或一种以上的天然干酪或融化干酪，添加食品卫生标准所规定的添加剂（或不添加添加剂），经粉碎、混合、加热融化而制得的产品，产品中干酪数量需占 50% 以上，此外还规定： （1）添加香味料、调味料或其他食品时，需控制在产品干物质的 1/6 以内。 （2）添加不是来自乳中的脂肪、蛋白质或糖类时，不得超过产品的 10%

天然干酪的种类很多，其分类方法随成熟情况、理化性质、形状外观等而异。

（一）根据成熟情况分类

根据成熟情况不同，天然干酪可分为下列三种。

1. 成熟干酪　生产后不能马上使用（或食用），应在一定温度下贮存一定时间，以通过生化和物理变化产生该类干酪特性的干酪。

2. 霉菌成熟干酪　主要通过干酪内部和（或）表面的特征霉菌生长而促进其成熟的干酪。

3. 未成熟干酪　未成熟干酪（包括新鲜干酪）是指生产后不久即可使用（或食用）的干酪。

（二）根据理化性质分类

根据理化性质不同，天然干酪分类如表 9-2 所示。

新鲜干酪是不经过成熟加工处理，直接将牛乳凝固后，去除部分水分而成的。经长时间发酵成熟而制成的产品称为成熟干酪（ripened cheese）。新鲜干酪质感柔软湿润，散发出清新的奶香与淡淡的酸味，十分爽口，但其储存期很短，要尽快食用。

表 9-2 天然干酪的分类

种类		与成熟有关的微生物	水分含量	主要品种
软质干酪	新鲜	—		农家干酪、稀奶油干酪、里科塔干酪
	成熟	细菌	40%~60%	比利时干酪、手工干酪
		霉菌		法国浓味干酪、布里干酪
半硬质干酪		细菌	36%~40%	砖状干酪、修道院干酪
		霉菌		法国羊乳干酪、青纹干酪
硬质干酪	实心	细菌	25%~36%	荷兰干酪、荷兰圆形干酪
	有气孔	细菌（丙酸菌）		埃门塔尔干酪、瑞士干酪
特硬干酪		细菌	<25%	帕尔门逊干酪、罗马诺干酪

【任务实施】

任务一 干酪发酵剂的制备

一、干酪发酵剂的作用及种类

（一）干酪发酵剂的作用

在干酪的制造过程中，用来使干酪发酵与成熟的特定微生物培养物称为干酪发酵剂。干酪发酵剂在适宜的条件下利用乳或乳制品为底物进行发酵，使牛乳中的乳糖转变成乳酸，同时分解柠檬酸从而生成微量的乙酸，使牛乳的 pH 降低并形成酸味。酸性环境为凝乳酶创造适当的 pH 条件，促进凝块的形成，使凝块收缩，更容易排出乳清。发酵剂中某些微生物蛋白分解酶通过分解蛋白质生成胨、肽、氨基酸等物质，产生脂酶分解脂肪生成游离的脂肪酸、醛类、醇类，分解柠檬酸生成丁二酮、3-羟基丁酮，丁二醇等四碳化合物，以及微量的挥发酸、酒精、乙醛等干酪特有的风味物质。微生物分解产生酶类物质，同时分解蛋白质和脂肪，增强干酪的风味，改善干酪的质地，以一定的速度产酸、产酶，增加防腐作用的细菌素，加速干酪的成熟，增加干酪营养，促进干酪产生颜色等。此外，发酵剂在干酪成熟期间也可产生真菌毒素和生物胺等有害物质，从而影响干酪质量。

（二）干酪发酵剂的种类

干酪发酵剂按照微生物种类分为细菌发酵剂和霉菌发酵剂两大类。作为某一种干酪的发酵剂，必须选择符合制品特征和需要的专门菌种来组成。根据菌种组成情况，可将干酪发酵剂分为单一菌种发酵剂和混合菌种发酵剂两种。

1. 单一菌种发酵剂 指只含有一种菌种的发酵剂，如乳酸链球菌。其优点主要是经过长期活化和使用，其活力和性状的变化较小；缺点是容易受到噬菌体的侵染，造成繁殖受阻和酸的生产迟缓等。单一菌种发酵剂主要用于只需生成乳酸和以降解蛋白质为目的的干酪，如切达干酪。

2. 混合菌种发酵剂 指由两种或两种以上菌种，按一定比例组成的干酪发酵剂。干的生产中多采用这一类发酵剂。其优点是能够形成乳酸菌的活性平衡，较好地满足制品发酵成熟的要求，避免全部菌种同时被噬菌体污染，从而减少其危害程度。缺点是每次活化培养后，菌种会发生变化，因此很难保证原来菌种的比例，长期保存培养，活力会发生变化。

二、发酵剂的制备

（一）乳酸菌发酵剂的制备

通常乳酸菌发酵剂的制备依次经过 3 个阶段，即乳酸菌纯培养物的复活、母发酵剂的制备和生产发酵剂的制备。干酪乳酸菌发酵剂的制备与乳酸菌类似。

1. 乳酸菌纯培养物的复活 将保存的菌株或粉末状纯培养物用牛乳活化培养。在灭菌的试管中，加入优质脱脂乳，添加适量的石蕊溶液，经 121℃ 15～20min 高压灭菌并冷却至适宜温度，将菌种接种于培养基 21～26℃培养 16～19h。当凝固物达到所需的酸度后，置于 0～5℃的条件下保存。每周接种一次，以保持活力，也可以冻结保存。

2. 母发酵剂的制备 在灭菌的三角瓶中加入 1/2 量的脱脂乳（或还原脱脂乳），经 121℃ 15～20min 高压灭菌后，冷却至接种温度，按 0.5%～1.0%的接种量接种，于 21～23℃的条件下培养 12～16h（培养温度根据菌种而异），当培养酸度达到 0.75%～0.85%时冷却，并于 0～5℃的条件下保存备用。

3. 生产发酵剂的制备 脱脂乳经 95℃ 30min 杀菌并冷却到适宜的温度后，再加入 0.5%～1.0%的母发酵剂，培养 12～16h（普通乳酸菌菌株培养温度为 22℃，高温性菌株为 35～40℃），酸度达到 0.75%～0.85%时冷却，并于 0～5℃的条件下保存备用。

乳制品工厂多采用自身逐级扩大培养来制备发酵剂。目前，很多生产厂家使用专门机构生产的直投发酵剂，使用时按照说明书以无菌操作直接接种到发酵罐进行发酵。

（二）霉菌发酵剂的制备

将除去表皮的面包切成小立方块，置于三角瓶中，加入适量的水及少量的乳酸，进行高温灭菌并冷却，然后在无菌的条件下将悬浮着霉菌菌丝或孢子的菌种喷洒在灭菌的面包上，然后置于 21～25℃的培养箱中培养 8～12d，霉菌孢子布满面包表面时将培养物取出，于 30℃条件下干燥 10d，或在室温下进行真空干燥。将所得物破碎成粉末，放入容器中备用。

（三）发酵剂的保存方式

发酵过程依赖于发酵剂的纯度和活力，工业菌种一般要求能最大限度地保证其活菌数量，避免噬菌体和其他污染。因此，对发酵剂菌种进行保存也是非常重要的。对发酵剂菌种进行保存可以保持微生物菌种的活性，使之稳定，用于工作发酵剂的加工。在发生工作发酵剂失活的情况下，保存的发酵剂也可用于发酵罐内接种。

菌种保存的方法很多，其原理主要为挑选典型优良纯种的菌种，创造适合其长期休眠的环境，如干燥、低温、缺氧、避光、缺乏营养以及添加保护剂或酸度中和剂。良好的菌种保存方法必须能够保证原菌种具有优良的性状，此外还需考虑方法的通用性和操作的简便性。通常干酪发酵剂可用以下方式进行保存。

1. 液态发酵剂　发酵剂菌种可用几种不同的生长培养基以液态形式保存，培养基一般为活化培养基或发酵加工所用的培养基。用少量的菌种进行逐级扩大培养，直至达到工作状态即可。液态发酵剂是目前应用最为广泛的发酵剂。

液态发酵剂的优点：使用前能给予评估和检查；依据实验和已知的方法能指导干酪的加工；成本较低。

液态发酵剂的缺点：每批与每批之间质量不够稳定；在加工厂还得再扩大培养，费原料、费时、费工；保存期短；菌含量较低；接种量较大。

2. 粉状（或颗粒状）发酵剂　粉状（或颗粒状）发酵剂是通过冷冻干燥培养到最大菌数的液体发酵剂而制得的。干燥是常用的一种发酵剂的保存方法。因冷冻干燥是在真空下进行的，故能最大限度地减少对菌种的破坏。

一般粉状（或颗粒状）发酵剂在使用前应将该发酵剂接种制成母发酵剂。但使用浓缩冷冻干燥发酵剂时，可将其直接制备成工作发酵剂，无须中间的扩大培养过程。粉状（或颗粒状）发酵剂与液态发酵剂相比具有以下优点：①具有更好地保存质量；②具有更强的稳定性和活力；③由于接种次数少，降低了被污染的机会，保存时间有所增加；④产品品质均一。未一次用完的发酵剂，应在无菌的条件下将开口密封好，以免污染，然后放入冷冻的冰柜中，并尽快用完。

3. 冷冻发酵剂　冷冻发酵剂是通过深度冷冻干燥而得到的一种发酵剂，其加工方式主要有以下两种：一种方式是经过 −20℃ 冷冻（不发生浓缩）和经过 −40℃ 深度冷冻（会发生浓缩）；另一种方式是 −196℃ 超低温液氮冷冻（会发生浓缩）。冷冻干燥法是一种适用范围很广的菌种保存方法，该法不仅有利于菌种保存，适合长途运输和贮存，使用方便，灵活性大，而且冷冻发酵剂可不经过活化培养，直接投入加工，减少污染，对噬菌体有较好的控制能力，并且可节约劳动力和加工成本，便于加工直投式或间接生产所需的发酵剂，以满足乳品加工业需要。

一般深冻发酵剂比冻干发酵剂需要更低的贮存温度。而且要求用装有干冰的绝热塑料盒包装运输，时间不能超过 12h，而冻干发酵剂在 20℃ 温度下运输 10d 也不会缩短原有的货架期，只要货到达购买者手中后，按建议的温度贮存即可。

三、发酵剂活力的影响因素及质量控制

（一）天然抑菌物

牛乳中天然存在着具有增强牛犊抗感染与抗疾病能力的抑菌因子，主要包括乳抑菌素、凝集素、溶菌酶等，具有一定的抑制微生物生长的作用，但乳中的抑菌物质一般对热不稳定，加热后即被破坏。

（二）抗生素残留

患乳腺炎等疾病的奶牛常用青霉素、链霉素等抗生素药物治疗，在一定时间内（一般 3~4d，个别在一周以上）乳中会残留一定的抗生素，影响发酵剂菌种的活性。一般用于干酪加工的原料乳中不允许有抗生素残留。

（三）噬菌体

噬菌体的存在会对干酪的加工产生严重影响。因此，在发酵剂制备过程中，应严格遵守

以下环节：有效过滤发酵剂室和加工区域的空气，有助于减少噬菌体的存在，发酵剂室良好的卫生条件能减少微生物的污染，车间合理的设计也能限制空气污染；发酵剂室应远离加工区域，以降低空气污染的可能性；发酵剂准备间用400～800mg/L的次氯酸钠溶液喷雾或紫外线灯照射杀菌，控制空气中的噬菌体数，在发酵剂制备过程中必须保证无菌操作；除专门人员外，一般厂内员工不得进入发酵剂加工间；循环使用与噬菌体无关或抗噬菌体的菌株以及使用混合菌株的发酵剂有利于保持菌种活性。

（四）清洗剂和杀菌剂的残留

使用清洗剂和杀菌剂后会有一定量的碱洗剂、碘灭菌剂、季铵类化合物、两性电解质等物质的残留，影响发酵剂菌种的活力。造成清洗剂和杀菌剂在发酵剂加工中污染的主要源于人为工作的失误或CIP系统循环的失控。因此，清洗程序应设定为保证除去加工发酵剂罐内可能残留的化学制品溶液为准。

（五）发酵剂的活力测定

发酵剂的活力，可通过乳酸菌在规定时间内产酸状况或色素还原情况来进行判断。

1. 酸度测定 将10g脱脂乳用90mL蒸馏水溶解，经121℃ 15min加压灭菌，冷却至37℃，取10mL分装于试管中，加入0.3mL待测发酵剂，盖紧，37℃培养210min。然后迅速从培养箱中取出试管，加入20mL蒸馏水及2滴酚酞指示剂，用0.1mol/L NaOH标准溶液滴定，按下式进行计算：

$$X=\frac{c\times V\times 100}{m\times 0.1}\times 0.009$$

式中：X——试样的乳酸度，100％；

c——NaOH标准溶液的物质的量浓度，mol/L；

V——滴定时消耗NaOH标准溶液的体积，mL；

m——试样的质量，g；

0.1——酸度理论定义NaOH的物质的量浓度，mol/L；

0.009——相当于乳酸（90％）的量。

如果酸度达到0.4％（乳酸）以上，说明其活力良好。

2. 刃天青还原试验 取上述灭菌脱脂乳9mL注入试管中，加入待测发酵剂1mL和0.005％刃天青溶液1mL，37℃培养30min。每5min观察刃天青褪色情况，全褪至淡桃红色为止。褪色时间在35min以内，说明活力良好。

3. 污染程度检查 在实际生产过程中对连续传代的母发酵剂进行以下几方面的定期检查：①纯度可通过催化酶实验进行判定，乳酸菌催化酶实验应呈阴性，呈阳性是污染所致；②阳性大肠菌群实验用以检测粪便污染情况；③检测噬菌体的污染情况。

任务二　皱胃酶及其代用酶的制备

凝乳酶是小牛或小羊等反刍动物的皱胃（真胃）分泌出的一种具有凝乳功能的酶类，皱胃的提取物即为凝乳酶。由凝乳酶来进行酪蛋白的凝聚是干酪生产中的基本工序，一般使用皱胃酶、胃酶或胃蛋白酶来凝结，以皱胃酶制作的干酪品质优良。

干酪加工中添加凝乳酶的主要目的是促使牛乳凝结，为排除乳清提供条件。凝乳酶不仅是干酪制造过程中起凝乳作用的关键性酶，同时凝乳酶对干酪的质构形成及干酪特有风味的形成有非常重要的作用。

一、凝乳酶的作用机理

凝乳酶通过与酪蛋白的专一性结合使牛乳凝固。凝乳酶对酪蛋白的凝固可分为如下两个过程。

（1）酪蛋白在凝乳酶的作用下，形成副酪蛋白，此过程称为酶性变化。

（2）产生的副酪蛋白在游离钙的存在下，在副酪蛋白分子间形成"钙桥"，使副酪蛋白的微粒发生团聚作用而产生凝胶体，此过程称为非酶变化。

这两个过程的发生使酪蛋白凝固与酶凝固不同。酶凝固时，钙和磷酸盐并不从酪蛋白微球中游离出来。

二、皱胃酶的制备方法

（1）原料的调制。凝乳酶的传统来源是由牛犊第四胃（皱胃）提取的。一般选择出生数周以内的犊牛第四胃，尤其在出生后2周的犊头的凝乳酶活力最强。幼畜需在宰前10h实施绝食，宰后立即取出第四胃，下部从十二指肠的上端切断，仔细地将脂肪组织及内容物取出，然后扎住胃的一端将胃吹成球状，悬挂于通风背阴的地方，使其干燥。也可将胃切开撑大，钉于倾斜的木板上，表面撒布盐使其干燥。

（2）皱胃酶浸出。将干燥的皱胃切细，用含4％～5％食盐的10％～12％酒精溶液浸出。将多次浸出液混合在一起离心分离，除去残渣，加入5％的1mol/L的盐酸，此时黏稠的混合液变成透明，黏性物质发生沉淀，将沉淀物分离后，再加入约5％的食盐，使浸出液含盐量达10％，调整pH为5～6（防止皱胃酶变性），即为液体制剂。浸出温度用室温即可，每一个胃所制出的浸出液大约可凝乳3 000L。当浸出液不直接用于生产时，为便于运输和保存，通常将其制成粉末。

三、皱胃酶的活力测定

皱胃酶的活力是指1mL皱胃酶溶液（或1g干粉）在一定温度下（35℃）、一定时间内（通常为40min）能凝固原料乳的体积（mL）。

皱胃酶活力测定方法很多，现列举一个简单的方法：取100mL原料乳置于烧杯中，加热至35℃，然后加入10mL皱胃酶食盐水溶液，迅速搅拌均匀，并加入少许炭粒或纸屑为标记，准确记录开始加入酶溶液到乳凝固时所需的时间（s），此时间也称为凝乳酶的绝对强度。然后按照下式计算活力：

$$皱胃酶活力 = \frac{试验使用的原料乳数量}{皱胃酶的使用量} \times \frac{2\,400（s）}{凝乳时间（s）}$$

式中，2 400s 为测定凝乳酶活力的规定时间。

四、凝乳酶添加方法

凝乳酶活力确定后再计算酶的添加量。一般 1 份皱胃酶在 30～35℃温度下，可凝结 10 000～15 000 份的牛乳。例如，现有 50kg 原料乳，用活力为 100 000 单位的皱胃酶进行凝乳，设需加入 Xg 的皱胃酶，则 $\frac{1}{100\,000}=\frac{X}{50\,000}$g，$X=0.5$g，即 50kg 原料乳需要添加 0.5g 皱胃酶。

生产过程中，为了有利于凝乳酶的分散，通常将加水稀释后的凝乳酶通过自动计量系统分散喷嘴喷洒在牛乳表面，而后搅拌牛乳（不超过 2～3min），保持 35℃以下，经 30～40min 后，凝结成半固体状态，凝结稍软，表面平滑无气孔即可。为了获得良好的凝乳效果，可以在凝乳前每 100kg 牛乳中加入 20g 水解氯化钙。

五、凝乳酶添加量的计算

[例1] 今有原料乳 80kg，用活力为 100 000 单位的皱胃酶进行凝固，需加皱胃酶多少？

解：
$$\frac{1}{100\,000}=\frac{X}{80\,000}\text{g}$$
$$X=0.8\text{g}$$

即 80kg 原料乳需加皱胃酶 0.8g。

此外，也可以根据测定活力时酶的绝对强度来计算酶的用量。

[例2] 今有原料乳 80L，皱胃酶强度为 50s，要求在 30min 内凝固。试计算皱胃酶的需要量。

解：根据下式进行计算

$$X=\frac{M\times p}{10\times 60\times K}$$

式中：X——皱胃酶的需要体积，L；

M——原料乳的体积，L；

p——皱胃酶的绝对强度，s；

K——乳凝固的时间，min；

10——测定强度时乳量对酶溶液量的比例。

解：代入上式进行计算

$$X=\frac{80\text{L}\times 50\text{s}}{10\times 60\times 30\text{min}}=0.222\text{L}$$

注意事项：

（1）不要使原料乳中产生气泡。

（2）沿边徐徐加入。

（3）搅拌时间不要太长。

（4）添加完成后继续搅拌 2min，使凝乳酶与原料乳充分混合后静置。

六、影响凝乳酶作用的因素

凝乳酶的凝结过程会受到温度、pH 和钙离子浓度等因素的影响。

1. 温度　凝乳酶的最适条件为 40～41℃，实际生产中干酪凝固条件为 30～35℃ 20～40min。温度过高或者过低，菌种的活力都会降低，影响干酪的凝聚时间。

2. pH　凝乳酶的最适 pH 为 4.8 左右，等电点为 4.45～4.65，凝乳酶在弱碱、强酸、热、超声波等因素的作用下会失活。

3. 钙离子浓度的影响　酪蛋白所含有的胶质磷酸钙是凝块形成所必需的成分，因此增加牛乳中的钙离子浓度可缩短皱胃酶凝乳所需时间，并促使凝块变硬。因此实际生产中，一般会在杀菌后、凝乳前，向乳中加入氯化钙。

七、皱胃酶的代用酶

由于皱胃酶来源于犊牛的第四胃，其制作成本高，加之目前肉牛生产的实际情况等原因，开发研制皱胃酶的代用酶越来越受到普遍重视，并且很多代用酶已应用到干酪的生产中。代用酶按其来源可分为动物性凝乳酶、植物性凝乳酶、微生物凝乳酶及利用遗传工程技术生产的皱胃酶等。

1. 动物性凝乳酶　主要是胃蛋白酶。这种酶已经作为皱胃酶的代用酶而应用到干酪的生产中，其性质在很多方面与皱胃酶相似。但由于胃蛋白酶的蛋白分解能力强，且以其制作的干酪成品略带有苦味，如果单独使用，会使产品产生一定的缺陷。

2. 植物性凝乳酶　主要有无花果蛋白酶、木瓜蛋白酶、菠萝蛋白酶等，它们是从相应的果实或叶中提取的，具有一定的凝乳作用。

3. 微生物凝乳酶　在生产中得到应用的主要是霉菌性凝乳酶，其代表是从微小毛霉菌中分离的凝乳酶，凝乳的最适温度是 56℃，其蛋白分解能力比皱胃酶强，但比其他的分解蛋白酶分解蛋白的能力弱，对牛乳凝固作用强。目前，日本、美国等国将其制成粉末凝乳酶制剂而应用到干酪的生产中。

4. 利用遗传工程技术生产的皱胃酶　由于皱胃酶的各种代用酶在干酪的实际生产中表现出某些缺陷，迫使人们利用新的技术和途径来寻求犊牛以外的皱胃酶的来源。

美国和日本等国利用遗传工程技术，将控制犊牛皱胃酶合成的 DNA 分离出来，导入微生物细胞内，利用微生物来合成皱胃酶已获得成功，并得到美国食品与药物管理局的认定和批准。目前，美国公司生产的生物合成皱胃酶制剂在美国、瑞士、英国、澳大利亚等国得到广泛应用。

任务三　天然干酪的加工

天然干酪是在乳（也可以是脱脂乳或稀奶油）中加入适量的发酵剂和凝乳酶，使蛋白质（主要是酪蛋白）凝固后，排除乳清，将凝块压成块状而制成的组织和风味独特的固态产品。

一、工艺流程

由于干酪种类很多，加工技术也有很多种。但天然干酪加工技术基本相同，其工艺流程如下：

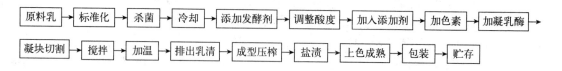

二、操作要点

（一）原料乳的要求

生产干酪的原料，必须是健康奶畜分泌的新鲜优质乳。感官检查合格后，测定酸度（牛乳 18°T，羊乳 10～14°T），必要时进行青霉素及其他抗生素试验。然后进行严格过滤和净化，并按照产品需要进行标准化处理。

（二）原料乳的处理

1. 原料乳　按照灭菌乳的原料乳标准进行验收，不得使用含有抗生素的牛乳。原料乳的净化：一是除去生乳中的机械杂质以及黏附在这些机械杂质上的细菌；二是除去生乳中的一部分细菌，特别是对干酪质量影响较大的芽孢菌。

2. 标准化

（1）标准化的目的。使每批干酪组成一致；使成品符合统一标准；质量均匀，缩小偏差。

（2）标准化的注意事项。正确称量原料乳的数量；正确检验脂肪的含量；测定或计算酪蛋白含量；每次分别测定脂肪含量；确定脂肪/酪蛋白之比，然后计算需加入的脱脂乳（或除去稀奶油）数量。

（三）原料乳的杀菌和冷却

从理论上讲，生产不经成熟的新鲜干酪时必须将原料乳杀菌，而生产经 1 个月以上时间成熟的干酪时，原料乳可不杀菌。但在实际生产中，一般都将杀菌作为干酪生产工艺中的一道必要的工序。

1. 杀菌的目的

（1）消灭原料乳中的有害菌和致病菌，使产品卫生安全，并防止异常发酵。

（2）使质量均匀一致，稳定，增加干酪保存性。

（3）加热使白蛋白凝固，随同凝块一起形成干酪成分，可以增加干酪产量。

2. 杀菌的条件　杀菌的条件直接影响着产品质量。若杀菌温度过高，时间过长，则蛋白质变性。用凝乳酶凝固时，凝块松软，且收缩后也较软，往往形成水分较多的干酪。所以多采用 63℃ 30min 或 71～75℃ 15s 的杀菌条件。杀菌后的牛乳冷却到 30℃ 左右，放入干酪槽中。

（四）添加发酵剂

在干酪制作过程中必须添加发酵剂，根据需要还可添加氯化钙、色素、防腐性盐类（如硝酸钾或硝酸钠）等，使凝乳硬度适宜，色泽一致，减少有害微生物的危害。

根据计算好的量，按以下顺序将添加剂加入。

1. 加入氯化钙　用灭菌水将氯化钙溶解后加入乳中，并搅拌均匀。如果原料乳的凝乳性能较差、形成的凝块松散，则切割后碎粒较多，酪蛋白和脂肪的损失大，同时排乳清困难，干酪质量难以保证。为了保持正常的凝乳时间和凝块硬度，可在 100 kg 乳中加入 5～20g 氯化钙，以改善凝乳性能。但应注意的是，过量的氯化钙会使凝块太硬，难切割。

2. 加入发酵剂　将发酵剂搅拌均匀后加入乳中。乳经杀菌后，直接打入干酪槽中，冷却到 30～32℃，然后加入经搅拌并用灭菌筛过滤的发酵剂，充分搅拌。为了干酪在成熟期间能获得预期的效果，达到正常熟度，加发酵剂后应使原料乳进行短时间的发酵，也就是预酸化，经 10～15min 的预酸化后取样，测定酸度。

3. 加入硝酸钾　用灭菌水将硝酸钾溶解后加入原料乳中，搅拌均匀。原料乳中有丁酸菌时，会产生异常发酵，可以用硝酸盐（硝酸钠或硝酸钾）来抑制这些细菌。但其用量需根据牛乳的成分和生产工艺精确计算，因为过多的硝酸盐能抑制发酵剂中的细菌生长，影响干酪的成熟，还会使干酪变色，产生红色条纹和一种异味。通常硝酸盐的添加量为 100kg 乳中不超过 30g。

4. 加入色素　用少量灭菌水将色素稀释溶解后加到原料乳中，搅拌均匀。可加胡萝卜素或胭脂红等色素，使干酪的色泽不受季节影响。其添加量通常为每 1 000kg 原料乳加 30～60g。在青纹干酪生产中，有时添加叶绿素，来反衬霉菌产生的青绿色条纹。

5. 加入凝乳酶　先用 1% 的食盐水（或灭菌水）将凝乳酶配成 2% 的溶液，并在 28～32℃下保温 30min，然后加到原料乳中，均匀搅拌后（1～2min）加盖，使原料乳静置凝固。生产干酪所用凝乳酶，一般以皱胃酶为主。如无皱胃酶也可用胃蛋白酶代替。酶的添加量需根据酶的单位数（也称效价）而定。一般以在 35℃保温下，经 30～35min 能进行切块为准。

（五）凝块的形成及处理

1. 凝乳过程　凝乳分为两个阶段进行，首先酪蛋白被凝乳酶转化为副酪蛋白，副酪蛋白在钙盐存在的情况下凝固。也就是说牛乳中的酪蛋白胶粒，受凝乳酶的作用变成副酪蛋白，副酪蛋白结合钙离子形成网状结构，把乳清包围在中间。

2. 凝块的切割　牛乳凝固后，凝块达到适当硬度时，用干酪刀切成边长为 7～10mm 的小立方体（凝乳时间一般为 30min 左右）。是否可以开始切割，可通过以下方法判断：用尺子或小刀斜插入凝乳表面，轻向上提，使凝乳表面出现裂纹，当渗出的乳清澄清透明时，说明可以切割。也可在干酪槽侧壁出现凝乳剥离时切割，或以从凝乳酶加入至开始凝固的时间的 2.5 倍作为切割的时间。切割过早或过晚，对干酪得率和质量均会产生不良影响。

3. 搅拌及温度　在干酪槽内，切割后的小凝块易黏在一起，所以应不停地搅拌。开始时徐徐搅拌，防止将凝块碰碎。大约 15min 后搅拌速度可逐渐加快，同时在干酪槽的夹层中通入热水，使温度逐渐上升，开始时每隔 3min 升高 1℃，以后约 2min 升高 1℃，最后使槽内温度达 40℃。酸度与加温时间对照如下：酸度 0.13％，加温 40min；酸度 0.14％，加温 30min。

加温时间也可根据如下标准而定：①加温至乳清酸度达 0.17％～0.18％时。②加温至凝乳粒的大小收缩为切割时一半时。③加温至凝乳粒以手捏感觉到弹性时。

通常加温温度越高，排出的水分越多，干酪越硬。加温速度过快，会使干酪粒表面结成硬膜，影响乳清排出，最后成品水分含量过高。加温的目的是为了调节凝乳颗粒的大小和酸度。加温能限制产酸菌的生长，从而调节乳酸的生成。此外，加温还能促进凝块的收缩和乳清的排出。

4. 排出乳清 凝块粒子收缩时必须立即将乳清排出。乳清排出是指将乳清与凝乳颗粒分离的过程。排出乳清的时机可通过所需酸度或凝乳颗粒的硬度来掌握。在实际操作中，可根据经验，用手检验凝乳颗粒的硬度和弹性。乳清排出的时间对产品质量也有影响：乳清酸度过高，会使干酪过酸及过于干燥；乳清酸度不够，则会影响干酪成熟。乳清的排出可分几次进行，为了保证在干酪槽中均匀地处理凝块，要求每次排出同样量的乳清，一般为牛乳体积的 35％～50％，排出乳清可在不停搅拌下进行。

（六）成型压榨

1. 入模定型 乳清排出后，将干酪粒堆在干酪槽的一端，用带孔木板或不锈钢压 5min，使其成块，并继续压出乳清，然后将其切成砖状小块，装入模型中，成型 5min。

2. 压榨 压榨可使干酪成型，同时进一步排出乳清，干酪可以通过自身的重量和通过压榨机的压力进行长期和短期压榨。为了保证成品质量，压力、时间、酸度等参数应保持在规定值内。压榨用的干酪模必须是多孔的，以便将乳清从干酪中压榨出来。

（七）盐渍

在干酪制作过程中，加盐不仅可以改善干酪的风味、组织状态和外观，调节乳酸发酵程度，抑制腐败微生物生长，还能够降低水分，起到控制产品最终水分含量的作用。干酪的加盐方法，通常有下列 4 种。

（1）将盐撒在干酪粒中，并在干酪槽中混合均匀。

（2）将食盐涂布在压榨成型后的干酪表面。

（3）将压榨成型后的干酪取下后包布，置于盐水池中腌渍。盐水的浓度，第一天到第二天保持在 17％～18％，以后保持在 22％～23％。为防止干酪内部产生气体，盐水温度应保持在 8℃左右，腌渍时间一般为 4d。

（4）以上几种方法的混合。加盐的量因品种而异，从 10％～20％不等。

三、干酪的成熟

1. 干酪的成熟条件 干酪的成熟是指在一定条件下，干酪中包含的脂肪、蛋白质及糖类等在微生物和酶的作用下分解并发生其他生化反应，形成干酪特有风味、质地和组织状态的过程，这一过程通常在干酪成熟室中进行。不同种类干酪的成熟温度为 5～15℃，室内空气相对湿度为 65％～90％，成熟时间为 2～8 个月。

2. 成熟过程中的变化　在成熟过程中，干酪的质地逐渐变软而且有弹性，粗糙的纹理逐渐消失，风味越来越浓郁，气孔慢慢形成。这些外观变化从本质上说归于干酪内部主要成分的变化。

（1）蛋白质的变化。干酪中的蛋白质在乳酸菌、凝乳酶以及乳中自身蛋白酶的作用下发生降解，生成多肽、氨基酸、肽类化合物以及其他产物。由于蛋白质的降解，一方面干酪的蛋白质网络结构变得松散，使得产品质地柔软；另一方面，随着因肽键断裂产生的游离氨基和羧基数量的增加，蛋白质的亲水能力大大增强，干酪中的游离水转变为结合水，使干酪内部因凝块堆积形成的粗糙纹理结构消失，质地变得细腻并有弹性，外表也显得比较干爽，蛋白质也易于被人消化吸收。此外，蛋白质分解产物还是构成干酪风味的重要成分。

（2）乳糖的变化。乳糖在生干酪中的含量为 $1\% \sim 2\%$，而且大部分在 48 h 内被分解，且成熟 2 周后变成乳酸。乳酸抑制了有害菌的繁殖，利于干酪成熟，并从酪蛋白中将钙分离形成乳酸钙。乳酸同时与酪蛋白中的氨基反应形成酪蛋白的乳酸盐。由于这些乳酸盐的膨胀，使干酪粒进一步黏合在一起，形成结实并具有弹性的干酪团。

（3）水分的变化。干酪在成熟过程中由于水分蒸发，因而质量减轻，到成熟期由于干酪表面已经脱水硬化形成硬皮膜，水分蒸发速度逐渐减慢，水分蒸发过多容易使干酪形成裂缝。水分的变化由下列条件所决定：①成熟的温度和湿度；②成熟的时间；③包装的形式，如有无石蜡或塑料膜等包装；④干酪的大小与形状；⑤干酪的含水量。

（4）滋味、气味的形成。干酪在成熟过程中能形成特有的滋味、气味，这主要与下列因素有关：①蛋白质分解产生游离态氨基酸。据测定，成熟的干酪中含有 19 种氨基酸，给干酪带来新鲜味道和芳香味。②脂肪分解产生游离脂肪酸，其中低级脂肪酸是构成干酪风味的主体。③乳酸菌发酵剂在发解过程中使柠檬酸分解，形成具有芳香风味的丁二酯。④加盐可使干酪具有良好的风味。

3. 影响干酪成熟的因素

（1）成熟时间。成熟时间长则水溶性含氮物含量增加，成熟度高。

（2）温度。若其他成熟条件相同，则温度越高，成熟程度越高。

（3）水分含量。水分含量越多，越容易成熟。

（4）干酪大小。干酪越大，成熟越容易。

（5）含盐量。含盐量越多，成熟越慢。

（6）凝乳酶添加量。凝乳酶添加量越多，干酪成熟越快。

（7）杀菌。原料乳不经杀菌则很容易成熟。

四、干酪质量缺陷及控制措施

干酪质量缺陷是由于牛乳的质量、异常微生物繁殖及制造过程中操作不当引起的。其缺陷可分成物理性缺陷、化学性缺陷及微生物性缺陷。

（一）物理性缺陷及控制措施

1. 质地干燥　凝乳在较高温度下处理会引起干酪中水分排出过多而导致制品干燥。凝乳切制过小、搅拌时温度过高、酸度过高、处理时间较长及原料乳中的含脂率低也能引起制品干燥。控制措施除改进加工工艺外，也可采用石蜡或塑料包装及在温度较高条件下成熟等方法。

2. 组织疏松 凝乳中存在裂缝，当酸度不足时乳清残留于其中，压榨时间短或最初成熟时温度过高，均能引起此种缺陷。可采用加压或低温成熟方法加以控制。

3. 脂肪渗出 由于脂肪过量存在于凝块表面（或其中）而产生。其原因大多是由于操作温度过高，凝乳处理不当或堆积过高所致，可通过调节生产工艺来控制。

4. 斑点 斑点是制造中操作不当引起的缺陷，尤其是以切割、加热、搅拌工艺影响较大。

5. 发汗 即成熟干酪渗出液体，主要由于干酪内部游离液体量多且压力不平衡所致。

（二）化学性缺陷及控制措施

1. 金属性变黑 铁、铅等金属离子能产生黑色硫化物，依干酪质地而呈绿、灰、褐等不同颜色。

2. 桃红或赤变 当使用色素时，色素与干酪中的硝酸盐结合形成其他有色化合物，应认真选用色素及其添加量。

（三）微生物性缺陷及控制措施

1. 酸度过高 由发酵剂中微生物引起。控制措施：降低发酵温度并加入适量食盐抑制发酵，增加凝乳酶的量；在干酪加工中将凝乳切成更小的颗粒，或高温处理，或迅速排除乳清。

2. 干酪液化 由于干酪中含有液化酪蛋白的微生物，从而使干酪液化。此现象发生在干酪表面，此种微生物一般在中性或微酸性条件下繁殖。

3. 发酵产气 在干酪成熟过程中产生少量的气体，形成均匀分布的小气孔是正常的，但由微生物发酵产气产生大量的气孔却为缺陷。可以添加硝酸钾或氯化钾抑制。

4. 生成苦味 苦味是由于酵母及不是发酵剂中的乳酸菌引起的，而且与液化菌种有关。此外，高温杀菌、凝乳酶添加量大、成熟温度高均可导致产生苦味。

5. 恶臭 干酪中若存在厌氧芽孢杆菌，会分解蛋白质生成硫化氢、硫醇、亚胺等物质产生恶臭味，生产过程中要防止这类菌的污染。

6. 酸败 由微生物分解蛋白或脂肪等产酸引起，污染菌主要来自土壤等。

五、质量标准

1. 感官要求 根据《食品安全国家标准 干酪》（GB 5420—2010）的规定，干酪的感官要求见表 9-3。

表 9-3 感官要求

项目	要求	检验方法
色泽	具有该类产品正常的色泽	取适量试样置于 50mL 烧杯中，在自然光下观察色泽和组织状态。闻其气味，用温开水漱口，品尝滋味
滋味、气味	具有该类产品特有的滋味和气味	
组织状态	组织细腻，质地均匀，具有该类产品应有的硬度	

2. 微生物限量　根据《食品安全国家标准　干酪》（GB 5420—2010）的规定，干酪的微生物限量见表 9 - 4。

表 9 - 4　微生物限量

项目	采样方案[①]及限量（若非制定，均以 CFU/g 表示）				检验方法
	n	c	m	M	
大肠杆菌	5	2	100	1 000	GB 4789.3 平板计数法
金黄色葡萄球菌	5	2	100	1 000	GB 4789.10 平板计数法
沙门氏菌	5	0	0/25g	—	GB 4789.4
单核细胞增殖生李斯特氏菌	5	0	0/25g	—	GB 4789.30
酵母[②]	≤		50		GB 4789.15
霉菌[②]	≤		50		

注：① 样品的分析及处理按 GB 4789.1 和 GB 4789.18 执行。

② 不适用于霉菌成熟干酪。

③ 三级采样方案设有 n、c、m 和 M 值。

n：同一批次产品应采集的样品件数。

c：最大可允许超出 m 值的样品数。

m：微生物指标可接受水平的限量值。

M：微生物指标的最高安全限量值。

④ 二级采样方案——n 个样品中允许有小于或等于 c 个样品，其相应微生物指标检验值大于 m 值。

⑤ 三级采样方案——n 个样品中允许全部样品中相应微生物指标检验值小于或等于 m 值；允许有小于或等于 c 个样品，其相应微生物指标检验值在 m 值和 M 值之间；不允许有样品相应微生物指标检验值大于 M 值。

3. 污染物限量　应符合 GB 2762 的规定。

4. 真菌毒素限量　应符合 GB 2761 的规定。

5. 食品添加剂和营养强化剂

（1）食品添加剂和营养强化剂质量应符合相应的安全标准和有关规定。

（2）食品添加剂和营养强化剂的使用应符合 GB 2760 和 GB 14880 的规定。

任务四　再制干酪的加工

一、概念

根据《食品安全国家标准 再制干酪》（GB 25192—2010），将再制干酪（process cheese）定义为：以干酪（比例大于 15%）为主要原料，加入乳化盐，添加或不添加其他原料，经加热、搅拌、乳化等工艺制成的产品。

目前，再制干酪的消费量占全世界干酪产量的 60%～70%。

二、再制干酪的特点

再制干酪具有以下特点：①可以将各种不同组织和不同成熟度的干酪适当配合，制成质量一致的产品；②由于在加工过程中进行加热杀菌，食用安全、卫生，并且具有良好的保存特性；③产品采用良好的材料密封包装，贮藏中质量损失少；④集各种干酪为一体，组织和风味独特；⑤大小、质量、包装能随意选择，并且可以添加各种风味物质和营养强化成分，较好地满足消费者的需求和口感要求。再制干酪的包装形式很多，其中最为常见的有：三角形铝箔包装，偏氯乙烯薄膜棒状包装，纸盒、塑料盒包装，薄片或干粉包装等。

三、再制干酪的成分组成

再制干酪的成分一般随原料的种类和配合比例的不同而有差异。日本标准规定乳固体含量为40%以上，脂肪含量通常占总固体的30%～40%，蛋白质含量为20%～25%，水分含量为40%左右。再制干酪是钙、维生素 A 和维生素 B_2 的良好来源。

四、再制干酪的加工方法

（一）工艺流程

原料干酪选择 → 原料预处理 → 切割 → 粉碎 → 加水 → 加乳化剂 → 加色素 → 加热熔融、乳化 →

浇罐包装 → 静置冷却 → 成熟 → 贮藏

（二）操作要点

1. 原料干酪选择　一般选择细菌成熟的硬质干酪如荷兰干酪、契达干酪和荷兰圆形干酪等。为满足制品的风味及组织，成熟 7～8 个月风味浓的干酪占 20%～30%。为了保持组织滑润，成熟 2～3 个月的干酪占 20%～30%，中间成熟度的干酪占 50%，使平均成熟度为4～5 个月，含水分 35%～38%，可溶性氮 0.6% 左右。过熟的干酪，由于有析出氨基酸或乳酸钙结晶，不宜作为原料。

2. 原料预处理　原料干酪的预处理是去掉干酪的包装材料，削去表皮，清拭表面等。

3. 切割、粉碎　用切碎机将原料干酪切成块状，用混合机混合。然后用粉碎机将其粉碎成 4～5cm 的面条状，最后用磨碎机处理。近年来，此项操作多在熔融釜中进行。

4. 熔融、乳化　在熔融釜中加入适量的水，通常为原料干酪重的 5%～10%。成品的含水量为 40%～55%，但还应防止加水过多造成脂肪含量下降。按配料要求加入适量的调味料、色素等添加物，然后加入预处理粉碎后的原料干酪并加热。当温度达到 50℃ 左右，加入 1%～3% 的乳化剂，如磷酸钠、柠檬酸钠、偏磷酸钠和酒石酸钠等。这些乳化剂可以单用，也可以混用，最后将温度升至 60～70℃，保温 20～30min，使原料干酪完全融化。加乳化剂后，当需要调整酸度时，可以用乳酸、柠檬酸、醋酸等，也可以将其混合使用。成品的pH 为 5.6～5.8，不得低于 5.3。乳化剂中，磷酸盐能提高干酪的保水性，可以形成光滑的组织状态，柠檬酸钠有保持颜色和风味的作用。在进行乳化操作时，应加快釜内搅拌器的转数，使乳化更完全。在此过程中，应保证杀菌的温度。一般为 60～70℃ 20～30min，或80～120℃ 30s 等。乳化终止时，应检测水分、pH、风味等，然后抽真空进行脱氧。

5. 包装　经过乳化的干酪应趁热进行充填包装，包装材料多使用玻璃纸或涂塑性蜡玻璃纸、铝箔、偏氯乙烯薄膜等。

6. 贮藏 包装后的成品融化干酪，应静置在10℃以下的冷藏库中定型和贮藏。

五、再制干酪的缺陷及其控制措施

1. 过硬或过软 再制干酪过硬的主要原因是所使用的原料干酪成熟度低，酪蛋白的分解量少，补加水分少和pH过低，以及脂肪含量不足，熔融乳化不完全，乳化剂的配比不当等。制品硬度不足，是由于原料干酪的成熟度、加水量、pH及脂肪含量过度而产生的。因此，要获得适宜的硬度，配料时以原料干酪的平均成熟度为4～5个月为好，补加水分应按成品含水量40%～45%的标准进行。正确选择和使用乳化剂，调整pH为5.6～6.0。

2. 脂肪分离 脂肪分离的表现为干酪表面有明显的油珠渗出，这与乳化时处理温度和时间不足有关。另外，原料干酪成熟过度、脂肪含量高、水分不足、pH低时脂肪也容易分离。因此，可在加工过程中提高乳化温度和时间，添加低成熟度的干酪，增加水分和pH等。

3. 砂状结晶 砂状结晶中98%是以磷酸三钙为主的混合磷酸盐。这种缺陷产生的原因是添加粉末乳化剂时分布不均匀，乳化时间短等。此外，当原料干酪的成熟度过高或蛋白质分解过度时，容易产生难溶的氨基酸结晶。因此，采取将乳化剂全部溶解后再使用，充分乳化、乳化时搅拌均匀、追加成熟度低的干酪等措施可以克服这种缺陷。

4. 膨胀和产生气孔 再制干酪刚加工之后产生气孔，是由于乳化不足引起的；保藏中产生的气孔及膨胀，是由于污染了酪酸菌等产气菌。因此，应尽可能使用高质量干酪作为原料，提高乳化温度，采用可靠的灭菌手段。

5. 异味 再制干酪产生异味的主要原因是原料干酪质量差、加工工艺控制不严、保藏措施不当。因此，在加工过程中，要保证不使用质量差的原料干酪，正确掌握工艺操作，成品在冷藏条件下保藏。

六、质量标准

1. 感官要求 根据《食品安全国家标准 再制干酪》（GB 25192—2010）的规定，感官要求见表9-5。

表9-5 感官要求

项目	要求	检验方法
色泽	色泽均匀	取适量试样置于50mL烧杯中，在自然光下观察色泽和组织状态。闻其气味，用温开水漱口，品尝滋味
滋味、气味	易溶于口，有奶油润滑感，并有产品特有的滋味、气味	
组织状态	外表光滑；结构细腻、均匀、润滑，应有与产品口味相关原料的可见颗粒。无正常视力可见的外来杂质	

2. 理化指标 根据《食品安全国家标准 再制干酪》（GB 25192—2010）的规定，理化指标见表9-6。

表 9-6 理化指标

项目	指标					检验方法
脂肪（干物中）[①]（X_1）/%	$60.0 \leqslant X_1 \leqslant 75.0$	$45.0 \leqslant X_1 < 60.0$	$25.0 \leqslant X_1 < 45.0$	$10.0 \leqslant X_1 < 25.0$	$X_1 < 10.0$	GB 5413.3
最小干物质含量[②]（X_2）/%	44	41	31	29	25	GB 5009.3

[①] 干物质中脂肪含量（%）：$X_1 =$［再制干酪脂肪含量/（再制干酪总质量－再制干酪水分质量）］×100%。

[②] 干物质含量（%）：$X_2 =$［（再制干酪总质量－再制干酪水分质量）/再制干酪总质量］×100%。

3. 微生物限量 根据《食品安全国家标准 再制干酪》（GB 25192—2010）的规定，微生物限量见表 9-7。

表 9-7 微生物限量

项目	采样方案[①]及限量（若非指定，均以 CFU/g 表示）				检验方法
	n	c	m	M	
菌落总数	5	2	100	1 000	GB 4789.2
大肠菌群	5	2	100	1 000	GB 4789.3 平板计数法
金黄色葡萄球菌	5	2	100	1 000	GB 4789.10 平板计数法
沙门氏菌	5	0	0/25g	—	GB 4789.4
单核细胞增生李斯特氏菌	5	0	0/25g	—	GB 4789.30
酵母 ≤			50		GB 4789.15
霉菌 ≤			50		

注：① 样品的分析及处理按 GB 4789.1 和 GB 4789.18 执行。

② 三级采样方案设有 n、c、m 和 M 值。

n：同一批次产品应采集的样品件数。

c：最大可允许超出 m 值的样品数。

m：微生物指标可接受水平的限量值。

M：微生物指标的最高安全限量值。

③ 二级采样方案——n 个样品中允许有小于或等于 c 个样品，其相应微生物指标检验值大于 m 值。

④ 三级采样方案——n 个样品中允许全部样品中相应微生物指标检验值小于或等于 m 值；允许有小于或等于 c 个样品，其相应微生物指标检验值在 m 值和 M 值之间；不允许有样品相应微生物指标检验值大于 M 值。

4. 污染物限量 应符合 GB 2762 的规定。

5. 真菌毒素限量 应符合 GB 2761 的规定。

6. 食品添加剂和营养强化剂

（1）食品添加剂和营养强化剂的质量应符合相应的安全标准和有关规定。

（2）食品添加剂和营养强化剂的使用应符合 GB 2760 和 GB 14880 的规定。

【思与练】

1. 干酪与干酪素的区别是什么？

2. 干酪的生产对原料和辅料有哪些要求?

3. 简述干酪的生产工艺过程。

4. 凝乳酶的活力如何测定?

5. 干酪成熟过程中会发生哪些变化?

6. 简述再制干酪的加工方法。

项目十

乳品设备的清洗与消毒

【知识目标】

掌握乳品设备清洗概念、清洗剂的种类、清洗要素及其作用机制等。

掌握乳品设备的 CIP 清洗系统。

掌握乳品设备、容器消毒的方法、程序。

了解影响消毒效果的因素。

【技能目标】

学会乳品设备的 CIP 清洗操作。

学会乳品设备的消毒操作。

能根据不同的设备设施和杀灭对象来选择合适的消毒方法。

【相关知识】

一、清洗

牛乳是大多数微生物生长繁殖的理想培养基，一旦原料乳或产品受到微生物的污染，就很容易在生产中造成严重的产品污染事故。因此，工厂内的各项清洗对所有的乳品厂来说都具有至关重要的作用。

（一）清洗的定义和目的

1. 概念　清洗就是通过物理和化学的方法去除被清洗物表面可见和不可见杂质的过程。而清洗所要达到的清洗标准是指被清洗表面所要达到的清洁程度。

① 物理清洁。指去除被清洗物表面上肉眼可见的污垢。

② 化学清洁。指不仅去除了被清洗表面上肉眼可见的污垢，而且还去除了微小的、通常为肉眼不可见但可嗅出或尝出的沉积物。

③ 生物清洁。指被清洗表面通过消毒，杀死了大部分附着的细菌和病原菌。

④ 无菌清洁。指被清洗表面上附着的所有微生物均被杀灭。这是 UHT 和无菌操作的

基本要求。

2. 乳品工厂中清洗的目的　满足食品安全的需要，减少微生物污染以获得高质量的产品，符合法规要求，维护设备的有限运转以避免出现故障，使生产人员满意。微生物清洁是乳品工厂设备清洁所希望达到的标准。

（二）常用清洗剂的种类

1. 无机碱类

（1）种类。最常用的无机碱类有氢氧化钠（苛性钠）、正硅酸钠、硅酸钠、磷酸三钠、碳酸钠（苏打）、碳酸氢钠（小苏打）。

（2）特点。氢氧化钠在使用时逐渐转化成碳酸盐，在缺乏足够悬浮或多价螯合剂的情况下它们最终会在设备和器皿的表面形成鳞片或结霜。正硅酸钠、硅酸钠和磷酸三钠对清洗顽垢很有效，它们也具有缓冲和冲洗特性。由于碳酸钠和碳酸氢钠碱度低，一般用作可与皮肤接触的清洗剂。

2. 酸类

（1）种类。通常使用的酸有无机酸（如硝酸、磷酸、氨基磺酸等）和有机酸（如羟基乙酸、葡萄糖酸、柠檬酸等）。

（2）作用。酸的作用是除去碱性清洗剂不能除掉的顽垢。

（3）注意事项。酸一般对金属有腐蚀性，当清洗剂对设备有腐蚀的威胁时，必须添加抗腐蚀剂。

3. 螯合剂

（1）种类。常用的螯合剂包括三聚磷酸盐、多聚磷酸盐等聚磷酸盐以及较适合作为弱碱性手工清洗液原料的乙二胺四乙酸及其盐类、葡萄糖酸及其盐类。

（2）作用。使用螯合剂的作用就是防止钙、镁盐沉淀在清洗剂中形成不溶性的化合物。螯合剂能承受高温，能与四价氨基化合物共轭。

（3）选择标准。不同的螯合剂的选择取决于清洗液的 pH。

4. 表面活性剂

（1）种类。表面活性剂有阴离子型、非离子型和阳离子型。阴离子表面活性剂通常是烷基磺酸钠等。阳离子表面活性剂主要是季铵化合物。

（2）作用。阴离子表面活性剂与非离子表面活性剂最适合作洗涤剂，而胶体与阳离子的产物通常用作消毒剂。

（三）清洗的几个要素

1. 清洗剂　清洗剂所选用的范围较广，选用不同的清洗剂所能达到的清洗效果也各不相同。

2. 清洗液浓度　提高清洗液浓度可适当缩短清洗时间或弥补清洗温度的不足。但是，清洗液浓度提高会造成清洗费用的增加，而且浓度的提高并不一定能有效地提高清洁效果，有时甚至会导致清洗时间延长。

3. 清洗时间　清洗时间增加不仅意味着人工费用增加，而且也会由于停机时间的延长而导致生产效率下降和生产成本提高。如果一味地追求缩短清洗时间，将有可能会导致无法达到清洗效果。

4. 清洗温度 清洗温度是指清洗循环时清洗液所保持的温度，这个温度在清洗过程中应该是保持稳定的，而且其测定点是在清洗液的回流管线上。

清洗温度的升高一般会缩短清洗时间或降低清洗液浓度，但是相应的能量消耗就会增加。因此清洗温度一般不低于60℃。对一般的加工设备清洗而言，若使用氢氧化钠，温度为80～90℃；若使用硝酸，温度为60～80℃。

5. 清洗液流量 提高清洗液流量可以缩短清洗时间，并补偿清洗温度不够所带来的清洗不足。但是，提高清洗液流量所带来的设备和人工费用也会随之增加。

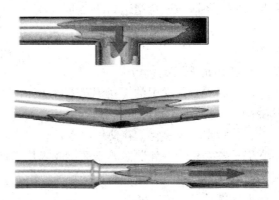

图10-1 管路系统中难清洗部位的例子

此外，管路的设计、清洗液的流动方向对清洗效果也会产生一定的影响，其中影响较大的就是管路的末端设计，管路系统中难清洗部位的例子见图10-1，好坏清洗管道设计对比见图10-2。

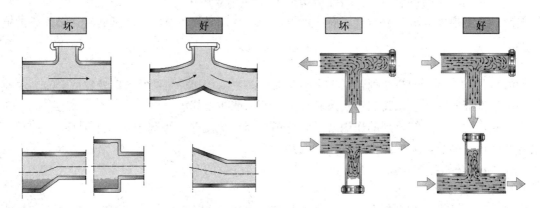

图10-2 好坏清洗管道设计对比

（四）清洗用水的供应

1. 清洗用水的质量要求 清洗用水应达到国家生活饮用水标准。清洗用水最好用软化水，总硬度在0.1～0.2mmol/L（5～10mg/L，以$CaCO_3$计）是最理想的。细菌数要低于500CFU/mL，而大肠菌群要低于1CFU/100mL。

2. 清洗用水的常见问题

（1）由于清洗用水没有氯化，或冲水罐敞开，致使水受到空气或虫害的污染，从而导致清洗和杀菌后的设备由于最后冲洗用水的污染而出现再污染。

（2）清洗剂循环后，若最后用硬水进行冲洗，可能引起设备、管路中出现鳞片状沉淀。

（3）用硬水洗瓶、洗箱会腐蚀机器，堵塞喷头，增加能量消耗。

（4）硬水结垢后会堵塞罐内喷嘴以及过滤器。

（五）清洗的作用机制

1. 水的溶解作用　水是极性化合物，对于油脂性污垢几乎没有溶解作用，对于糖类、蛋白质、低级脂肪酸有一定的溶解作用，而对于电解质及有机盐、无机盐类的溶解作用较强。

2. 热的作用　通过加热加快污垢的物理与化学反应速度，使其在清洗过程中易于脱落，从而提高清洗效果，缩短清洗时间。

3. 机械作用　机械作用是指由运动而产生的作用，如由于搅拌、喷射清洗液产生的压力和摩擦力。

4. 界面活性作用　界面指的是清洗液与污垢、污垢与被清洗物体（如管道、罐体等）、被清洗物体与清洗液之间的交界面。界面活性作用是指这些界面之间有选择的物理或化学作用的总称，包括湿润、乳化、分散、溶解、起泡等，而具有这种界面活性作用的化学物质称为表面活性剂。

5. 化学作用　化学作用是指清洗剂与各物质的化学反应，碱性清洗剂与油脂的皂化反应，与脂肪酸的中和反应，对蛋白质的分解反应，酸性清洗剂对无机盐性污垢的溶解反应，过氧化物、氯化物类清洗剂对有机性污垢的氧化还原反应，有机螯合剂对金属离子的螯合作用等。

6. 酶的作用　酶的作用是指酶所具有的分解作用，如淀粉酶对淀粉的分解作用。

二、消毒

乳品设备的消毒是指使用消毒介质杀灭微生物，从而达到微生物清洁或无菌清洁的标准，乳品加工厂常用的消毒方法有物理法消毒和化学法消毒两种，应根据不同的杀灭对象选择合适的消毒方法。

1. 物理法消毒　物理法消毒是指通过加热、辐射等物理处理手段使微生物致死的过程。常用的方法有蒸汽杀菌、热水杀菌及紫外线灯照射等。

（1）蒸汽杀菌。生产前对罐体及管道可用蒸汽杀菌。

要求：在冷出口温度最低76.6℃时喷射15min以上，或冷出口温度最低93.3℃时喷射5min以上。

（2）热水杀菌。为保证系统所有设备能被彻底加热，可用热水对设备进行杀菌。

要求：所用热水温度应在82.2℃以上，并最少要保持15min。杀菌后，为防止设备损坏，要逐渐降温。

（3）紫外线灯照射。此法主要用于设备表面及生产环境空气的消毒。

要求：杀菌时间应在30min以上，紫外线灯的强度应在有效范围之内，灯管也要定期更换。

2. 化学法消毒　化学法消毒是指利用化学杀菌剂与被杀菌物接触或熏蒸的方法来杀灭微生物的过程。此种方法效果好、效率高、经济简便。常用的化学杀菌剂有以下几种：

（1）次氯酸盐。为乳品工厂常用杀菌剂。

优点：杀菌速度快，杀菌范围广泛，容易配制，无泡沫。

缺点：受光、热、有机物的影响，有效杀菌浓度散失快，需及时补充。

次氯酸盐推荐使用范围及有效浓度见表10-1。

表 10 - 1　次氯酸盐推荐使用范围及有效浓度

使用范围	有效浓度/（mg/L）	使用范围	有效浓度/（mg/L）
不锈钢设备及玻璃瓶	150~200	CIP 系统	100~200
空气喷雾	500~1 000	多孔表面	200~2 000
墙壁及地面	200~400	加工用水	5~20

（2）含碘杀菌剂。含碘杀菌剂只在酸性条件下起作用，因此受杀菌环境的 pH 影响较大。

优点：作用范围广泛、迅速，渗透性好，容易配制和控制，有效期长，加入酸时可防止矿物质膜的形成，碘杀菌剂稀释时基本无毒，可广泛应用。

有效使用浓度为 25mg/L。

（3）季铵盐化合物。季铵盐化合物是一种离子型表面活性剂，对微生物的营养细胞有杀灭作用。

优点：季铵盐的 pH 作用范围广，渗透性好，易于配制和控制，对大部分金属无腐蚀性。

缺点：在 CIP 清洗过程中会产生泡沫。

推荐使用量：设备杀菌 200mg/L，地面和地漏 400~800mg/L，墙壁和天花板 2 000~4 000mg/L。

（4）过氧化物。使用最广泛的过氧化物是过氧化氢（双氧水）和过氧乙酸。

优点：不产生泡沫。

缺点：具有较强的腐蚀性和辛辣味，不适宜手工清洗程序。

过氧化氢主要用于包装材料的消毒。过氧乙酸可用于玻璃瓶、塑料、橡胶等材料的消毒，有效杀菌浓度为 50~750mg/L。

（5）乙醇。乙醇具有脱水作用，使菌体蛋白质变性或沉淀。此外，乙醇还能溶解类脂。最佳消毒浓度是 70%，低于或高于此浓度，效果都会降低。

（6）环氧乙烷、冰醋酸、甲醛。这几种试剂主要用于其他方法不易消毒到的地方及生产空间的消毒，主要用熏蒸的方法进行消毒。

3. 影响化学法消毒的因素　消毒剂的浓度、pH、作用时间、温度、有机物的存在等会影响化学消毒剂的杀菌效果。

（1）消毒剂的种类。针对所要消毒的微生物特点，选择恰当的消毒剂很关键，如果要杀灭细菌芽孢，必须选用灭菌剂或高效消毒剂，也可选用物理灭菌法，才能取得可靠的消毒效果，若使用酚制剂或季铵盐类消毒剂则效果很差；季铵盐类是阳离子表面活性剂，有杀菌作用的阳离子具有亲脂性，杀革兰氏阳性菌效果较好。所以为了取得理想的消毒效果，必须根据消毒对象及消毒剂本身的特点科学地进行选择。

（2）消毒剂的浓度。任何一种消毒药的消毒效果都取决于其与微生物接触的有效浓度，同一种消毒剂浓度不同，其消毒效果也不一样。大多数消毒剂的消毒效果与其浓度成正比，但也有些消毒剂，随着浓度的增大消毒效果反而下降。每一种消毒剂都有它的最低有效浓度，要选择有效而又相对安全并对设备无腐蚀的杀菌浓度。浓度过高不仅对消毒对象不利（腐蚀性、刺激性或毒性），而且势必增加消毒成本，造成浪费。例如，次氯酸盐的有效消浓度为 150mg/L，当浓度超过 400mg/L 时会出现腐蚀金属设备、腐蚀橡胶制品、对操作人员有害、影响产品味道等不良现象。

（3）消毒剂的 pH。pH 可从两方面影响消毒效果：一是对消毒剂的作用，pH 变化可改变消毒剂的溶解度、离解度和分子结构；二是对微生物的影响，病原微生物的适宜 pH 为 6～8，过高或过低的 pH 有利于杀灭病原微生物。酸性环境杀灭微生物的作用较强，碱性环境的作用较差。偏碱性环境中，细菌带负电荷多，有利于阳离子型消毒剂作用。对于阴离子消毒剂来说，酸性条件下消毒效果更好些。一般情况下，消毒剂的 pH 对消毒效果的影响主要是随着 pH 的增高，杀菌效果将会减弱。当次氯酸盐的 pH 小于 5.0 时，会生成氯气，造成危害工作人员的健康和设备的腐蚀，但 pH 大于 10.0 时杀菌效果将降低。含碘杀菌剂的最佳 pH 是 4.0～4.5，季铵盐化合物最佳 pH 是 7.0～9.0。

（4）消毒剂的作用时间。消毒剂接触微生物，要经过一定时间后才能杀死病原，只有少数能立即产生消毒作用，所以要保证消毒剂有一定的作用时间，消毒剂与微生物接触时间越长，消毒效果越好，接触时间太短往往达不到消毒效果。被消毒物上微生物数量越多，完全灭菌所需时间越长。此外，大部分消毒剂在干燥后就失去消毒作用，溶液型消毒剂在溶液中才能有效地发挥作用。例如，配比正确的杀菌剂与被杀菌表面充分接触 30s 后，能使大肠杆菌和金黄色葡萄球菌减少 99.999%。而在实际操作时，为确保杀菌效果，杀菌剂的作用（接触）时间一般不应低于 2min。

（5）消毒剂的温度。通常温度升高会使消毒速度加快，药物的渗透能力也会增强，可显著提高消毒效果，消毒所需要的时间也可以缩短。一般温度按等差级数增加，则消毒剂杀菌效果按几何级数增加。许多消毒剂在温度低时，反应速度缓慢，影响消毒效果，甚至不能发挥消毒作用。虽然温度的升高会增加杀菌效果，但是，由于氯和碘杀菌剂具有挥发性，它们会随着温度的升高而挥发，所以建议在常温的水中使用。碘杀菌剂的最高使用温度为 43.3℃；氯杀菌剂最高使用温度不超过 48.8℃，最适温度为 27℃；季铵盐和酸性阴离子杀菌剂不超过 54.4℃时，会随温度的升高表现出高的杀菌效果，低于 15.5℃时，其杀菌效果降低。

（6）被消毒物的清洗情况。消毒过程中通常会遇到各种有机物，这些有机物的存在会严重干扰消毒剂的消毒效果。因为有机物覆盖在病原微生物表面，妨碍消毒剂与病原直接接触而延迟消毒反应，以至于对有害菌杀不死、杀不全。部分有机物可与消毒剂发生反应，生成溶解度更低或杀菌能力更弱的物质，甚至产生的不溶性物质反过来与其他组分一起对病原微生物起到机械保护作用，阻碍消毒过程的顺利进行。同时有机物消耗部分消毒剂，降低了对病原微生物的作用浓度。因此，在消毒前要先清洁，再消毒。当然各种消毒剂受有机物影响程度有所不同。在有机物存在的情况下，氯制剂消毒效果显著降低；季铵盐类、过氧化物类等消毒作用也明显地受有机物影响；但烷基化类、戊二醛类及碘伏类消毒剂受有机物影响就比较小些。对大多数消毒剂来说，当受有机物影响时，需要适当加大处理剂量或延长作用时间。

（7）表面活性剂和稀释用水的水质。非离子表面活性剂和大分子聚合物可以降低季铵盐类消毒剂的作用；阴离子表面活性剂会影响季铵盐类的消毒作用。因此在用表面活性剂消毒时应格外小心。由于水中金属离子（如 Ca^{2+} 和 Mg^{2+}）对消毒效果也有影响，所以在稀释消毒剂时，必须考虑稀释用水的硬度问题。如季铵盐类消毒剂在硬水环境中消毒效果不好，最好选用蒸馏水进行稀释。一种好的消毒剂应该能耐受各种不同的水质，不管是硬水还是软水，消毒效果都不受影响。

【任务实施】

任务一 就地清洗

设备（罐体、管道、泵等）及整个生产线在无须人工拆开或打开的前提下，在闭合的回路中进行清洗，而清洗过程是在增加了湍动性和流速的条件下，对设备表面的喷淋或在管路中的循环，此项技术被称为就地清洗（cleaning in place，CIP）。

一、就地清洗的优点

就地清洗具有以下 3 方面的优点：

（1）安全可靠，设备无须拆卸。

（2）清洗成本降低，水、洗涤剂、杀菌剂及蒸汽的耗量少。

（3）按程序安排步骤进行，有效减少人为失误。

就地清洗一般有两种方式，即集中式清洗和分散式清洗。直到 20 世纪 50 年代末，清洗系统主要是分散的。乳品厂内的清洗设备紧靠加工设备附近。在现场将洗涤剂手工混合到所要求的浓度，这是一项危险的工作。另外，洗涤剂消耗高，洗涤费用昂贵。

20 世纪 60～70 年代，集中式的就地清洗发展起来。在乳品厂中建立了集中的就地清洗站，由它通过管道网向乳品厂内所有的就地清洗线路供应冲洗水、加热的洗涤剂溶液和热水。用过的液体由管道送回中心站，并按规定的线路回收到各自的收集罐，按这种方法收集的洗涤剂可以浓缩到正确的浓度，并一直用到脏至不能再用为止，最后统一处理。

虽然集中式就地清洗在许多乳品厂中工作效果良好，但在大型厂中就地清洗站和周围的就地清洗线路之间的连接变得过长，这会使就地清洗管道系统中存有大量的液体，排放量也很大；洗涤液被预洗后留在管道内的水被严重稀释，结果还需补充大量的浓洗涤剂，以保持正确的浓度；清洗的费用随着距离的增大而增加。因此，在 20 世纪 70 年代末，大型的乳品厂又开始使用分散的就地清洗站，每一部分由各自的就地清洗站负责。

二、就地清洗程序的选择

1. 冷管路及其设备的清洗程序　该类设备没有受到热处理，相对结垢较少，主要包括收乳管线、原料乳贮存罐等。

清洗程序如下：

（1）水冲洗 3～5min。

（2）用 75～80℃热碱性洗涤剂（如浓度为 0.8%～1.2%氢氧化钠）循环 10～15min。

（3）水冲洗 3～5min。

（4）建议每周用 65～70℃的酸性洗涤剂（如浓度为 0.8%～1.0%的硝酸溶液）循环一次。

（5）用 90～95℃热水消毒 5min。

（6）逐步冷却 10min（贮乳罐一般不需要冷却）。

2. 热管路及其设备的清洗程序　该类设备受到热处理，相对结垢较多，但由于各段管路中的生产工艺及生产目的不同，设备的结垢情况不同，应选择不同的清洗程序。

（1）受热设备的清洗。受热设备是指混料罐、发酵罐以及受热管道等。

① 用水预冲洗 5～8min。

② 用 75～80℃热碱性洗涤剂循环 15～20min。

③ 用水冲洗 5～8min。

④ 用 65～70℃酸性洗涤剂（如浓度为 0.8%～1.0%的硝酸或 2.0%的磷酸）循环 15～20min。

⑤ 用水冲洗 5min。

⑥ 生产前一般用 90℃热水循环 15～20min，以便对管路进行杀菌。

（2）巴氏杀菌系统的清洗程序。

①用水预冲洗 5～8min。

②用 75～80℃热碱性洗涤剂（如浓度为 1.2%～1.5%的氢氧化钠溶液）循环 15～20min。

③用水冲洗 5min。

④用 65～70℃酸性洗涤剂（如浓度为 0.8%～1.0%的硝酸溶液或 2.0%的磷酸溶液）循环 15～20min。

⑤用水冲洗 5min。

（3）UHT 系统的正常清洗程序。

①针对我国现有的生产工艺条件，为达到良好的清洗效果，板式 UHT 系统可采取以下的清洗程序：

A. 用清水冲洗 15min。

B. 用生产温度下的热碱性洗涤剂（如 137℃，浓度为 2.0%～2.5%的氢氧化钠溶液）循环 10～15min。

C. 用清水冲洗至中性（pH 为 7）。

D. 用 80℃的酸性洗涤剂（如浓度为 1%～1.5%的硝酸溶液）循环 10～15min。

E. 用清水冲洗至中性（pH 为 7）。

F. 用 85℃的碱性洗涤剂（如浓度为 2.0%～2.5%的氢氧化钠溶液）循环 10～15min。

G. 用清水冲洗至中性（pH 为 7）。

② 对于管式 UHT 系统，可采用以下的清洗程序：

A. 用清水冲洗 10min。

B. 用生产温度下的热碱性洗涤剂（如 137℃，浓度为 2%～2.5%的氢氧化钠溶液）循环 45～55min。

C. 用清水冲洗至中性（pH 为 7）。

D. 用 105℃的酸性洗涤剂（如浓度为 1%～1.5%的硝酸溶液）循环 30～35min。

E. 用清水冲洗至中性。

3. UHT 系统的中间清洗　中间清洗（aseptic intermediate cleaning，AIC）是指生产过程中在没有失去无菌状态的情况下，对热交换器进行清洗，而后续的灌装可在无菌罐供乳的情况下正常进行的过程。

（1）目的。采用这种清洗是为了去除加热面上沉积的脂肪、蛋白质等垢层，降低系统内的压力，有效延长运转时间。

（2）程序。

① 用水顶出管道中的产品。

② 用碱性清洗液（如浓度为 2% 的氢氧化钠溶液）按"正常清洗"状态在管道内循环，时间一般为 10min，但标准是热交换器中的压力下降到设备典型清洁状况时的压力（即水循环时的正常压降）。

③ 当压降降到正常水平时，即认为热交换器已清洗干净。此时用清洁的水替代洗涤液，随后转回产品生产。

4. 清洗站的设计 清洗站的设计，取决于以下因素。

（1）中心清洗站要支持多少个"CIP"分循环；每个分循环中有多少个热处理设备，多少个冷处理设备。

（2）整个清洗、杀菌系统的蒸汽用量是多少。

（3）预冲洗出来的乳液是否要回收；如何对其进行回收处理。

（4）清洗液是否要回收再利用。

（5）设备要选用何种杀菌方法，是物理方法（蒸汽或热水）还是化学方法。

三、就地清洗系统的设计

在乳品厂中，就地清洗站包括贮存、监测和输送清洗线路的所有必要设备。

1. 集中式就地清洗 由于连接线路相对较短，集中式就地清洗系统（图 10-3）主要用于小型乳品厂，水和洗涤剂溶液从中央站的贮存罐泵至各个就地清洗线路。洗涤剂溶液和热水在保温罐中保温，通过热交换器达到要求的温度。最终的冲洗水被回收在冲洗水罐中，并作为下次清洗程序中的预洗水。来自第一段冲洗的牛乳和水的混合物被收集在冲洗乳罐中。

由于洗涤剂溶液重复使用，洗涤剂变脏后必须排掉，贮存罐也要进行清洗，再灌入新的溶液。每隔一定时间排空并清洗就地清洗站的水罐也很重要，避免使用污染的冲洗水，以防止将已经清洗干净的加工线污染。

中小型乳品厂可建立一个 CIP 中心站。首先从中心站中将清洗水、热的洗涤液及热水通过管道和设备泵送到各个回路中去，然后将用过的液体经管道送回中心站的各自贮罐中。用此方法能够较容易地控制清洗溶液的正确浓度，并对清洗溶液进行重复使用。

中心站一般设有供冷水、酸碱加热的热交换器，水、酸液、碱液罐、回收罐，维持洗涤剂浓度的计量设备，以及废弃酸液、碱液的贮存罐。普通的中央就地清洗站的设计如图 10-4 所示。这种类型的清洗站通常自动化程度很高，各个罐都配有高、低液位监测电极，可通过导电传感器来控制清洗溶液的回流情况。导电率通常和乳品厂中使用的清洗浓度成反比，在冲洗的过程中，洗涤剂的浓度越来越低，低到预设的阈值时，将洗涤剂排掉，而不返回洗涤剂罐。就地清洗的程序由定时器控制，大型的就地清洗站可以配备多用罐，以提供必要的容量。

2. 分散式就地清洗 图 10-5 所示的是分散式就地清洗系统，它也被称为卫星式就地清洗系统，其中有一个供碱液洗涤剂和酸液洗涤剂贮存的中心站。大型的乳品厂由于集中安装的就地清洗站和周围的就地清洗线路之间距离太长，所以分散式就地清洗系统是一个有吸引力的选择。这样，大型的就地清洗站被一些分散在各组加工设备附近的小型装置取代。

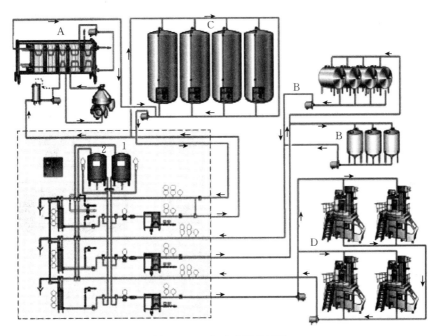

图 10-3　集中式就地清洗
1. 碱性洗涤剂罐　2. 酸性洗涤剂罐
A. 牛乳处理　B. 罐组　C. 乳仓　D. 灌装机

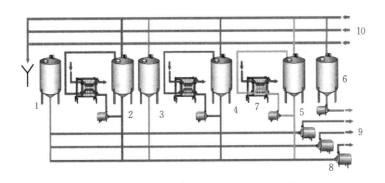

图 10-4　普通中央就地清洗站的设计
1. 冷水罐　2. 热水罐　3. 冲洗水罐　4. 碱性洗涤剂罐　5. 酸性洗涤剂罐　6. 冲洗乳罐
7. 用于加热的板式热交换器　8. CIP 压力泵　9. CIP 压力管线　10. CIP 返回管线

　　冲洗水的供应和加热在卫生站就地安排，碱性洗涤剂和酸性洗涤剂通过主管道分别被派送到各个就地清洗装置中。分散式系统的就地清洗装置（图 10-6）有两条清洗线路，并装有 2 个循环罐和 2 个与洗涤剂和冲洗水回收罐相连的洗涤剂计量泵。

　　这些卫生站用最少液量来完成各阶段的清洗程序。运用一台大功率循环泵，让洗涤剂高速流过线路。最少量清洗液循环的原则有许多优点：大大降低了加水量和蒸汽的消耗量；第一次冲洗获得的残留牛乳浓度高，因此处理容易，蒸发费用低；分散式就地清洗比使用大量液体的集中式就地清洗对废水系统的压力要小。

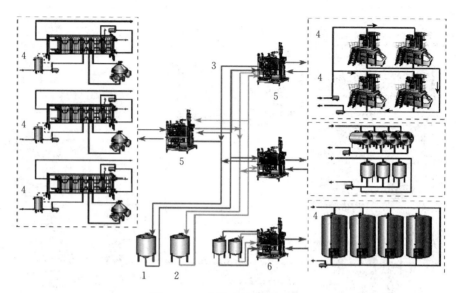

图 10-5 分散式就地清洗系统

1. 碱性洗涤剂罐 2. 酸性洗涤剂罐 3. 洗涤剂的环线 4. 被清洗对象
5. 分散式就地清洗单元 6. 带有洗涤剂贮罐的分散式就地清洗

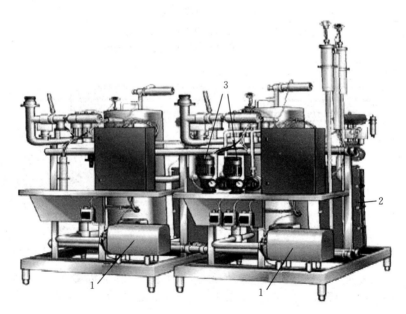

图 10-6 分散式系统的就地清洗装置

1. 压力泵 2. 热交换器 3. 计量泵

分散的就地清洗与一次性使用洗涤剂的概念一起应用，违背了集中系统中循环洗涤剂的标准作业。一次使用的概念是根据假定洗涤液的成分对一给定的线路是最合适的，在使用一次后就认为该溶液已经失去效用。虽然在某些情况下，其可以在下一程序中用作预冲洗溶液，但主要的效用是在首次使用上。

四、清洗效果的评定

1. 清洗效果检验的意义

（1）经济清洗，控制费用。

（2）长期、稳定、合格的清洗效果是生产高质量产品的保证。

（3）对可能出现的产品失败提前预警，把问题处理在事故之前。

2. 评定过程

（1）设定标准。基本要求包括以下几点：

① 气味。清洗过的设备应有清新的气味。

② 设备的视觉外观。不锈钢罐、管道、阀门等表面应光亮，无积水，表面无膜，无乳垢和其他异物（如沙砾或粉状堆积物）。

③ 无微生物污染。设备清洗后达到绝对无菌是不可能的，但越接近无菌越好。

（2）可靠的检测方法。

① 检验频率。

A. 乳槽车。送到乳品厂的乳接受前和经 CIP 后乳槽车均要检查一次。

B. 贮存罐（生乳罐、半成品罐、成品罐等）一般每周检查一次。

C. 板式热交换器。一般每月检查一次，或按供应商要求检查。

D. 净乳机、均质机、泵类。净乳机、均质机、泵类也应检查，维修时，如怀疑有卫生问题，应立即拆开检查。

E. 灌装机。对于手工清洗的部件，清洗后或安装前一定要仔细检查并避免安装时的再污染。

② 产品检测。

A. 取样人员的手应清洁、干燥，取样容器应是无菌的，取样也应在无菌条件下进行。

B. 原料乳应通过检测外观、滴定酸度、风味来判断是否被清洗液污染。

C. 刚刚热处理开始的产品应取样进行大肠菌群的检查。取样点应包括巴氏杀菌器冷却出口、成品乳罐、灌装的第一杯（包）产品。

D. 灌装机是潜在污染源。通常检测第一包产品的杂菌数，一般在十几个。

E. 一般在最易出问题的地方进行涂抹，涂抹面积为 $10cm \times 10cm$。清洗后涂抹的理想结果建议如下：

细菌总数$<100CFU/100cm^2$。

大肠菌群$<1CFU/100cm^2$。

酵母菌$<1CFU/100cm^2$。

霉菌$<1CFU/l00cm^2$。

F. 最后冲洗试验，即清洗后通过取罐中或管道中的残留水来进行微生物的检测，从而判断清洗效果。理想结果为：细菌总数$<100CFU/mL$ 或者与最后冲洗冷水的细菌数一样多；若水来自热水杀菌或冷凝水，细菌总数$<3CFU/mL$；大肠菌群$<1CFU/mL$。

3. 记录并报告检测结果　化验室对每一次检验结果都要有详细的记录，遇到有问题时应及时将信息反馈给相关部门。

4. 采取行动　跟踪调查，当发现清洗问题后应尽快采取措施。生产和品控人员应定期总结，及时发现问题，防微杜渐。

学习资源（视频）

CIP 清洗间

任务二　主要设备、容器的消毒

不是所有的乳品设备都能够采用 CIP 方法进行清洗消毒的。乳品加工过程中的盛装品（如乳桶、玻璃瓶包装物等）不能采用 CIP 方法，还有一些乳品设备由于条件限制没有采用 CIP 方法清洗消毒（如乳槽车、贮乳罐等），这些器具的清洗消毒效果的好坏也直接关系到产品质量。

一、乳桶的消毒

现在许多小型牧场和个体乳农还是采用乳桶送乳，加工厂也采用乳桶对生产中的产品进行周转，还有部分桶装鲜乳直接供应学校、宾馆等公共场所。乳桶经常出现的问题主要是生成黏泥状黄垢，该现象通常是受藤黄八叠球菌等耐热菌的污染所致。乳桶的清洗程序如下：

（1）38～60℃清水预冲洗。

（2）60～72℃热碱（如用浓度为 0.2% 的氢氧化钠）清洗。

（3）90～95℃热水冲洗。

（4）乳桶经热水冲洗后立刻进行蒸汽消毒。

（5）60℃以上热空气吹干，防止剩余水再次污染。

二、贮乳罐的消毒

由于设备结构因素，贮乳罐不能进行 CIP 清洗，消毒贮乳罐可采用以下三种方法进行消毒：

1. 蒸汽杀菌法

（1）用清水充分冲洗。

（2）用温度为 40～45℃、浓度为 0.25% 的碳酸钠溶液喷洒于缸内壁保持 10min。

（3）清水冲洗，除去洗液。

（4）通入蒸汽 20～30min，直到冷凝水出口温度达到 85℃，放净冷凝水，自然冷却至常温。

2. 热水杀菌法　按上述（1）（2）（3）三道工序操作后，注满 85℃ 热水保持 10min。此法热能消耗大，仅适宜小型贮乳罐。

3. 次氯酸钠杀菌法　贮乳罐经清洗后，用有效氯浓度为 250～300mg/kg 的次氯酸钠溶液喷射罐壁，最好采用雾化装置，使溶液能均匀分布并保持 15min。当喷射消毒结束后，可用消毒水或 5～10mg/kg 的氯水冲洗缸壁，这种方法可能对搅拌器、轴等的死角处理效果不好。

三、乳槽车的消毒

乳槽车全身只有一个小孔，孔盖上嵌有无毒无味的弹性橡皮圈，盖上后紧密无隙。槽车行驶时，牛乳不易流溢到外面。乳槽车是乳品厂不可缺少的运输工具，其清洗程序如下：

(1) 用温度为 30～35℃的水进行充分的预冲洗。

(2) 用温度为 60～63℃、浓度为 0.5%～1.0% 的氢氧化钠溶液喷洒于罐内壁保持 10min，不得有一点乳垢。

(3) 清水冲洗，除去洗液。

(4) 直接蒸汽消毒 3～5min。

四、如何防止抗菌性菌型的形成

在生产过程中经常采取低温、短时间、低浓度洗涤剂或杀菌剂等不正常的处理，这会使细菌形成抗热性、抗氯性或抗碱性等抵抗性菌型，所以在生产中要严格遵守操作规程。为防止抗菌性菌型的生成，必须做到以下几点：

(1) 使用任何一种杀菌剂和清洗剂时，都要尽可能在不过量的原则下用足够的浓度。

(2) 每一个部件都要经常进行充分而彻底的清洗。

(3) 机器设备连续运行不能超过规定的时间。

(4) 每天都要拆卸机器设备进行清洗和杀菌消毒（CIP 清洗的设备可不用经常拆卸）。

(5) 避免使用设计不良的设备。

(6) 轮流交换地使用不同的杀菌方法，例如每次使用氯或季铵化合物杀菌 6 d 后，在第七天要使用蒸汽。也可轮流交错地更换杀菌方法。

学习资源（视频）

1. 乳品厂工作人员进　　2. 自动水中靴底　　3. 风淋机
　 入生产车间流程　　　　 洗净机使用

4. 玻璃瓶清洗　　5. 乳品器具的清洗与消毒

【思与练】

1. 乳品厂进行设备清洗的目的是什么？
2. 影响乳品厂设备清洗的几项要素是什么？
3. 乳品设备清洗的作用机制是什么？
4. 乳品厂设备采用就地清洗有何优点？
5. 简述乳品厂冷管路设备和受热设备就地清洗的程序。
6. 如何检验乳品厂设备的清洗效果？
7. 检验清洗效果有什么意义？
8. 乳品厂的消毒方法有哪些？
9. 如何防止设备清洗消毒时抵抗性菌型的生成？

参 考 文 献

蔡健，常锋，2008. 乳品加工技术 ［M］. 北京：化学工业出版社.

曾寿瀛，2003. 现代乳与乳制品加工技术 ［M］. 北京：中国农业出版社.

陈志，2006. 乳品加工技术 ［M］. 北京：化学工业出版社.

郭本恒，2004. 现代乳品加工学 ［M］. 北京：中国轻工业出版社.

孔保华，2004. 乳品科学与技术 ［M］. 北京：科学出版社.

孔保华，于海龙，2008. 畜产品加工 ［M］. 北京：中国农业科学技术出版社.

李雷斌，2010. 畜产品加工技术 ［M］. 北京：化学工业出版社.

李楠，2014. 乳品加工技术 ［M］. 重庆：重庆大学出版社.

李晓东，2013. 乳品加工实验 ［M］. 北京：中国林业出版社.

罗红霞，2012. 乳制品加工技术 ［M］. 北京：中国轻工业出版社.

罗杨合，2016. 食品分析与感官评定 ［M］. 成都：电子科技大学出版社.

庞彩霞，姜旭德，2013. 乳品生产应用技术 ［M］. 北京：科学出版社.

日本文艺社，2009. 干酪品鉴大全 ［M］. 崔柳，译. 沈阳：辽宁科学技术出版社.

孙清荣，王方坤，2015. 食品分析与检验 ［M］. 北京：中国轻工业出版社.

唐劲松，徐安书，2014. 食品微生物检验技术 ［M］. 北京：中国轻工业出版社.

王江，连西兰，2002. 微生物学及检验 ［M］. 北京：中国计量出版社.

王玉田，2011. 畜产品加工 ［M］. 北京：中国农业出版社.

杨宝进，张一鸣，2006. 现代食品加工学 ［M］. 北京：中国农业出版社.

杨文泰，1997. 乳及乳制品检验技术 ［M］. 北京：中国计量出版社.

杨玉红，2011. 食品微生物学 ［M］. 北京：中国轻工业出版社.

张柏林，2008. 畜产品加工学 ［M］. 北京：化学工业出版社.

张和平，张列兵，2005. 现代乳品工业手册 ［M］. 北京：中国轻工业出版社.

张兰威，2006. 乳与乳制品工艺学 ［M］. 北京：中国农业出版社.

张宗城，董政，刘霄玲，等，2004. 乳品检验员 ［M］. 北京：中国农业出版社.

赵新淮，于国萍，2007. 乳品化学 ［M］. 北京：科学出版社.

朱丹丹，2013. 乳品加工技术 ［M］. 北京：中国农业大学出版社.

周光宏，2002. 畜产品加工学 ［M］. 北京：中国农业出版社.

读者意见反馈

亲爱的读者：

感谢您选用中国农业出版社出版的职业教育规划教材。为了提升我们的服务质量，为职业教育提供更加优质的教材，敬请您在百忙之中抽出时间对我们的教材提出宝贵意见。我们将根据您的反馈信息改进工作，以优质的服务和高质量的教材回报您的支持和爱护。

地　　址：北京市朝阳区麦子店街 18 号楼（100125）

中国农业出版社职业教育出版分社

联系方式：QQ（1492997993）

教材名称：_____　ISBN：_____

个人资料

姓名：_____　所在院校及所学专业：_____

通信地址：_____

联系电话：_____　电子信箱：_____

您使用本教材是作为：□指定教材□选用教材□辅导教材□自学教材

您对本教材的总体满意度：

　从内容质量角度看□很满意□满意□一般□不满意

　　改进意见：_____

　从印装质量角度看□很满意□满意□一般□不满意

　　改进意见：_____

　本教材最令您满意的是：

　□指导明确□内容充实□讲解详尽□实例丰富□技术先进实用□其他_____

　您认为本教材在哪些方面需要改进？（可另附页）

　□封面设计□版式设计□印装质量□内容□其他_____

　您认为本教材在内容上哪些地方应进行修改？（可另附页）

_____

_____

本教材存在的错误：（可另附页）

第_____页，第_____行：_____应改为：_____

第_____页，第_____行：_____应改为：_____

第_____页，第_____行：_____应改为：_____

您提供的勘误信息可通过 QQ 发给我们，我们会安排编辑尽快核实改正，所提问题一经采纳，会有精美小礼品赠送。非常感谢您对我社工作的大力支持！

欢迎访问"全国农业教育教材网"http://www.qgnyjc.com（此表可在网上下载）

欢迎登录"中国农业教育在线"http://www.ccapedu.com 查看更多网络学习资源